第 1 章　项目 1：3ds Max 2011 简介

第 1 章　项目 2：视图的相关操作

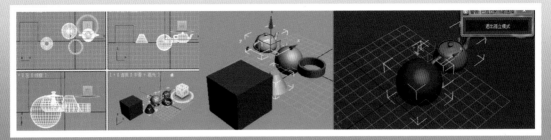

第 1 章　项目 4：3ds Max 2011 对象选择的方法

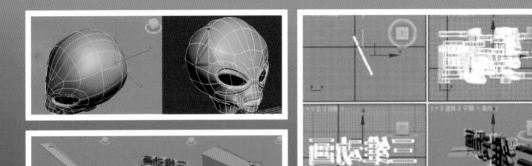

第 1 章　项目 5：3ds Max 2011 变换操作

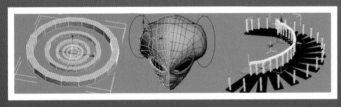

3ds Max

第 1 章　项目 6：复制工具的使用方法

第 1 章　项目 7：常用工具的使用方法

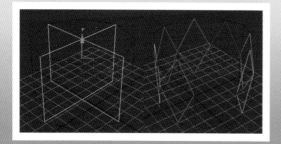

3ds Max

第 1 章 项目 8：捕捉方法与场景管理

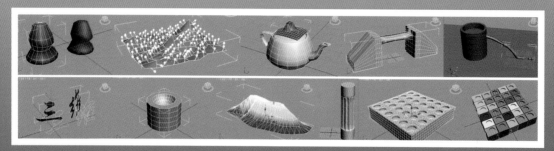

第 2 章 项目 2：3ds Max 2011 复合对象建模技术

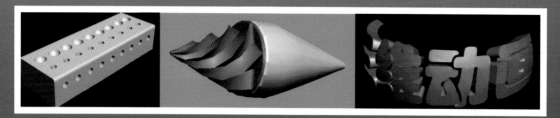

第 2 章 项目 2：3ds Max 2011 复合对象建模技术的项目拓展训练

第 2 章 项目 3：NURBS 建模技术

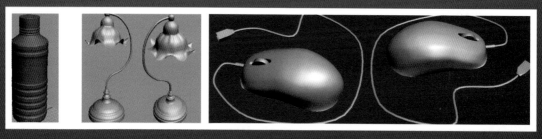

第 2 章 项目 3：NURBS 建模技术的项目拓展训练

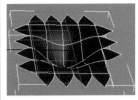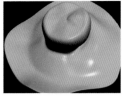

第 2 章　项目 4：面片建模技术

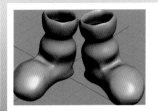

第 2 章　项目 4：面片建模技术的项目拓展训练

第 2 章　项目 5：修改建模技术

第 2 章　项目 5：修改建模技术的项目拓展训练

3ds Max

第 2 章　项目 6：自行车模型的制作

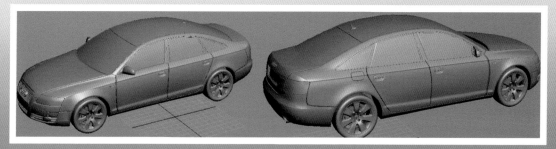

第 2 章　项目 6：自行车模型的制作的项目拓展训练

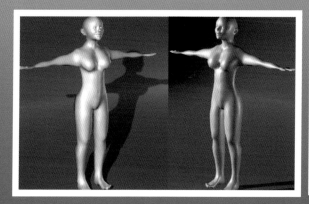

第 2 章　项目 7：人体模型的制作

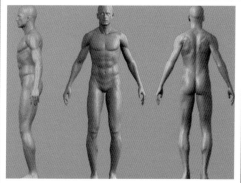

第 2 章　项目 7：人体模型的制作的项目拓展训练

第 3 章　项目 1：3ds Max 2011 材质基础

第 3 章　项目 1：3ds Max 2011 材质基础的项目拓展训练

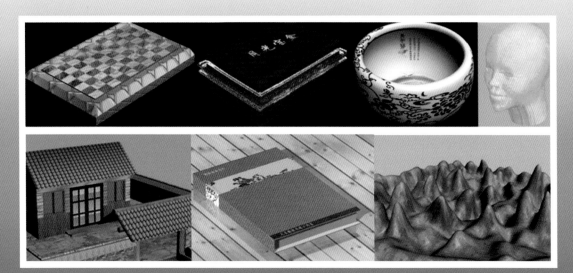

第 3 章　项目 2：复合材质的作用和使用方法

第 3 章　项目 2：复合材质的作用和使用方法的项目拓展训练

第 3 章　项目 3：其他材质的作用和使用方法

第 3 章　项目 3：其他材质的作用和使用方法的项目拓展训练

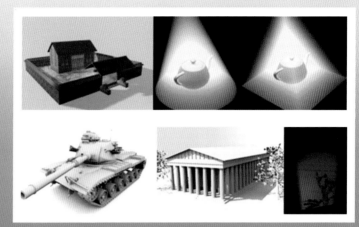

第4章 项目1：3ds Max 2011
　　　灯光基础

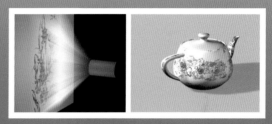

第4章 项目1：3ds Max 2011 灯光
　　　基础的项目拓展训练

第4章 项目2：灯光的阴影技术

第4章 项目3：灯光的综合应用实例　　　　第4章 项目3：灯光的综合应用实例的项目拓展训练

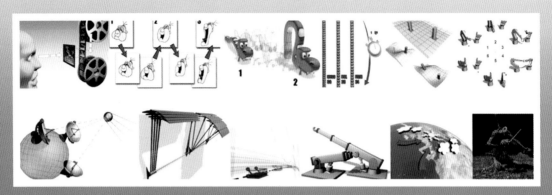

第 5 章　项目 1：3ds Max 2011 动画基础

第 5 章　项目 2：跳动的小球动画

第 5 章　项目 3：模拟红绿灯动画

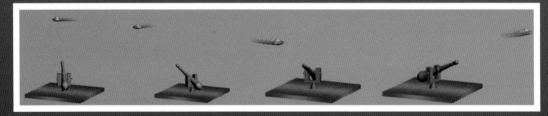

第 5 章　项目 4：使用空控制器制作路径和注视约束动画

第 5 章　项目 5：制作彩带运动动画

21 世纪全国高职高专艺术设计系列技能型规划教材

3ds Max 2011
三维动画基础案例教程

主　编　伍福军　张巧玲

副主编　张　妹　刘献军　张珈瑞　沈振凯

主　审　张喜生

北京大学出版社
PEKING UNIVERSITY PRESS

内 容 简 介

  本书是作者基于多年的教学经验和对高职高专及职业院校学生实际情况(强调学生的动手能力)的了解基础之上编写而成的,挑选了 26 个项目进行详细讲解,再通过 26 个拓展案例的训练来巩固所学内容。本书采用实际操作与理论分析相结合的方法,让学生在项目制作过程中学习、体会理论知识。同时扎实的理论知识又为实际操作奠定坚实的基础,使学生每做完一个案例就会有一种成就感,从而大大提高了学生的学习兴趣。最后,再通过拓展训练,来提高学生的知识运用能力。

  本书内容分为 3ds Max 2011 基础知识、建模技术、材质技术、灯光技术和动画技术 5 章内容。

  本书适用于高职高专及职业院校学生,也可作为短期培训的项目教程,对于初学者和自学者尤为适用。

图书在版编目(CIP)数据

3ds Max 2011 三维动画基础案例教程/伍福军,张巧玲主编.—北京:北京大学出版社,2014.4
(21 世纪全国高职高专艺术设计系列技能型规划教材)
ISBN 978-7-301-23226-2

Ⅰ. ①3… Ⅱ. ①伍…②张… Ⅲ. ①三维动画软件—高等职业教育—教材 Ⅳ. ①TP391.41

中国版本图书馆 CIP 数据核字(2013)第 219658 号

书　　　　　名:	3ds Max 2011 三维动画基础案例教程
著作责任者:	伍福军　张巧玲　主编
策 划 编 辑:	孙　明
责 任 编 辑:	孙　明
标 准 书 号:	ISBN 978-7-301-23226-2/J·0537
出 版 发 行:	北京大学出版社
地　　　　址:	北京市海淀区成府路 205 号　　100871
网　　　　址:	http://www.pup.cn　新浪官方微博:@北京大学出版社
电 子 信 箱:	pup_6@163.com
电　　　　话:	邮购部 62752015　发行部 62750672　编辑部 62750667　出版部 62754962
印 刷 者:	北京鑫海金澳胶印有限公司
经 销 者:	新华书店
	787 毫米×1092 毫米　16 开本　22.5 印张　彩插 4　524 千字
	2014 年 4 月第 1 版　　2014 年 4 月第 1 次印刷
定　　　　价:	48.00 元

前　言

本书对编写体系做了精心的设计，按照"项目效果→项目制作流程(步骤)分析→项目操作步骤→项目拓展训练"这一思路进行编排，从而达到以下效果：第一，力求通过项目效果预览增加学生的积极性和主动性；第二，通过项目制作流程(步骤)分析，使学生了解整个项目的制作流程、项目用到的知识点和制作的大致步骤；第三，通过项目操作步骤使学生掌握整个项目的制作过程和需要注意的细节；第四，通过项目拓展训练，使学生进一步巩固、加强提高对知识吸收能力。

本书具有以下知识结构。

第 1 章　3ds Max 2011 基础知识，主要通过 8 个项目介绍 3ds Max 2011 的相关基础知识。

第 2 章　3ds Max 2011 建模技术，主要通过 7 个项目介绍各种建模技术的相关命令、建模流程、方法和技巧。

第 3 章　3ds Max 2011 材质技术，主要通过 3 个项目介绍 3ds Max 2011 的材质基础和各种材质类型的作用和使用方法。

第 4 章　3ds Max 2011 灯光技术，主要通过 3 个项目介绍 3ds Max 2011 的标准灯光和光度学灯光的作用和使用方法。

第 5 章　3ds Max 2011 动画技术，主要通过 5 个项目介绍 3ds Max 2011 的动画制作原理、动画类型和各种类型的动画制作方法和技巧。

编者将 3ds Max 2011 的基本功能和新功能融入实例的讲解过程中，使读者可以边学边练，既能掌握软件功能，又能快速进入案例操作过程中。本书内容丰富，可以作为三维动画设计者、三维动画爱好者和动画专业学生的工具书。通过本书可随时翻阅、查找所需效果的制作方法。

本书的每一章都有课时安排，供老师教学和学生自学时参考，同时配套素材里有各章的案例效果文件、素材、PPT 文档和多媒体视频课件。以便读者在没有人指导的情况下也能学习本书中的每个项目操作。本书素材、源文件和多媒体教学视频可从北京大学出版社第六事业部教材网站下载。

本书由伍福军、张巧玲担任主编，其他编写人员还有张妹、刘献军、张珈瑞和沈振凯，张喜生对全书进行了审读，在此表示感谢。

本书适用于高职高专及职业院校学生，也可作为短期培训的项目教程。对于初学者和自学者尤为适用。

由于编者水平有限，故本书可能存在疏漏之处，敬请广大读者批评指正！联系电子邮箱：763787922@qq.com 和 281573771@qq.com。

编　者
2014 年 1 月

目　　录

第 1 章

3ds Max 2011
基础知识

知 识 点

- 项目 1：3ds Max 2011 简介
- 项目 2：视图的相关操作
- 项目 3：3ds Max 2011 界面设置
- 项目 4：3ds Max 2011 对象选择的方法
- 项目 5：3ds Max 2011 的变换操作
- 项目 6：复制工具的使用方法
- 项目 7：常用工具的使用方法
- 项目 8：捕捉方法与场景管理

说 明

本章主要通过 8 个项目介绍 3ds Max 2011 的发展历史、应用领域、3ds Max 2011 的相关参数设置和 3ds Max 2011 的基本操作。熟练掌握本章内容是深入学习后续章节的基础。

教学建议课时数

一般情况下需要 14 课时，其中理论 6 课时，实际操作 8 课时(特殊情况可做相应调整)。

Autodesk 公司对三维软件 3ds Max 不断进行升级和改进，到目前为此，该软件已升级到 3ds Max 2011，并形成了不同的风格，满足了不同客户的需要。它的功能也越来越强大，应用领域不断扩展，使越来越多的用户选择了 3ds Max 作为自己的开发工具。在本书中主要使用 3ds Max 2011 版本来对项目进行讲解。

项目1：3ds Max 2011 简介

一、项目效果

二、项目制作流程(步骤)分析

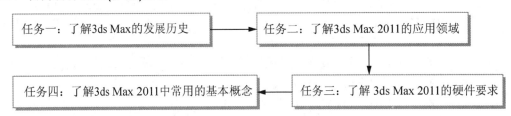

三、项目操作步骤

任务一：了解 3ds Max 的发展历史

3ds Max 2011 是 Autodesk 公司于 2010 年 4 月正式发布的最新版本的 3ds Max 软件。该版本不仅可以应用在 Windows XP 操作系统上，也可以应用在 Windows Vista 和 Windows 7 操作系统上。随着该软件的不断升级，它与其他三维软件相比，优势也越来越明显，在各个应用领域的用户也越来越多地选择了 3ds Max 2011 作为自己的开发工具。下面简单介绍 3ds Max 的发展历史。

Autodesk 3ds Max 2011 的发展主要经历了以下几个阶段。

(1) 1996 年，3D Studio Max 1.0 诞生，该版本是 3D Studio 系列的第一个 Windows 版本。

(2) 1999 年，Autodesk 收购 Discreet Logic 公司，并与 Kinetix 合并成立了新的 Discreet 分部。

(3) 3D Studio Max 软件经过不断的改进和升级。到 3ds Max 5.0 的时候，它已成为一款功能非常成熟的大型三维动画设计软件，尤其是各种插件的开发和发展几乎使 3ds Max 的功能达到了完美境界，在各个行业也有了很大的名气。3ds Max 5.0 不仅有了自己完整的建模系统、渲染系统、动画系统、动力学系统、毛发系统、布料系统和粒子系统，还具备了完善的场景管理、多用户和多软件协作工作的能力。

(4) 2005 年 10 月，Autodesk 公司正式发布 3ds Max 8.0。Autodesk 公司为了抢占中国市场，同时发布了官方正式中文版。从此，3ds Max 正式进入中文用户界面。

(5) 2006 年，Autodesk 公司在 Siggraph 2006 User Group 大会上正式发布 3ds Max 9.0 并且包含了 32 位和 64 位两个版本。

(6) 升级到 3ds Max 2009 时，Autodesk 公司根据市场发展战略的需要，将 3ds Max 分割成两个版本，一个是专门用于娱乐传媒领域的 3ds Max 版本，另一个是专门用于建筑和工业设计的 3ds Max Design 版本。这两个版本在主要功能上没有多大区别，只是 3ds Max Design 比 3ds Max 多了一个照明和曝光分析系统，3ds Max 比 3ds Max Design 多了一个软件开发包(SDK)，这样就使用户能够更有针对性地选择适合自己的产品。

(7) 2009 年 4 月，Autodesk 公司正式发布 3ds Max 2010 版本。该版本几乎具备了全部的动画多媒体软件工具。

(8) 2010 年 4 月，Autodesk 公司正式发布 3ds Max 2011 版本。该版本的功能得到了很大的改善和增强，完全能够满足用户在可视化设计、游戏开发、卡通片、影视特效和栏目包装等各个领域的应用需求。

3ds Max 几个主要版本的启动界面如图 1.1.1 所示。

图 1.1.1

视频播放：任务一的详细讲解，可观看配套视频"任务一：了解 3ds Max 的发展历史"。

任务二：了解 3ds Max 2011 的应用领域

随着 3ds Max 软件功能的不断提升，它的应用领域也越来越广泛。例如，建筑效果图制作、影视动画制作、影视动画特效制作、影视栏目包装和游戏开发等领域。

使用 3ds Max 2011，可以制作出引人入胜的数字图像、逼真的动画和非凡的视觉特效。无论是影视栏目包装人员、图像艺术创作人员、游戏开发人员、可视化设计人员、虚拟仿真制作人员，还是三维业余爱好者，3ds Max 2011 都能满足用户的要求和实现用户的创作。

3ds Max 2011 的主要应用领域有以下几个方面。

(1) 影视栏目包装。现在在电视上看到的很多广告宣传片都是使用 3ds Max 软件来制作的。

(2) 影视动画制作。在电影数字艺术创作中，3ds Max 是人们首选工具之一，比较有名的电影有《最后的武士》《明日世界》《功夫》《防弹武僧》《罪恶之城》《后天》和《鬼蜮》等。

(3) 游戏开发。为了得到逼真的游戏效果，越来越多的游戏开发人员使用 3ds Max 作为自己的首选工具。

(4) 虚拟仿真。随着 3ds Max 功能的不断增加和性能的不断提升，它在虚拟仿真领域也得到了很好的应用，如军事模拟训练、气候模拟、环境模拟、辅助教学和产品展示等。

(5) 数字出版。随着人们生活水平的提高，人们对精神生活要求也越来越高。出版行业为了满足人们的要求，无论是在印刷载体、网络出版物中，还是在多媒体内容中，都融入了大量用 3ds Max 制作的 3D 图像。实践证明，这种做法收到了很好的效果。

3ds Max 应用领域的一些有代表性的优秀作品如图 1.1.2 所示。

图 1.1.2

视频播放：任务二的详细讲解，可观看配套视频"任务二：了解 3ds Max 2011 的应用领域"。

任务三：了解 3ds Max 2011 的硬件要求

3ds Max 软件在不断升级的同时，对计算机硬件的要求也越来越高。在一般情况下，现在市面上销售的整机或读者自己的组装机，都能满足 3ds Max 2011 的运行要求。如果要流畅地运用 3ds Max 2011 制作项目，建议读者在配置计算机时根据自己的经济条件尽量配置好一点。下面介绍一下 3ds Max 2011 最低配置需求。

1. 3ds Max 2011 软件的 32 位版本最低配置需求

(1) 处理器：Intel Pentium 4 或更高版本、AMD Athlon 64 或 AMD Opteron 7 处理器。

(2) 内存：2GB 或 2GB 以上。

(3) 硬盘空间：至少 2GB 的交换空间。

(4) 显卡：独立显卡，至少 24 位色。

(5) 操作系统：Windows 2000/XP/Vista 7 等。

(6) 鼠标：三键鼠标(光电鼠标或机械鼠标皆可)。

2. 3ds Max 2011 软件的 64 位版本最低配置需求

(1) 处理器：Intel EM64T 处理器、AMD Athlon 64 或 AMD Opteron7 处理器。

(2) 内存：2GB 或 2GB 以上。

(3) 硬盘空间：至少 2GB 的交换空间。

(4) 显卡：独立显卡，至少 24 位色。

(5) 操作系统：Windows 2000/XP/Vista 7 等。

(6) 鼠标：三键鼠标(光电鼠标或机械鼠标皆可)。

视频播放： 任务三的详细讲解，可观看配套视频"任务三：了解 3ds Max 2011 的硬件要求"。

任务四：了解 3ds Max 2011 中常用的基本概念

在学习 3ds Max 这个软件之前，建议大家先了解 3ds Max 中的一些基本概念，以奠定学习基础。

在 3ds Max 中主要要求了解以下一些基本概念。

(1) 3D(三维)。3D 是英文单词 three dimensional 的缩写，翻译成中文的意思就是"三维"，在 3ds Max 中是指 3D 图形或者立体图形。3D 图形具有纵深度，主要通过三个坐标来表示三维空间。使用 Z 轴来表示纵深。

(2) 2D(二维)贴图。2D 贴图是指二维图像或图案，如果要在 3ds Max 视图中进行渲染或显示，必须借助贴图坐标来实现。

(3) 建模。建模是指用户根据项目要求、参考对象或创意，在 3ds Max 视图中创建三维模型，也可以理解为造型。例如，创建各种几何体、动物、建筑、机械、卡通人物和道具等。

(4) 渲染。在 3ds Max 中，渲染是指用户根据项目的要求设置好参数，将设置好材质、灯光或动画的模型输出为图片或动画的过程。

(5) 帧。制作动画的原理与电影的原理完全相同，也是使用一些连续的静态图片，根据"视觉暂留"的原理，将它们连续播放形成动画。帧是指这些连续静态图片中的每一幅图片。

(6) 关键帧。在 3ds Max 中，关键帧是指决定动画运动方式的静态图片所处的帧，它是一个相对概念，相对帧而言的。

(7) 法线。在 3ds Max 中，法线是指垂直于对象的内表面或外表面的假设线。法线决定对象的可见性，如果法线垂直对象外表面，读者就能看到对象，否则相反。

(8) 法向。法向在 3ds Max 中是指法线所指的方向。

(9) 全局坐标系。在 3ds Max 中，全局坐标系也称为世界坐标，是 3ds Max 的一个通用坐标系，该坐标所定义的空间在任何视图中都不变，X 轴指向右侧，Y 轴指向观察者的前方，Z 轴指向上方。

(10) 局部坐标。在 3ds Max 中，局部坐标是相对全局坐标而言的，指的是 3ds Max 视图中的对象自身的坐标，在建模过程中经常使用局部坐标来调整对象的方位。

(11) Alpha 通道。Alpha 通道的含义跟平面设计软件中的 Alpha 通道的含义相同，通过 alpha 通道用户可以指定图片的透明度。在 Alpha 通道中，图像的不透明区域为黑色，透明区域为白色，而介于两者之间的灰色区域为图像的半透明区域。

(12) 等参线。在 3ds Max 中，等参线也称为结构线，等参线的结构决定了 NURBS 对象的形态。NURBS 对象的形态调整是通过调整等参线的位置来实现的。

(13) 拓扑。在 3ds Max 中，对象中的每个顶点或面都有一个编号。而通过这些编号可以指定选择的顶点或面。这种数值型的结构叫做拓扑。

视频播放：任务四的详细讲解，可观看配套视频"任务四：了解 3ds Max 2011 中常用的基本概念"。

四、项目拓展训练

利用业余时间去图书馆或利用网络，了解 3ds Max 的详细发展历史和在各个应用领域的应用情况。

项目 2：视图的相关操作

一、项目效果

二、项目制作流程(步骤)分析

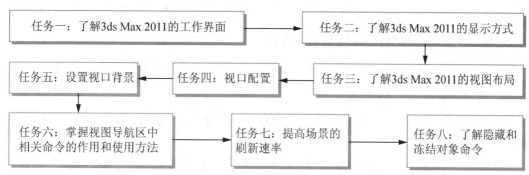

| 任务一：了解3ds Max 2011的工作界面 | → | 任务二：了解3ds Max 2011的显示方式 |

| 任务五：设置视口背景 | ← | 任务四：视口配置 | ← | 任务三：了解3ds Max 2011的视图布局 |

| 任务六：掌握视图导航区中相关命令的作用和使用方法 | → | 任务七：提高场景的刷新速率 | → | 任务八：了解隐藏和冻结对象命令 |

三、项目操作步骤

在本项目中主要通过 8 个任务全面介绍视图的相关操作。

任务一：了解 3ds Max 2011 的工作界面

在该任务中要求读者了解 3ds Max 2011 的启动方法和 3ds Max 2011 工作界面的相关知识。

1. 3ds Max 2011 的启动

启动 3ds Max 2011 的方法非常简单。用户可以通过以下 3 种方法启动该软件。

(1) 直接双击桌面上的 (Autodesk 3ds Max 2011)图标，即可启动 3ds Max 2011。

(2) 直接双击需要打开的 3ds Max 格式文件。

(3) 在任务栏中单击 (开始)→ 所有程序 → Autodesk 3ds Max 2011 命令，也可以启动 3ds Max 2011。

2. 3ds Max 2011 的工作界面布局

3ds Max 2011 的工作界面布局如图 1.2.1 所示。

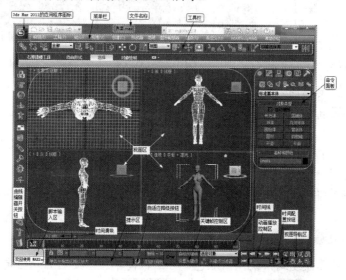

图 1.2.1

任务二：了解 3ds Max 2011 的显示方式

在该任务中，要求读者了解 3ds Max 2011 的显示方式和各种显示方式之间的切换。

1. 显示方式之间的切换

步骤 1： 在透视图中，右击左上角的"明暗视口标签"图标，弹出快捷菜单，如图 1.2.2 所示。

步骤 2： 将鼠标移到相应命令上单击，即可完成显示方式之间的切换。

2. 各种显示方式简介

在 3ds Max 2011 中，显示方式主要包括"平滑+高光"、"隐藏线"、"线框"、"平面"、"边面"、"透明"和"其他视觉样式"等，具体介绍如下。

(1)"平滑+高光"显示方式。该显示方式可以将模型表面进行平滑处理，并显示空间结构之间的明暗关系、材质、颜色和周围环境的高光。这是 3ds Max 最好的显示方式，也是显示速度最慢的一种显示方式，效果如图 1.2.3 所示。

(2)"隐藏线"显示方式。在"隐藏线"显示方式中，它的明暗处理线框颜色是由未选择的隐藏线的颜色来决定的，而不是由对象的颜色或者材质的颜色来决定的，显示效果如图 1.2.4 所示。

图 1.2.2　　　　　　　　　　图 1.2.3　　　　　　　　　　图 1.2.4

如果需要改变线框显示颜色，可以通过如下方法来实现。

步骤 1： 在菜单栏中选择 自定义(U) → 自定义用户界面(C)... 命令，弹出"自定义用户界面"对话框。

步骤 2： 在"自定义用户界面"对话框中，选择 颜色 → 未选择的隐藏线 选项卡，切换到"未选择的隐藏线"参数设置界面。

步骤 3： 在"自定义用户界面"对话框中，单击 颜色: 右边的 按钮，根据任务要求设置颜色。在这里将颜色设置为黄色，如图 1.2.5 所示。设置完毕单击 确定(O) 按钮即可。

步骤 4： 单击 立即应用颜色 按钮，在视图中的显示效果如图 1.2.6 所示。

提示： 如果需要恢复到系统默认颜色，方法很简单。只要打开"自定义用户界面"对话框，单击 颜色: 右边的 重置 按钮，再单击 立即应用颜色 按钮即可。

(3)"线框"显示方式。在"线框"显示方式下，物体表面材质不起作用，物体以线框方式显示，如图 1.2.7 所示。

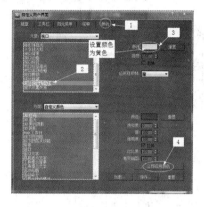

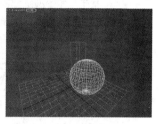

图 1.2.5　　　　　　　图 1.2.6　　　　　　　图 1.2.7

用户可以更改线框的显示颜色，具体操作方法如下。

步骤 1： 在视图中选择需要更改线框显示颜色的对象，如图 1.2.8 所示。

步骤 2： 在浮动面板中单击"名称和颜色"卷展栏下面的 ■(对象线框颜色)图标。弹出"对象颜色"对话框，在该对话中根据任务要求，单击蓝颜色图标，如图 1.2.9 所示。

步骤 3： 单击 确定 按钮完成颜色更改。在视图的空白处单击，取消对象选择。更改后的线框颜色效果如图 1.2.10 所示。

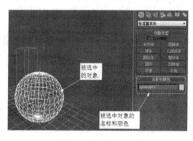

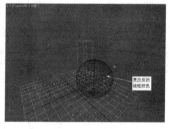

图 1.2.8　　　　　　　图 1.2.9　　　　　　　图 1.2.10

提示： 用户可以按键盘上的【F3】键，使视图在"平滑+高光"和"线框"两种显示方式间切换。

(4)"平面"显示方式。"平面"显示方式是对采用粗糙漫反射的每个多边形进行明暗的处理，而不考虑环境光或光源所起的任何作用，如图 1.2.11 所示。

(5)"边面"显示方式。在"边面"显示方式下可以显示对象和明暗处理的线框边。如果用户需要以明暗处理显示边以及网格，这种显示方式非常方便。"边面"显示方式效果如图 1.2.12 所示。

提示： 如果处在"隐藏线"显示方式和"线框"显示方式下，"边面"显示方式将不起作用。按键盘上的【F4】键，可以开启或取消"边面"显示方式。

(6) 其他视觉样式。在 3ds Max 中，其他视觉样式主要包括"平滑"、"面+高光"、"面"、"亮线框"和"边界框"5 种显示方式，如图 1.2.13 所示。

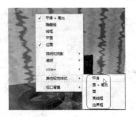

图 1.2.11   图 1.2.12   图 1.2.13

① "平滑"显示方式。对象只显示平滑，不显示高光，如图 1.2.14 所示。

② "面+高光"显示方式。只显示高光，不显示平滑，如图 1.2.15 所示。

③ "面"显示方式。对面进行着色。不显示平滑和高光，如图 1.2.16 所示。

④ "亮线框"显示方式。将边显示为线框，并且显示出照明的部分，如图 1.2.17 所示。

⑤ "边界框"显示方式。每个对象只显示为边界框，如图 1.2.18 所示。

图 1.2.14   图 1.2.15   图 1.2.16   图 1.2.17   图 1.2.18

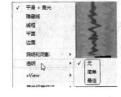

图 1.2.19

(7) "透明"显示方式。主要包括"无"、"简单"和"最佳"3 种显示方式，如图 1.2.19 所示。

① "无"显示方式。在视图中不显示透明度，刷新速度很快。

② "简单"显示方式。以不精确的透明度方式显示，刷新的速度比较快。

③ "最佳"显示方式。系统以最高质量的透明方式显示，但刷新的速度比较慢，不适合大而复杂的场景显示。

提示：上面讲的显示模式，只影响对象在视图中的显示，而不会影响最终的渲染效果。

3. 对象显示方式的设置

上面介绍的显示方式主要是针对整个视图中的对象进行显示设置的。用户也可以修改视图中任意一个对象的显示方式。具体操作方法如下。

步骤 1：在视图中，右击需要修改显示模式的对象，弹出快捷菜单，在弹出的快捷菜单中选择 对象属性(P)... 命令，弹出"对象属性"对话框。

步骤 2：在"对象属性"对话框中，根据任务要求设置显示属性，具体设置如图 1.2.20 所示。

步骤 3：设置完毕，单击 确定 按钮，即可完成对象属性的设置，效果如图 1.2.21 所示。

图 1.2.20

图 1.2.21

视频播放：任务二的详细讲解，可观看配套视频"任务二：了解 3ds Max 2011 的显示方式"。

任务三：了解 3ds Max 2011 的视图布局

在 3ds Max 2011 中，在默认情况下以 4 种视图方式显示，即顶视图、前视图、左视图和透视图。用户可以根据任务的要求更改视图的布局方式和对某一个视图进行切换。具体操作方法如下。

1. 视图的切换

步骤 1：将鼠标移到视图左上角的视图标签上单击，弹出如图 1.2.22 所示的下拉菜单。

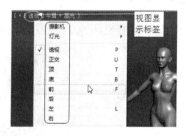

图 1.2.22

步骤 2：下拉菜单中主要包括"摄影机"视图、"灯光"视图、"透视"视图、"正交"视图、"顶"视图、"底"视图、"前"视图、"后"视图、"左"视图和"右"视图。

步骤 3：根据任务要求，将鼠标移到需要切换的视图命令上单击即可。

步骤 4：用户也可以在视图中直接单击视图右边的对应快捷键来完成视图的切换。

提示：用户也可以通过单击视图右上角的"视图导航器"图标切换视图。可以在菜单栏中选择 视图(V) → ViewCube → 显示 ViewCube 命令来显示或隐藏视图导航图标。

2. 视图的操作

对视图的操作主要有移动、旋转和缩放 3 种。对视图的操作可以通过快捷键或视图导航区中的相关命令来实现。

1) 通过快捷键对视图进行操作

(1) 视图移动操作的快捷键：Ctrl+鼠标中键。

(2) 视图旋转操作的快捷键：Alt+鼠标中键。

(3) 视图缩放操作的快捷键：Ctrl+ Alt+鼠标中键。

2) 通过视图导航区中的相关命令对视图进行操作

使用视图导航区中的相关命令对视图进行操作的方法很简单。直接单击视图导航区中的命令，鼠标变成相应的操作图标形状。将鼠标移到需要操作的视图中，按住鼠标左键不放进行移动即可。

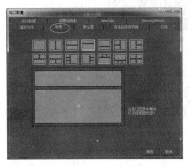

图 1.2.23

3. 视图布局设置

视图布局设置主要通过"视口配置"对话框来实现。具体操作方法如下。

步骤 1： 在视图导航区的任意位置右击(或单击视图左上角的 ➕ 图标，弹出下拉菜单，在弹出的下拉菜单中选择 配置... 选项)，弹出"视口配置"对话框。

步骤 2： 在"视口配置"对话框中单击 布局 选项，进入视图布局设置，如图 1.2.23 所示。

步骤 3： 设置完毕，单击 确定 按钮，即可完成视图布局的设置。

视频播放： 任务三的详细讲解，可观看配套视频"任务三：了解 3ds Max 2011 的视图布局"。

任务四：视口配置

在该任务中要求用户了解视口中的渲染级别、渲染选项和视口参数设置等相关内容。

1. 视口配置

在视口配置中主要是设置渲染方法中的渲染级别、透明、应用于渲染选项和透视用户视图等相关参数。

步骤 1： 在视图导航区的任意位置右击(或单击视图左上角的 ➕ 图标，弹出下拉列表，在弹出的下拉列表中选择 配置... 选项)，弹出"视口配置"对话框。

步骤 2： 在"视口配置"对话框中单击 渲染方法 选项，进入视图渲染设置，如图 1.2.24 所示。

步骤 3： 在"视口配置"对话框中用户可以根据任务要求进行设置，设置完毕后单击 确定 按钮。

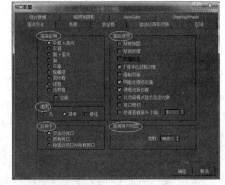

图 1.2.24

2. 视口参数设置

视口参数设置主要包括视口参数、显示驱动程序、重影和鼠标控制等相关参数的设置。

步骤 1： 在菜单栏中选择 自定义(U) → 首选项(P)... 命令，弹出"首选项设置"对话框。

步骤 2： 在"首选项设置"对话框中选择 视口 选项卡，切换到视口参数设置界面，如图 1.2.25 所示。

图 1.2.25

步骤 3： 根据任务要求，对视口参数进行设置。设置完毕单击 确定 按钮即可。

提示： 关于视口中的各个参数介绍可观看配套视频。

视频播放： 任务四的详细讲解，可观看配套视频"任务四：视口配置"。

任务五：设置视口背景

在三维建模中，通过视口背景设置，方便用户导入参考图作为建模参考，以及进行模型与背景视图匹配等相关操作。

1. 导入视口背景图

导入视口背景图的具体操作步骤如下。

步骤 1： 在菜单栏中选择 视图(V) → 视口背景 → 视口背景(B)... 命令(或按键盘上的【Alt+B】键)，弹出"视口背景"对话框，如图 1.2.26 所示。

步骤 2： 在"视口背景"对话框中单击 文件... 按钮，弹出"选择背景图像"对话框，在该对话框中选择需要导入的图片，如图 1.2.27 所示。

图 1.2.26 图 1.2.27

步骤 3：单击 打开(O) 按钮，返回"视口背景"对话框，具体设置如图 1.2.28 所示。

步骤 4：单击 确定 按钮即可，效果如图 1.2.29 所示。

2．视口背景参数

在"视口背景"对话框中，如图 1.2.28 所示，要了解各个参数的作用。具体介绍如下。

(1) 使用帧 。在"使用帧"右侧有 3 个文本输入框，主要针对外部动画背景进行设置。第一个文本框设置从哪一帧开始用；第二个文本输入框设置到哪一帧结束；第三个文本框设置每隔多少帧用一帧。

图 1.2.28 图 1.2.29

(2) 开始位置 。主要用来设置当前场景从哪一帧开始显示动画背景的第 1 帧。

(3) 将开始位置同步到帧 。主要用来设置场景动画所设开始帧开始时，外部背景动画应调用的帧数。例如，"开始位置"值为 12，"将开始位置同步到帧"值为 6，表示在当前场景的第 12 帧显示背景动画中的第 6 帧。

(4) 开始处理 。主要用来确定动画开始前如何对其进行处理。选择 开始前为空 选项时，开始前不显示背景图像。选择 开始前保持 选项时，开始前保持背景图像的第一帧图像。

(5) 结束处理。主要用来确定动画结束后如何对其进行处理。选择 结束后为空 选项时，结束后不显示背景图像。选择 结束后保持 选项时，结束后保持背景动画的最后一帧图像。选择 结束后循环 选项时，结束后循环显示背景动画。

(6) 纵横比。主要用来设置背景图片与视图的匹配关系。选择 匹配视口 选项时，改变背景图像的长宽比例以符合当前视图的长宽比例。选择 匹配位图 选项时，不改变背景图像的长宽比例，主要用于描线的背景。选择 匹配渲染输出 选项时，改变背景图像的长宽比例以符合当前渲染设置的导出图像比例。

(7) 显示背景。选中此项，显示当前视图的背景图像。

(8) 锁定缩放/平移。选中此项，锁定各种视图的背景图像，确保依据背景绘制曲线的准确性，避免因为视图的操作而造成错位现象。

(9) 动画背景。选中此项，用户拨动时间滑块到相应的帧，背景也会变到相应的动画帧。

(10) 应用源并显示于。主要用来确定背景图像在哪一个视图显示。选择 所有视图 选项时，背景在所有视图中显示。选择 仅活动视图 选项时，背景只在当前活动视图中显示。

3. 对象与渲染背景的对齐方法

步骤 1：将透视图最大化显示，在菜单栏中单击 渲染(R) → 环境(E)... 命令，弹出"环境和效果"对话框，如图 1.2.30 所示。

步骤 2：在"环境和效果"对话框中单击 无 按钮，弹出"材质/贴图浏览器"对话框，在该对话框中双击 位图 选项，弹出"选择位图图像文件"对话框，选择需要的图片，如图 1.2.31 所示。

图 1.2.30

图 1.2.31

步骤 3：单击 打开(O) 按钮，即可完成环境贴图的设置。

步骤 4：按键盘上的【Alt+B】键，弹出"视口背景"对话框，在该对话中勾选 使用环境背景 项目。具体设置如图 1.2.32 所示。

步骤 5：单击 确定 按钮，效果如图 1.2.33 所示。

图 1.2.32　　　　　　　　　　　　　　图 1.2.33

步骤 6：在菜单栏中单击 ⑥(应用图标)→ 导入 → (合并)命令，弹出"合并文件"对话框，在该对话中选择需要合并的 3ds Max 文件，如图 1.2.34 所示。

图 1.2.34

步骤 7：单击 打开(O) 按钮，弹出"合并·小女孩.max"对话框，具体设置如图 1.2.35 所示。

步骤 8：单击 确定 按钮，即可将"小女孩"合并到场景中，通过调节透视图使合并进来的"小女孩"与场景背景匹配。渲染效果如图 1.2.36 所示。

图 1.2.35　　　　　　　　　　　　　　图 1.2.36

视频播放： 任务五的详细讲解，可观看配套视频"任务五：设置视口背景"。

任务六：掌握视图导航区中相关命令的作用和使用方法

视图的操作一般是通过视图导航区的相关命令来完成的。掌握这些命令的作用和使用方法是学习 3ds Max 的基础，下面分别介绍这些命令的作用和使用方法。

1. ▨(缩放工具)

1) 作用

对视图进行缩放操作。

2) 操作方法

步骤 1： 在视图导航区单击▨(缩放工具)按钮，此时，鼠标变成▨形状。

步骤 2： 将鼠标移到需要进行缩放操作的视图中，按住鼠标左键不放的同时，向上移动将放大视图，向下移动将缩小视图。

2. ▨(缩放所有视图)

1) 作用

对所有视图进行缩放操作。

2) 操作方法

步骤 1： 在视图导航区单击▨(缩放所有视图)按钮，此时，鼠标变成▨形状。

步骤 2： 将鼠标移到任意视图中，按住鼠标左键不放的同时，向上移动将放大所有视图，向下移动将缩小所有视图。

3. ▨(最大化显示)

1) 作用

对当前活动视图进行最大化显示。

2) 操作方法

步骤 1： 单击需要进行最大化显示的视图。

步骤 2： 在视图导航区单击▨(最大化显示)按钮，即可最大化显示当前活动视图。

4. ▨(最大化显示选定对象)

1) 作用

在当前活动视图中将选定对象进行最大化显示。

2) 操作方法

步骤 1： 在视图中选择需要进行最大化显示的对象。

步骤 2： 在视图导航区单击▨(最大化显示选定对象)按钮，即可将当前活动视图中选定的对象最大化显示。

5. ▨(所有视图最大化显示)

1) 作用

对所有视图中的对象进行最大化显示。

2) 操作方法

单击 [图] (所有视图最大化显示)按钮，即可对所有视图中的对象进行最大化显示。

6. [图] (缩放区域)

1) 作用

对当前活动视图中的某一区域进行最大化显示。

2) 操作方法

步骤 1：在视图导航区单击 [图] (缩放区域)，此时，鼠标变成 [图] 形状。

步骤 2：将鼠标移到视图中，按住鼠标左键不放的同时，框选需要进行放大的区域，然后松开鼠标即可。

7. [图] (平移视图)

1) 作用

对视图进行平移操作。

2) 操作方法

步骤 1：在视图导航区单击 [图] (平移视图)按钮，此时鼠标变成 [图] 形状。

步骤 2：将鼠标移到需要进行平移操作的视图中，按住鼠标左键不放的同时，移动鼠标即可。

8. [图] (穿行)

1) 作用

对视图进行左右、前后移动操作。

2) 操作方法

步骤 1：在视图导航区单击 [图] (穿行)按钮，此时，鼠标变成 [图] 状。

步骤 2：将鼠标移到透视图或摄影机视图中。按住鼠标左键不放的同时进行上下或左右移动，即可对透视图或摄影机视图进行上下或左右移动。

步骤 3：按键盘上的上下或左右键，即可对透视图或摄影机视图进行前进、倒退和左右移动。

9. [图] (环绕)

1) 作用

对透视图或摄影机视图进行旋转操作。

2) 操作方法

步骤 1：在视图导航区单击 [图] (环绕)按钮。在当前活动视图中出现一个黄色的圆环，如图 1.2.37 所示。

步骤 2：将鼠标移到圆环的左(或右)边的 [图] 图标上，鼠标变成 [图] 形状，按住鼠标左键不放的同时移动鼠标，即可对视图进行左右旋转操作。

步骤 3：将鼠标移到圆环的上(或下)边的 [图] 图标上，鼠标变成 [图] 形状，按住鼠标左键不放的同时移动鼠标，即可对视图进行上下旋转操作。

步骤 4：将鼠标移到环形的里面，鼠标变成 形状，如图 1.2.38 所示。按住鼠标左键不放的同时移动鼠标，即可对视图进行自由旋转操作。

步骤 5：将鼠标移到环形的外面，鼠标变成 形状，如图 1.2.39 所示。按住鼠标左键不放的同时移动鼠标，即可对视图进行顺时针或逆时针旋转操作。

图 1.2.37

图 1.2.38

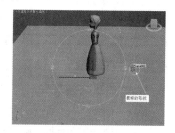

图 1.2.39

10. (选定的环绕)

1）作用

对选定的对象进行旋转操作。

2）操作方法

该命令的操作方法与 (环绕)的操作方法基本相同，不同的是在进行旋转之前先选定对象。

11. (环绕子对象)

1）作用

对选定的对象进行旋转操作。

2）操作方法

该命令的操作方法与 (选定的环绕)的操作方法基本相同，不同的是在进行旋转操作之前先选定子对象(顶点、面或边)。

12. (最大化视口切换)

1）作用

对当前活动视图进行最大化切换操作。

2）操作方法

该命令的操作方法很简单，单击 按钮，即可对当前活动视图进行最大化切换操作。

13. (视野)

1）作用

对摄影机视图进行视野放大或缩小操作。

2）操作方法

步骤 1：在视图导航区单击 (视野)按钮，此时，鼠标变成 形状。

步骤 2：将鼠标移到摄影机视图中，按住鼠标左键不放的同时进行上下移动，即可对摄影机视图进行放大或缩小操作。

14. ▣(推拉摄影机)

1) 作用

对摄影机进行推或拉操作。

2) 操作方法

步骤 1： 在视图导航区单击▣(推拉摄影机)按钮，此时，鼠标变成▣形状。

步骤 2： 将鼠标移到摄影机视图中，按住鼠标左键不放的同时进行上下移动，即可对摄影机视图中的摄像机进行推拉操作。

15. ▣(推拉目标)

1) 作用

改变摄影机视图中的摄影目标点的位置。

2) 操作方法

步骤 1： 在视图导航区单击▣(推拉目标)按钮，此时，鼠标变成▣形状。

步骤 2： 将鼠标移到摄影机视图中，按住鼠标左键不放的同时进行上下移动，即可对摄影机视图中摄影机目标点进行推拉操作。

16. ▣(推拉摄影机+目标)

1) 作用

同时对摄影机和目标点进行推拉操作。

2) 操作方法

操作方法与▣(推拉目标)的操作方法完全相同。

视频播放： 任务六的详细讲解，可观看配套视频"任务六：掌握视图导航区中相关命令的作用和使用方法"。

任务七：提高场景的刷新速率

在做一些复杂且运算量非常大的场景时，用户可以通过设置自适应降级来提高场景的刷新速率。

所谓自适应降级是指调整系统无法正常显示时所做的自动降级显示操作，在进行降级处理时，3ds Max 会根据用户的设置自动调整降级显示，以提高刷新速率。

1. 设置场景的刷新速率

步骤 1： 在视图导航区任意位置右击，弹出"视口配置"对话框。

步骤 2： 在"视口配置"对话框中单击 自适应降级切换 选项卡，切换到"自适应降级切换"参数设置界面。具体设置如图 1.2.40 所示。

步骤 3： 设置完毕单击 确定 按钮，完成自适应降级切换参数设置。

步骤 4： 在状态栏中单击▣(自适应降级切换)按钮或者在菜单栏中选择 视图(V) → 自适应降级 命令。

步骤 5： 将鼠标移到视图中对视图进行操作，3ds Max 会根据用户设置自动调整降级显示，达到提高刷新速率的目的。

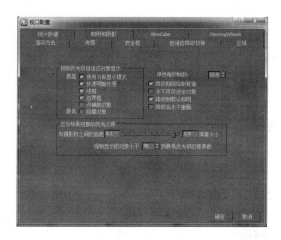

图 1.2.40

2. 自适应降级切换参数介绍

了解各个自适应降级切换参数的作用，是合理调节降级的前提和基础。各个自适应降级参数的作用介绍如下。

(1) 按照优先级自适应对象显示 参数组。主要用来控制在降级期间渲染模式所经过的步骤。3ds Max 会随着视图画面的不断刷新而使降级不断增加，也就是说，3ds Max 会按照用户选择的降级选项从最高到最低不断转化。

(2) 保持每秒帧数：。主要用来控制 3ds Max 进行自适应降级的帧数。当用户在移动视图时，刷新帧速率低于设置的帧数时，软件会根据 按照优先级自适应对象显示 参数组的设置进行降级处理来适应刷新要求。

(3) 降级期间绘制背面。勾选此项，强制软件在降级期间远离视点绘制多边形，但只适用于线框视图；如果不勾选此项，在降级期间只能通过选择背面来改进性能。

(4) 永不降级选定对象。勾选此项，被选中的对象不受降级影响。

(5) 降级到默认照明。勾选此项，在进行降级过程中，采用默认灯光照明。

(6) 降级后永不重画。勾选此项。视图显示将还原为帧率改进，从而刷新所有降级的对象。

(7) 区分场景对象的优先次序 参数组。主要用来设置场景对象降级处理的优先次序，主要包括如下 3 个参数设置。

① 与摄影机之间的距离。主要用来设置与摄影机或屏幕的距离，以控制对象降级的优先级。对象越远，优先级越低，降级的速度越快。值越大，对象离摄像机越近，则显示越大，而对象的实际大小未变。

② 屏幕大小。主要用来设置以像素为单位的边界框大小。对象越小，优先级越低，降级的速度越快。值越大，对象降级越小。与距离无关。

③ 强制显示的对象小于 40 到最低先级的像素数。当被选中的对象(以像素为单位)小于设定的参数值时，在降级期间始终使用最低的可用优先级设置。

视频播放：任务七的详细讲解，可观看配套视频"任务七：提高场景的刷新速度"。

任务八：了解隐藏和冻结对象命令

在 3ds Max 中，隐藏和冻结对象的相关命令使用频率非常高。因为使用隐藏和冻结对象的相关命令，操作起来更加方便和快捷。下面具体介绍隐藏和冻结对象的相关命令的作用和使用方法。

1. 调出隐藏和冻结对象命令的方法

隐藏和冻结对象命令的调出方法如下。

步骤 1： 在菜单栏中单击 ▐工具(T)▐ → ▐ 显示浮动框(D)...▐ 命令，弹出"显示浮动框"对话框，在该浮动框中包括隐藏和冻结对象的相关命令，如图 1.2.41 所示。

步骤 2： 在视图中右击，弹出快捷菜单，在弹出的快捷菜单中包括了隐藏和冻结对象的相关命令，如图 1.2.42 所示。

步骤 3： 在右侧浮动面板中单击 ▐回▐(显示)按钮，也可调出隐藏和冻结对象的相关命令，如图 1.2.43 所示。

图 1.2.41

图 1.2.42

图 1.2.43

提示： 一般情况用户在对场景中的对象进行隐藏或冻结时，用到步骤 1 和步骤 2 的时候比较多。

2. 隐藏和冻结对象命令介绍

1) 对象隐藏命令

对象隐藏命令主要包括"选定对象"、"未选定对象"、"按名称选定对象"、"按点击"、"全部"、"按名称…"和"隐藏冻结对象"7 个命令。

(1) ▐选定对象▐。单击 ▐选定对象▐ 按钮，将视图中选定的对象隐藏。

(2) ▐未选定对象▐。单击 ▐未选定对象▐按钮，将视图中未选定的对象隐藏。

(3) ▐按名称…▐。单击 ▐按名称选定对象▐按钮，弹出"隐藏对象"对话框，在该对话框中单选需要隐藏的对象，如图 1.2.44 所示。单击 ▐ 隐藏 ▐按钮即可将选择的对象隐藏。

(4) ▐按点击▐。单击 ▐按点击▐按钮，在视图中单击某个对象，即可将该对象隐藏。

（5）取消隐藏。包括 全部 和 按名称... 两个按钮，单击 全部 按钮，即可将场景中所有隐藏的对象显示出来。如果单击 按名称... 按钮，则会弹出"取消隐藏对象"对话框，在该对话框中选择需要取消隐藏的对象，如图 1.2.45 所示。单击 取消隐藏 按钮，即可将选择的对象显示出来。

（6）隐藏冻结对象。如果选中"隐藏冻结对象"选项，场景中冻结的对象将被隐藏。

2）对象冻结命令

对象冻结命令与对象隐藏命令的操作方法差不多，只是被隐藏的对象在场景中看不到。而被冻结的对象在场景中以灰色显示，用户不能对冻结对象进行任何操作。冻结对象的各个命令的作用和使用方法在这里不做详细介绍，用户可以参考配套视频。

3）对象层级

在"显示浮动框"对话框中单击 对象层级 按钮，切换到对象层级相关参数设置界面，如图 1.2.46 所示。

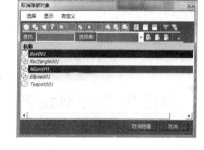

图 1.2.44　　　　　　　　　　　　图 1.2.45　　　　　　　　　图 1.2.46

在"对象层级"参数设置界面中主要包括"按类别隐藏"和"显示属性"两个选项组以及 3 个按钮，具体介绍如下。

（1）"按类别隐藏"。用户只要选中需要隐藏的对象类别，即可将该类别的所有对象隐藏。

（2）全部。单击 全部 按钮，即可将"按类别隐藏"选项组中所有类别的对象进行隐藏。

（3）无。单击 无 按钮，即可将"按类别隐藏"选项组中所有类别的对象进行显示。

（4）反转。单击 反转 按钮，即可将"按类别隐藏"选项组中所有被隐藏的对象类别进行显示，显示的对象类别被隐藏。

（5）显示属性。根据任务要求，选中"显示属性"选项组中的对象属性即可显示该对象的属性。

3．添加隐藏对象类别

在实际操作过程中。如果在"按类别隐藏"选项组中没有用户需要隐藏的类别，用户可以根据任务要求，添加隐藏类别。具体操作方法如下。

步骤 1： 在界面右侧的"浮动面板"中单击 (显示)按钮，切换到显示浮动面板。

步骤 2： 单击"按类别隐藏"选项组下的 添加 按钮，弹出"添加显示过滤器"对话框。在该对话框中选择需要添加的类型，如图 1.2.47 所示。

步骤 3： 单击 确定 按钮，即可将选择隐藏的对象类别添加到浮动面板中。

图 1.2.47

视频播放： 任务八的详细讲解，可观看配套视频"任务八：了解隐藏和冻结对象命令"。

四、项目拓展训练

根据视频和老师的讲解，针对项目 2 所讲内容，自建一个场景，进行练习。

项目 3：3ds Max 2011 界面设置

一、项目制作流程(步骤)分析

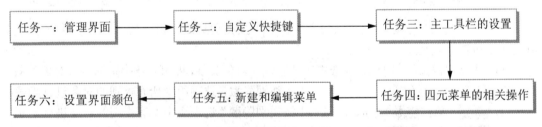

二、项目操作步骤

本项目主要通过 6 个任务完成 3ds Max 2011 有关界面的设置，具体操作如下。

任务一：管理界面

1. 浮动面板的调出和隐藏

步骤 1： 启动 3ds Max 2011。在菜单栏中选择 自定义(U) → 显示 UI(H) 命令，弹出二级子菜单，如图 1.3.1 所示。

步骤 2：在默认情况下，3ds Max 2011 的浮动面板是隐藏的。如果用户需要显示浮动面板，只要在菜单栏中选择 自定义(U) → 显示 UI(H) → 显示浮动工具栏(F)命令，如图 1.3.2 所示，即可将浮动面板显示出来。

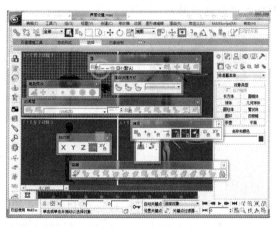

图 1.3.1　　　　　　　　　　　　　　　图 1.3.2

步骤 3：如果需要隐藏某一个浮动面板，则直接单击需要隐藏的浮动面右上角的 图标即可。

步骤 4：如果需要隐藏所有浮动面板，在菜单栏中选择 自定义(U) → 显示 UI(H) → 显示浮动工具栏(F)命令即可。

2．工具栏和浮动面板的拆卸与归位

1) 将工具栏和浮动面板从界面中拆卸出来

步骤 1：将鼠标移到工具栏或浮动面板上的‖(竖双线)或══(横双线)上，此时，鼠标变成 形状。

步骤 2：按住鼠标左键不放进行拖动，即可将工具栏或浮动面板拆卸下来。

2) 将工具栏和浮动面板归位

步骤 1：直接在拆卸下来的工具栏或浮动面板的标题栏上双击，即可将拆卸下来的工具栏或浮动面板归位到原来的位置。

步骤 2：将鼠标移到工具栏或浮动面板的标题栏上按住鼠标左键不放，移到需要放置的位置处松开鼠标，即可将工具栏或浮动面板放置到松开鼠标左键的位置。

3．专家模式与编辑模式之间的切换

3ds Max 界面在默认情况下为编辑模式状态。如果用户对 3ds Max 的快捷键使用特别熟练，可以将工作界面切换到专家模式，使用快捷键进行操作来提高工作效率。具体操作步骤如下。

步骤 1：在菜单栏中选择 视图(V) → 专家模式(E)命令(或直接按键盘上的【Ctrl+X】键)，即可将界面从编辑模式切换到专家模式。

步骤 2：再按键盘上的【Ctrl+X】键(或直接单击界面右下角的 取消专家模式 按钮)，即可将界面从专家模式切换到编辑模式。

提示：在视图中，按 Alt+鼠标左键，弹出快捷菜单，其中主要包括"变换"、"坐标"、"姿势"和"设置"命令，如图 1.3.3 所示。按 Ctrl+鼠标左键，弹出快捷菜单，其中主要包括"基本几何体"和"变换"命令，如图 1.3.4 所示。按 Shift+鼠标左键，弹出快捷菜单，其中主要包括"捕捉选项"、"捕捉覆盖"和"捕捉切换"命令，如图 1.3.5 所示。

  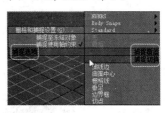

图 1.3.3   图 1.3.4   图 1.3.5

4. 自定义用户界面方案的加载

在 3ds Max 中，允许用户加载自己定义的用户界面方案。具体操作步骤如下。

步骤 1： 在菜单栏中选择 自定义(U) → 加载自定义用户界面方案... 命令，弹出"加载自定义用户界面方案"对话框。

步骤 2： 在"加载自定义用户界面方案"对话框中选择需要加载的方案文件，单击 打开(O) 按钮即可。

> **视频播放：** 任务一的详细讲解，可观看配套视频"任务一：管理界面"。

任务二：自定义快捷键

在复杂的制作过程中，如果用户根据自己的操作习惯使用自定义的一些快捷键，可以提高工作效率。这里以给"3ds Max 帮助"命令添加自定义快捷键为例进行介绍，具体操作步骤如下。

步骤 1： 在菜单栏中选择 自定义(U) → 自定义用户界面(C)... 命令，弹出"自定义用户界面"对话框。

步骤 2： 根据任务要求，设置"自定义用户界面"，具体设置如图 1.3.6 所示。

步骤 3： 设置完毕之后，单击 指定 按钮，即可完成自定义快捷键的指定。

步骤 4： 单击 保存... 按钮，弹出"保存快捷键文件为"对话框。根据任务要求输入保存的文件名，如图 1.3.7 所示。单击 保存(S) 按钮，即可将设置的自定义快捷键保存到系统中。此时，用户就可以使用自定义的快捷键。

步骤 5： 如果用户需要恢复系统的默认设置，在"自定义用户界面"对话框中单击 重置 按钮即可。

提示：用户在给命令指定快捷键的时候，如果输入的快捷键被指定给其他命令了，系统会在 指定到: 右边的提示框中显示出其被指定给的命令名称，如图 1.3.8 所示，提示用户，该快捷键已经被指定了，用户需要重新指定。

> **视频播放：** 任务二的详细讲解，可观看配套视频"任务二：自定义快捷键"。

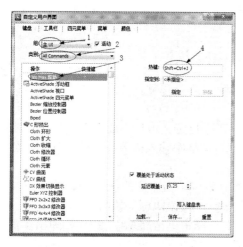

图 1.3.6　　　　　　　　图 1.3.7　　　　　　　图 1.3.8

任务三：主工具栏的设置

在 3ds Max 中，允许用户自定义工具栏，将自己经常使用的命令放置在自定义的工具栏中，这样可以方便用户操作，提高速度。具体操作步骤如下。

1. 自定义工具栏

步骤 1：在主工具栏的空白处右击，弹出快捷菜单，在弹出的快捷菜单中选择 自定义… 命令，弹出"自定义用户界面"对话框。

步骤 2：在"自定义用户界面"对话框中选择 工具栏 选项卡，单击 新建… 按钮，弹出"新建工具栏"对话框，在该对话框中输入自定义工具栏的名称，如图 1.3.9 所示。

步骤 3：输入名称之后，单击 确定 按钮，即可创建一个自定义工具栏，如图 1.3.10 所示。

步骤 4：将鼠标移到"自定义用户界面"对话框的"操作"列表框中的选项上，按住鼠标左键不放的同时，拖到自己定义的工具栏中松开鼠标即可，如图 1.3.11 所示。

步骤 5：方法同上，继续将需要的命令拖到自定义的工具栏中，如图 1.3.12 所示。

图 1.3.9　　　　　　　图 1.3.10　　　　　　　图 1.3.11　　　　　　图 1.3.12

提示：如果需要删除自定义工具栏中的某个工具，只需将鼠标移到该工具图标上右击，在弹出的快捷菜单中选择 删除按钮 命令即可。

2. 编辑工具栏

用户可以将自定义好的工具栏保存到系统中，也可以删除和重置自定义用户界面，使它恢复到系统默认状态。具体操作步骤如下。

步骤 1：保存自定义菜单。设置完工具栏之后，在"自定义用户界面"对话框中单击 保存... 按钮，弹出"保存 UI 文件为"对话框，在该对话框中输入需要保存的文件名，如图 1.3.13 所示，单击 保存(S) 按钮即可。

步骤 2：删除工具栏。在"自定义用户界面"对话框中单击右侧的 ▼ 按钮，弹出下拉列表，在下拉列表中选择需要删除的工具栏。单击 删除... 按钮即可，如图 1.3.14 所示。

步骤 3：重命名工具栏。在"自定义用户界面"对话框中单击 重命名... 按钮，弹出"重命名工具栏"对话框，在该对话框中输入名称，如图 1.3.15 所示，单击 确定 按钮即可。

图 1.3.13　　　　　　　　　图 1.3.14　　　　　　　　图 1.3.15

步骤 4：恢复系统默认状态。在"自定义用户界面"对话框中单击 重置 按钮，弹出警告对话框，如图 1.3.16 所示，单击 是(Y) 按钮即可。

3. 快速访问工具栏

快速访问工具栏就是显示在 3ds Max 应用程序图标右侧的快速访问工具的集合，如图 1.3.17 所示。在 3ds Max 中，允许用户编辑快速访问工具栏。具体操作方法如下。

步骤 1：添加快速访问工具命令图标。在"自定义用户界面"对话框中，直接将"操作"列表框中的命令拖到"快速访问工具栏"列表框中即可，如图 1.3.18 所示。

图 1.3.16　　　　　　　　　图 1.3.17　　　　　　　　图 1.3.18

步骤 2： 删除快速访问工具栏中的工具。选择"快速访问工具栏"中需要删除的命令，单击右侧的　移除　按钮即可。

步骤 3： 调整快速访问工具栏中命令图标的顺序。在"快速访问工具栏"列表框中选择需要调整摆放顺序的命令，单击　上移　或　下移　按钮即可。

> **视频播放：** 任务三的详细讲解，可观看配套视频"任务三：主工具栏的设置"。

任务四：四元菜单的相关操作

为了提高制作过程中的操作速度，通常右击，调出四元菜单来选择操作命令。在 3ds Max 中，允许用户根据自己的习惯来编辑四元菜单(添加或删除命令)。具体操作步骤如下。

1. 新建四元菜单

步骤 1： 在菜单栏中选择 自定义(U) → 自定义用户界面(C)... 命令，弹出"自定义用户界面"对话框。在该对话框中选择 四元菜单 命令，切换到四元菜单编辑界面。

步骤 2： 在"自定义用户界面"对话框中单击　新建...　按钮，弹出"新建四元菜单集"对话框，在该对话框中输入自定义四元菜单的名称，如图 1.3.19 所示。

步骤 3： 单击　确定　按钮，即可新建一个四元菜单。

步骤 4： 在 四元菜单快捷键: 右侧的文本框中输入快捷键的字母，在这里输入 R，单击　指定　按钮即可为新建四元菜单添加快捷键 R。

步骤 5： 在"自定义用户界面"对话框中单击四元图标中的■图标。此时，该图标呈黄色显示。将需要的命令拖到四元菜单下面的列表框中，如图 1.3.20 所示。

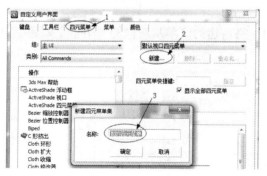

图 1.3.19　　　　　　　　　　　　　图 1.3.20

步骤 6： 方法同步骤 5。为其他三个四元菜单添加快捷命令，如图 1.3.21 所示。

图 1.3.21

图 1.3.22

步骤 7：设置完毕。在"自定义用户界面"对话框中单击 保存... 按钮。弹出"菜单文件另存为"对话框。在该对话框中输入保存的名称，如图 1.3.22 所示，单击 保存(S) 按钮即可。

2. 编辑四元菜单

四元菜单的编辑主要包括添加菜单命令、删除菜单命令、四元菜单重命名、指定快捷键和重置等操作。编辑四元菜单的操作方法与编辑工具栏的方法相同，这里就不再详细介绍。用户可以参考前面的操作步骤或配套视频讲解。

视频播放：任务四的详细讲解，可观看配套视频"任务四：四元菜单的相关操作"。

任务五：新建和编辑菜单

在 3ds Max 中，允许用户根据自己的使用习惯新建和编辑菜单，方便用户使用。下面详细介绍自定义菜单和编辑菜单。

1. 新建菜单

步骤 1：在菜单栏中选择 自定义(U) → 自定义用户界面(C)... 命令，弹出"自定义用户界面"对话框。在该对话框中选择 菜单 命令，切换到菜单编辑界面。

步骤 2：在"自定义用户界面"对话框中单击 新建... 按钮，弹出"新建菜单"对话框，在该对话框中输入需要新建菜单的名称，如图 1.3.23 所示，单击 确定 按钮即可创建一个新菜单。

步骤 3：在"自定义用户界面"对话框中，将新建的菜单从左侧的"菜单"列表框中拖到右边的菜单列表中，如图 1.3.24 所示。

图 1.3.23   图 1.3.24

步骤 4：在"自定义用户界面"对话框中，将需要添加的命令从左侧的"操作"列表框中拖到右侧"我的菜单"节点下。如果拖曳了不同类型的命令，可以将分隔符拖到右侧的自定义菜单中作为分隔符，如图 1.3.25 所示。

步骤 5：单击 保存... 按钮，弹出"菜单文件另存为"对话框，输入保存的名称，如图 1.3.26 所示，单击 保存(S) 按钮即可。此时，在菜单栏中显示出用户自定义的菜单，如图 1.3.27 所示。

图 1.3.25

图 1.3.26

图 1.3.27

2. 编辑菜单

菜单的编辑主要包括菜单的重命名、菜单的删除、菜单命令的删除、菜单命令的添加、菜单顺序的调整和菜单重置等操作。编辑菜单的操作与前面的操作基本相同，这里不再详细介绍，用户可以参考前面的操作方法或配套视频讲解。

视频播放：任务五的详细讲解，可观看配套视频"任务五：编辑和自定义菜单"。

任务六：设置界面颜色

在 3ds Max 中，允许用户根据自己的喜好修改界面颜色，从而将界面设置成个性化的操作界面。在这里以设置视口背景颜色为例进行介绍。具体操作方法如下。

步骤 1：在菜单栏中选择 自定义(U) → 自定义用户界面(C)... 命令，弹出"自定义用户界面"对话框。在该对话框中选择 颜色 命令，切换到颜色编辑界面。

步骤 2：在"自定义用户界面"对话框中，选择左侧的 视口背景 选项。单击右侧"颜色"右边的 ▆ 色块，弹出"颜色选择器"对话框，在"颜色选择器"对话框中设置颜色。

步骤 3：如图 1.3.28 所示，单击 确定(O) 按钮，返回到"自定义用户界面"对话框。

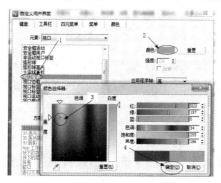

图 1.3.28

步骤4：在"自定义用户界面"对话框中单击 立即应用颜色 按钮，即可改变视口的颜色。

提示：如果需要恢复视口的默认颜色设置，只需单击"自定义用户界面"对话框右下角的 重置 按钮，弹出"还原颜色文件"对话框，在"还原颜色文件"对话框中单击 是(Y) 按钮即可。

步骤5：其他设置方法同上。在此不再详细介绍。用户可以自己动手试一试。

视频播放：任务六的详细讲解，可观看配套视频"任务六：设置界面颜色"。

三、项目拓展训练

根据自己的习惯自定义个性化的 3ds Max 工作界面。

项目 4：3ds Max 2011 对象选择的方法

一、项目效果

二、项目制作流程(步骤)分析

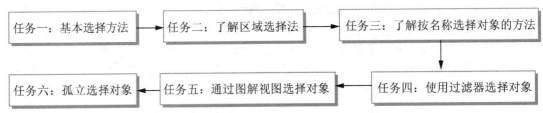

三、项目操作步骤

在 3ds Max 中，要对某个对象进行操作之前，首先要选择该对象。因此，选择对象是建模和设置动画的基础。在本项目中主要通过 6 个任务详细讲解各种选择方法如何使用。

任务一：基本选择方法

基本选择方法比较适合简单的场景，操作也比较简单。具体操作步骤如下。

步骤1：单选某个对象。在工具栏中单击 (选择对象)按钮或按键盘上的【Q】键。在场景中单击需要选择的对象即可，如图 1.4.1 所示。

步骤 2：加选对象。按住键盘上的【Ctrl】键不放的同时，单击需要加选的对象即可，如图 1.4.2 所示。

图 1.4.1

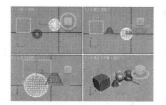

图 1.4.2

步骤 3：减选对象。按住键盘上的【Alt】键不放的同时，单击需要减选的对象即可，如图 1.4.3 所示。

步骤 4：反选。在菜单栏中选择 编辑(E) → 反选(I) 命令(或按【Ctrl+I】键)即可，如图 1.4.4 所示。

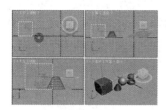

图 1.4.3

图 1.4.4

步骤 5：选择场景中的所有对象。在菜单栏中选择 编辑(E) → 全选(A) 命令(或按键盘上的【Ctrl+A】键)即可，如图 1.4.5 所示。

步骤 6：取消场景中的对象选择。在菜单栏中选择 编辑(E) → 全部不选(N) 命令(或按键盘上的【Ctrl+D】键)即可，如图 1.4.6 所示。

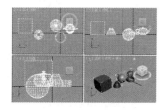

图 1.4.5

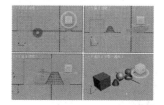

图 1.4.6

视频播放：任务一的详细讲解，可观看配套视频"任务一：基本选择方法"。

任务二：了解区域选择法

区域选择法是 3ds Max 中比较重要的一种选择方法。所谓区域选择法，是指按住鼠标左键不放的同时拖曳出一个区域来选择对象。区域选择有窗口和交叉两种选择模式。每种选择模式中又有 5 种选择方式。

在窗口选择模式中，被选对象要被全部框选，才能被选择。在交叉模式中，被选对象只要被框选区域碰到即可被选择。下面以窗口选择模式为例介绍 5 种不同的选择方式。

步骤 1：在菜单栏中单击 (选择对象)按钮或按键盘上的【Q】键，单击 (窗口/交叉)按钮，使该按钮变成 状态，选择方式为 (矩形选择区域)。在视图中框选需要选择的对象，如图 1.4.7 所示，松开鼠标左键即可，如图 1.4.8 所示。

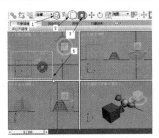
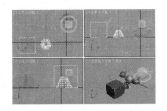

图 1.4.7   图 1.4.8

步骤 2：使用圆形选择区域选择对象。在工具栏中将选择方式切换为 (圆形选择区域)。在视图中框选需要选择的对象，如图 1.4.9 所示，松开鼠标左键即可，如图 1.4.10 所示。

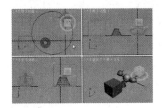
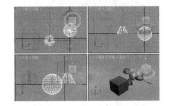

图 1.4.9   图 1.4.10

步骤 3：使用围栏选择区域选择对象。在工具栏中将选择方式切换为 (围栏选择区域)。在视图中单击来绘制选择区域，当鼠标移到起点的位置时，鼠标变成一个十字架，如图 1.4.11 所示，单击即可选择对象，如图 1.4.12 所示。

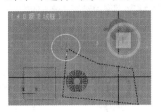
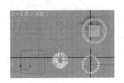

图 1.4.11   图 1.4.12

步骤 4：使用套索选择区域选择对象。在工具栏中将选择方式切换为 (套索选择区域)。在视图中按住鼠标左键不放，在视图中框选需要选择的对象，当鼠标移到起点位置时，鼠标变成一个十字架，如图 1.4.13 所示，松开鼠标即可选中对象，如图 1.4.14 所示。

步骤 5：使用绘制选择区域选择对象。在工具栏中将选择方式切换为 (绘制选择区域)。在视图中按住鼠标左键不放，此时，鼠标变成 形状，移到需要选择的对象即可将对象选择，如图 1.4.15 所示。

　　提示：在窗口选择模式中，使用 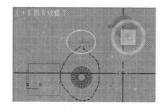(绘制选择区域)方式选择对象时，要将选择对象全部包围在内，才能将其选中。在交叉选择模式中，只要碰到即可将其选中。

图 1.4.13

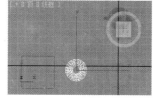
图 1.4.14

图 1.4.15

视频播放：任务二的详细讲解，可观看配套视频"任务二：了解区域选择法"。

任务三：了解按名称选择对象的方法

　　在 3ds Max 中，如果场景比较复杂，使用前面介绍的两种方法没法实现时，可以通过按名称选择对象的方法来实现。具体操作方法如下。

　　1. 按名称选择

　　步骤 1：在菜单栏中单击 (按名称选择)图标，弹出"从场景选择"对话框，在该对话框中选择需要选择的对象，如图 1.4.16 所示。

　　步骤 2：单击　确定　按钮，如图 1.4.17 所示。

　　2. 创建和编辑选择集

　　如果用户在三维制作过程中，经常需要使用同时选中的几个对象，可以通过创建选择集的方法来提高工作效率。具体操作步骤如下。

　　1) 创建选择集

　　步骤 1：在场景中选择需要创建选择集的对象，如图 1.4.18 所示。

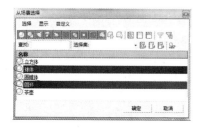
图 1.4.16

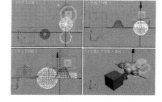
图 1.4.17

图 1.4.18

　　步骤 2：在工具栏的"创建选择集"输入框中输入选择集的名称即可，如图 1.4.19 所示。

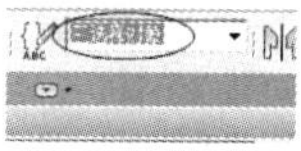

　　2) 编辑选择集

　　用户可以对创建的选择集进行编辑。例如，给选择集添加对象、删除对象和删除选择集。具体操作方法如下。

图 1.4.19

　　步骤 1：在工具栏中单击 (编辑命名选择)按钮，弹出"命名选择集"对话框，如图 1.4.20 所示。

步骤 2：在场景中选择需要添加的对象，再在"命名选择集"对话框中单击 ✛(添加选择对象)按钮，即可为选择集添加对象。

步骤 3：在"命名选择集"对话框中选择需要减去的对象。单击 ━(减去选定对象)按钮，即可将对象从选择集中减去。

步骤 4：在"命名选择集"对话框中单击 (创建新集)按钮，即可创建一个新的选择集，如图 1.4.27 所示。

步骤 5：给新集重命名。在创建的新集上双击，此时，变成蓝色显示，输入新集名称即可。

3. 按颜色选择对象

步骤 1：在菜单栏中选择 编辑(E) → 选择方式(B) → 颜色(C) 命令，将鼠标移到场景中需要选择的对象上，鼠标变成 形状，如图 1.4.22 所示。

步骤 2：单击对象，即可将场景中相同颜色的对象选中，如图 1.4.23 所示。

图 1.4.20　　　　　　　图 1.4.21　　　　　　　图 1.4.22　　　　　　　图 1.4.23

视频播放：任务三的详细讲解，可观看配套视频"任务三：了解按名称选择对象的方法"。

任务四：使用过滤器选择对象

在制作复杂三维动画的过程中，为了方便选择或者防止错选不需要的对象，经常使用过滤器来选择对象。例如，在设置场景灯光时，可以通过使用过滤器，在场景中只选择灯光，这样就不用当心误操作其他对象了。在 3ds Max 默认情况下，过滤器的设置为"全部"，也就是说，用户在场景中可以选择所有对象。过滤器具体使用方法如下。

1. 过滤器的使用

步骤 1：在工具栏中单击 按钮，弹出下拉列表，如图 1.4.24 所示。

步骤 2：在下列列表中选择需要过滤的类型。例如，选择灯光类型。在场景中只能选择灯光。

2. 创建过滤组合

在场景中，有时需要同时选择几种类型的对象，可以通过创建组合过滤来实现。具体操作方法如下。

图 1.4.24

步骤 1：在工具栏中单击 按钮，在弹出的下拉列表中选择 组合... 选项，弹出"过滤器组合"对话框，在该对话中选择需要同时过滤的类型，如图 1.4.25 所示。

步骤 2：单击 ____添加____ 按钮，即可将组合添加到"当前组合"列表框中，如图 1.4.26 所示。

步骤 3：单击 __确定__ 按钮，即可创建一个过滤组合，如图 1.4.27 所示。

步骤 4：删除过滤组合。在"过滤器组合"对话框右侧的"当前组合"列表框中选择需要删除的组合集，单击 __删除__ 按钮即可。

| 图 1.4.25 | 图 1.4.26 | 图 1.4.27 |

3．添加过滤类型

如果在过滤选择中没有需要的过滤类型，可以通过"过滤器组合"对话框添加过滤类型，具体操作方法如下。

步骤 1：在工具栏中单击 ▼ 按钮，在弹出的下拉列表中选择 组合… 选项，弹出"过滤器组合"对话框。

步骤 2：在"过滤器组合"对话框的"所有类别 ID"列表中选择需要添加的过滤类别，如图 1.4.28 所示，单击 __添加__ 按钮即可，如图 1.4.29 所示。

步骤 3：单击 __确定__ 按钮完成过滤类型的添加，如图 1.4.30 所示。

| 图 1.4.28 | 图 1.4.29 | 图 1.4.30 |

视频播放：任务四的详细讲解，可观看配套视频"任务四：使用过滤器选择对象"。

任务五：通过图解视图选择对象

在 3ds Max 中，用户也可以通过图解视图选择对象。不过，此方法较少使用，只做了解即可。具体操作方法如下。

步骤1： 在工具栏中单击▦(图解视图)按钮，弹出"图解视图"对话框。

步骤2： 在"图解视图"对话框中单击需要选择的图标，如图1.4.31所示。

图1.4.31

提示： 也可以在菜单栏中选择 图形编辑器 → 保存的图解视图(S) → 图解视图1 命令，打开"图解视图"对话框。

视频播放：任务五的详细讲解，可观看配套视频"任务五：通过图解视图选择对象"。

任务六：孤立选择对象

在处理非常复杂的场景时，为了避免对其他对象进行误操作或被其他对象遮挡，用户可以通过孤立对象命令，将其他不需要处理的所有对象隐藏，而只显示需要处理的对象。具体操作方法如下。

步骤1： 在场景中选择需要孤立的对象，如图1.4.32所示。

步骤2： 在选择的对象上右击，在弹出的快捷菜单中单击"孤立当前选择"命令，即可将孤立的选择显示出来，同时还弹出一个警告框，如图1.4.33所示。

步骤3： 根据任务要求，对孤立出来的对象进行各种操作，操作完毕，在警告框中单击 退出孤立模式 按钮，即可退出孤立模式。

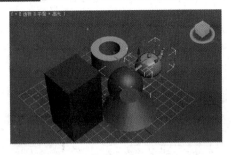

图1.4.32

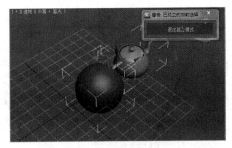

图1.4.33

视频播放：任务六的详细讲解，可观看配套视频"任务六：孤立选择对象"。

四、项目拓展训练

打开如图1.4.34所示的场景文件，练习本项目中介绍的选择方法。

图 1.4.34

项目 5：3ds Max 2011 的变换操作

一、项目效果

二、项目制作流程(步骤)分析

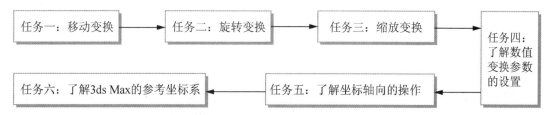

三、项目操作步骤

在 3ds Max 中熟练掌握变换操作，是顺利学习后面内容的基础。本项目中主要通过 6 个任务详细讲解移动变换、旋转变换、缩放变换、数值变换、坐标轴向和坐标系统等相关内容。详细介绍如下。

任务一：移动变换

步骤 1：打开一个场景文件。在工具栏中单击 ✛ (选择并移动)图标或按键盘上的【W】键。

步骤 2：在场景中选择一个对象，被选中的对象出现一个带有 3 种不同颜色的 Gizmo 图标，红色代表 X 轴，绿色代表 Y 轴，蓝色带表 Z 轴，如图 1.5.1 所示。

步骤 3：在单轴向上移动对象。单击需要移动的轴向，该轴向被激活。此时，该轴向呈黄色显示，按住鼠标左键移动即可。

步骤 4：同时在两个轴向上移动对象。将鼠标移到如图 1.5.2 所示的位置，X 轴和 Z 轴被激活，都呈黄色显示。按住鼠标左键移动，即可使对象在 X 轴和 Z 轴组成的平面上进行移动变换。

步骤 5：放大和缩小 Gizmo 图标。按键盘上的【-】键即可缩小 Gizmo 图标，按键盘上的【=】键可放大 Gizmo 图标。

步骤 6：按键盘上的【X】键，Gizmo 图标转为红色线和灰色线组成的三角架，如图 1.5.3 所示。再按键盘上的【X】键，又由三角架转换为 Gizmo 图标。

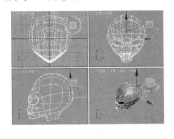

图 1.5.1　　　　　　　　　图 1.5.2　　　　　　　　　图 1.5.3

步骤 7：隐藏和显示 Gizmo 图标。在菜单栏中选择 视图(V) → 显示变换 Gizmo(Z) 命令，隐藏 Gizmo 图标。再选择 视图(V) → 显示变换 Gizmo(Z) 命令，则显示 Gizmo 图标。

提示：在 Gizmo 图标被隐藏的情况下，用户同样可以移动对象。用户也可以通过打开轴约束来控制移动的方向。在工具栏的空白处右击，在弹出的快捷菜单中单击 轴约束 命令，弹出"轴约束"浮动面板。在浮动面板中单击 XY 按钮，如图 1.5.4 所示。此时，在视图中按住鼠标左键移动时，只能沿由 X 轴和 Y 轴组成的平面移动。

图 1.5.4

视频播放：任务一的详细讲解，可观看配套视频"任务一：移动变换"。

任务二：旋转变换

步骤 1：在工具栏中单击○(选择并旋转)按钮或按键盘上的【E】键。

步骤 2：在场景中单选对象，被选中的对象出现一个旋转的 Gizmo 图标，红色代表 X 轴，绿色代表 Y 轴，蓝色带表 Z 轴，如图 1.5.5 所示。

步骤 3：旋转对象。将鼠标移到需要旋转的轴向上，此时，旋转轴变成黄色，如图 1.5.6 所示。按住鼠标左键进行旋转，如图 1.5.7 所示。

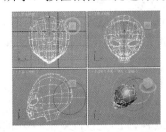

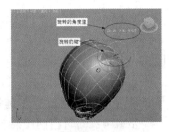

图 1.5.5　　　　　　　　　图 1.5.6　　　　　　　　　图 1.5.7

步骤 4：按任意角度旋转对象。将鼠标移到旋转 Gizmo 图标的中间，按住鼠标左键，此时，旋转 Gizmo 图标中出现一个灰色的圆球，如图 1.5.8 所示。按住鼠标左键不放的同时移动鼠标可进行任意旋转操作，如图 1.5.9 所示。

步骤 5：垂直于当前视口旋转。将鼠标放置到最外围的灰色旋转轴上，按住鼠标左键不放(灰色旋转轴变成黄色旋转轴)进行移动即可，如图 1.5.10 所示。

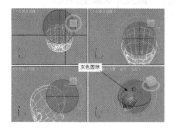 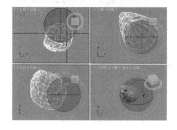 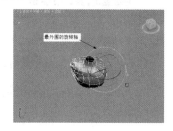

图 1.5.8　　　　　　　　　　图 1.5.9　　　　　　　　　　图 1.5.10

视频播放： 任务二的详细讲解，可观看配套视频"任务二：旋转变换"。

任务三：缩放变换

在 3ds Max 中缩放变换主要包括"选择并均匀缩放"、"选择并非均匀缩放"和"选择并挤压" 3 种缩放方式。

1. 缩放变换的 3 种方式

(1) ▣(选择并均匀缩放)。主要用来控制 3 个轴向上的等比例缩放，使用该缩放方式，只会改变被缩放对象的体积大小，而不会改变被缩放对象的形状。坐标轴向不起作用。

(2) ▲(选择并非均匀缩放)。主要用来控制在指定的轴向进行非均匀缩放。使用该缩放方式，被缩放的对象体积和形状都会发生改变。

(3) ◢(选择并挤压)。主要用来控制在指定的轴向上进行挤压变形。使用该缩放方式，被缩放的对象总的体积大小不会变，形状会发生改变。

2. 缩放变换的操作方法

步骤 1：在工具栏中单击缩放变换方式。

步骤 2：在视图窗口中单选缩放的对象，此时，对象上出现一个三角形的操作缩放轴，如图 1.5.11 所示。

步骤 3：将鼠标移到 Gizmo 图标的中心三角区，按住鼠标左键不放的同时进行移动，对对象进行等比例缩放，如图 1.5.12 所示。

步骤 4：将鼠标移到 Gizmo 图标的单个坐标轴上，按住鼠标左键不放的同时进行移动，对对象进行单轴向缩放，如图 1.5.13 所示。

步骤 5：将鼠标移到由 Gizmo 图标的两个坐标轴围成的侧平面上，按住鼠标左键不放进行移动，将对象进行侧平面双方向缩放，如图 1.5.14 所示。

提示： 选择缩放变换命令，可以通过在对象上右击，在弹出的快捷菜单中单击"缩放"命令。还可以在菜单栏中选择 编辑(E) → 缩放 命令。

图 1.5.11

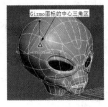
图 1.5.12

图 1.5.13

图 1.5.14

视频播放：任务三的详细讲解，可观看配套视频"任务三：缩放变换"。

任务四：了解数值变换参数的设置

在 3ds Max 中，数值变换参数可以通过状态栏中的输入框进行设置或通过"变换输入"对话框进行设置。具体操作如下。

1. 通过状态栏进行参数设置

状态栏输入数值变换主要为绝对变换和相对变换。具体操作步骤如下。

步骤 1：在默认情况下，输入数值为绝对变换，如图 1.5.15 所示。

图 1.5.15

步骤 2：在 X、Y 或 Z 文本框中输入数值或将鼠标移到 X、Y 或 Z 文本框右边的⬍上，按住鼠标左键不放的同时进行上下移动即可对对象进行绝对变换操作。

步骤 3：单击⊞(绝对模式变换输入)按钮，切换到⊠(偏移模式变换输入)状态。

步骤 4：在 X、Y 或 Z 文本框中输入数值或将鼠标移到 X、Y 或 Z 文本框右边的⬍上，按住鼠标左键不放的同时进行上下移动即可对对象进行相对变换操作。

提示：在工具栏中，如果✥(选择并移动)按钮处于激活状态，上面修改的参数针对的是对象移动变换操作；如果↻(选择并旋转)按钮处于激活状态，上面修改的参数针对的是对象旋转变换操作；如果"缩放变换"按钮处于激活状态，上面修改的参数针对的是对象缩放变换操作。

2. 通过"变换输入"对话框进行变换参数设置

通过输入框进行变换参数设置，对于初学者来说，比较容易掌握。具体操作步骤如下。

步骤 1：在工具栏变换按钮上右击，即可弹出"变换输入"对话框。

提示：如果在✥(选择并移动)按钮上右击，弹出"移动变换输入"对话框，如图 1.5.16 所示；如果在↻(选择并旋转)按钮上右击，弹出"旋转变换输入"对话框，如图 1.5.17 所示；如果在"缩放变换"按钮上右击，弹出"缩放变换输入"对话框，如图 1.5.18 所示。

步骤 2：根据任务要求，对"变换输入"对话框进行设置和调节。

步骤 3：也可以在对象上右击，在弹出的快捷菜单中单击变换操作命令右边的■图标，这时会弹出相应的"变换输入"对话框。

图 1.5.16　　　　　图 1.5.17　　　　　图 1.5.18

视频播放：任务四的详细讲解，可观看配套视频"任务四：了解数值变换参数的设置"。

任务五：了解坐标轴向的操作

本任务要求用户了解使用轴约束操作对象、坐标轴心的调整、3 种轴点中心的区别。具体操作如下。

1. 使用轴约束操作对象

步骤 1：在场景中选择对象，如图 1.5.19 所示，此时用户可以使用前面介绍的方法对选择的对象进行变换操作。

步骤 2：按键盘上的【X】键，将 Gizmo 图标轴向隐藏。

步骤 3：在工具栏的空白处右击，在弹出的快捷菜单中单击 轴约束 命令，调出"轴约束"浮动面板，如图 15.20 所示。

步骤 4：如果沿 Y 轴向进行移动，在"轴约束"浮动面板中单击 Y 按钮。此时，在场景中 Y 轴变成红色线，将鼠标移到该红色线上，按住鼠标左键不放即可进行移动，如果沿 XY 轴向移动。在"轴约束"浮动面板中单击 XY 按钮，此时，在场景中 X 轴和 Y 轴都变成红色线，将鼠标移到 X 轴和 Y 轴组成的平面上，按住鼠标左键不放进行移动，即可使对象沿 XY 平面移动。

2. 坐标轴心的调节

有时候在对对象进行旋转的时候，坐标轴心不符合用户的要求，此时，可以根据任务要求修改坐标轴心。具体操作步骤如下。

步骤 1：在场景中选择对象。

步骤 2：在浮动面板中单击 品(层次)→ 仅影响轴 按钮，此时，坐标轴变成如图 1.5.21 所示的状态。

步骤 3：使用"选择并移动"工具，即可对坐标轴中心进行调节。调节完之后，再次单击 仅影响轴 按钮，取消"仅影响轴"功能。完成轴心位置的调节，如图 1.5.22 所示。

图 1.5.19　　　　　图 1.5.20　　　　　图 1.5.21　　　　　图 1.5.22

3. 3 种轴心点的区别

在选择多个对象之后对其同时进行操作时，选择不同的轴心点方式，结果将完全不同。如旋转变换操作，下面对其进行介绍。

步骤 1：在场景中选择如图 1.5.23 所示的对象。

步骤 2：在工具栏中单击 (使用轴点中心)按钮。对选择的对象进行旋转操作，效果如图 1.5.24 所示。

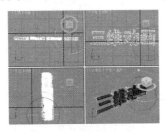 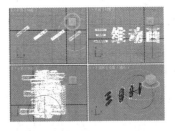

图 1.5.23   图 1.5.24

步骤 3：按【Ctrl+Z】键，取消旋转，在工具栏中单击 (使用选择中心)按钮，对选择的对象进行旋转操作，效果如图 1.5.25 所示。

步骤 4：按【Ctrl+Z】键，取消旋转，在工具栏中单击 (使用变换坐标中心)按钮，对选择的对象进行旋转操作，效果如图 1.5.26 所示。

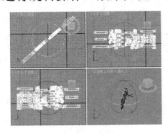 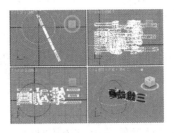

图 1.5.25   图 1.5.26

视频播放：任务五的详细讲解，可观看配套视频"任务五：了解坐标轴向的操作"。

任务六：了解 3ds Max 的参考坐标系

图 1.5.27

在 3ds Max 中，参考坐标系主要包括"视图、屏幕、世界坐标系"、"父对象坐标系"、"局部坐标系"、"万向坐标系"、"栅格坐标系"、"工作坐标系"和"拾取坐标系"等，如图 1.5.27 所示。参考坐标系是指变换工具在视图中所使用的一个坐标系。

1. 视图、屏幕、世界坐标系

1) 视图坐标系

在默认情况下，系统采用视图坐标系。当采用视图坐标系时，在任何激活的正交视图中，X 轴的正方向朝右，Y 轴正方向朝上，Z 轴正方向垂直于视图朝里，如图 1.5.28 所示。在视图坐标系中移动对象，是相对于视图空间移动。

2) 屏幕坐标系

使用屏幕坐标系，在任何激活的视图中，X 轴的正方向朝右，Y 轴正方向朝上，Z 轴正方向垂直于视图朝里。没有激活的视图显示的是激活视图的坐标系，如图 1.5.29 所示。

3) 世界坐标系

使用世界坐标系，在任何视图中，X 轴的正方向朝右，Y 轴正方向垂直于视图朝里，Z 轴正方向朝上，如图 1.5.30 所示。

提示：视图坐标系其实是世界坐标系和屏幕坐标系的一个混合体。也就是说，在使用视图坐标系时，所有正交视图采用屏幕坐标系，而透视图采用世界坐标系。

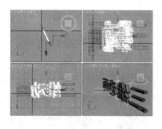 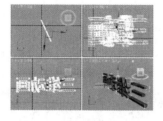 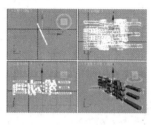

图 1.5.28　　　　　　　　图 1.5.29　　　　　　　　图 1.5.30

4) 显示或隐藏世界坐标系标签

在默认情况下，世界坐标系标签显示在各个视图的左下角。用户可以显示或隐藏世界坐标系标签。具体操作步骤如下。

步骤 1：在菜单栏中选择 自定义(U) → 首选项(P) 命令，弹出"首选项设置"对话框。

步骤 2：在"首选项设置"对话框中选择 视口 选项卡，切换到"视口"参数设置界面，如图 1.5.31 所示。

步骤 3：取消 显示世界坐标轴 的勾选，隐藏世界坐标系标签。勾选 显示世界坐标轴 项，显示世界坐标系标签。

步骤 4：设置完毕，单击 确定 按钮即可。

提示：如果用户不希望更改坐标系，可以在菜单栏中选择 自定义(U) → 首选项(P) 命令，弹出"首选项设置"对话框，在弹出的"首选项设置"对话框中选择 常规 选项卡，切换到"常规"参数设置界面，勾选 恒定 选项即可，如图 1.5.32 所示。

图 1.5.31　　　　　　　　　　　　图 1.5.32

2. 父对象坐标系的使用方法

使用父对象坐标系，很容易做到将一个对象(子对象)沿另一个对象(父对象)的坐标方向移动。具体方法如下。

步骤 1：打开一个场景文件，如图 1.5.33 所示。制作一个"动画"文字沿着长方体方向向下移动的效果。

步骤 2：在菜单栏中单击 ✎(选择并连接)按钮，将鼠标移到"动画"对象(子对象)上，此时，鼠标变成 ▣ 形状，按住鼠标左键不放移到长方体(父对象)上，鼠标变成 ▣ 形状，松开鼠标，即可创建父子连接关系。

步骤 3：将系坐标切换到父对象坐标系，如图 1.5.34 所示。

步骤 4：在状态栏上单击 ⚷ 按钮，创建一个关键帧。

步骤 5：在状态栏上单击 自动关键点 按钮，将时间滑块移到第 70 帧的位置。

步骤 6：使用 ✛(选择并移动)工具，使"动画"对象沿 X 轴方向移动，如图 1.5.35 所示。

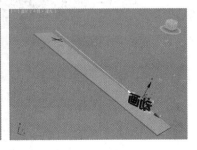

图 1.5.33　　　　　　　　　图 1.5.34　　　　　　　　　图 1.5.35

3. 局部、万向、栅格、工作和拾取坐标系的使用方法

1) 局部坐标系的使用方法

当使用其他坐标系对某个对象进行变换操作无法满足要求时，可以使用局部坐标系进行变化操作。具体操作步骤如下。

步骤 1：在视图中选择对象，如图 1.5.36 所示。

步骤 2：在工具栏中将视图坐标系切换到局部坐标系，如图 1.5.37 所示。

步骤 3：根据任务要求使用变换工具对选择的对象进行变换操作即可。

2) 万向坐标系的使用方法

在 3ds Max 中，万向坐标系主要是针对 Euder XYZ 使用的，它有点类似于局部坐标系，但它的旋转轴不一定正交。在旋转缩放变换操作时，万向坐标系与父对象坐标系完全相同。也就是说，对象在没有指定 Euder XYZ 时，旋转操作与父对象的旋转操作完全相同。具体操作步骤如下。

步骤 1：在浮动面板中单击 ◎(运动)→ 指定控制器 → ⬡ Rotation : Euler XYZ 命令。

步骤 2：在工具栏中将坐标系切换到万向坐标系，选择需要变换旋转操作的对象。

步骤 3：对选择的对象进行旋转操作即可，如图 1.5.38 所示。

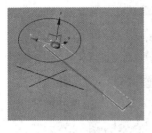

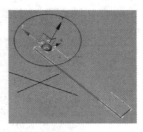

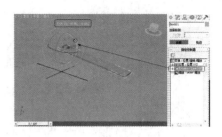

图 1.5.36　　　　　　　图 1.5.37　　　　　　　图 1.5.38

3) 栅格坐标系的使用方法

在 3ds Max 中，用户可以根据任务要求自定义网格对象。自己定义的网格对象无法在着色中看到，但它具备其他对象的属性，所以，用户经常使用网格对象作为造型和动画的辅助。坐标系统就是该栅格对象自己的坐标系统。具体操作步骤如下。

步骤 1：在浮动面板中选择 ◈(创建)→ ▣(辅助对象)→ 栅格 按钮，在视图中绘制一个栅格。

步骤 2：在工具栏中单击 ↻(选择并旋转)工具，对创建的栅格平面进行旋转操作，如图 1.5.39 所示。

步骤 3：将鼠标移到透视图的栅格上右击，在弹出的快捷菜单中单击 激活栅格 命令，激活创建的栅格，同时视图的网格消失，如图 1.5.40 所示。

步骤 4：在工具栏中将参考坐标系切换到"栅格"坐标系。

步骤 5：在浮动面板中单击 圆柱体 按钮，在透视图中绘制一个圆柱体，此时，绘制的圆柱体是以栅格为参考平面的，如图 1.5.41 所示。

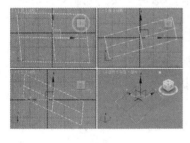

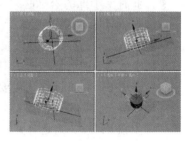

图 1.5.39　　　　　　　图 1.5.40　　　　　　　图 1.5.41

4) 工作坐标系

在使用工作坐标系之前，需要对对象的坐标轴进行编辑。在这里通过一个案例来介绍工作坐标系的使用方法。具体操作步骤如下。

步骤 1：打开一个场景并选中对象，如图 1.5.42 所示。

步骤 2：在浮动面板中选择 ⬚(层级)→ 编辑工作轴 → 对齐到视图 按钮，此时，视图坐标如图 1.5.43 所示。

步骤 3：在浮动面板中单击 使用工作轴 按钮，参考坐标系切换到工作坐标系。

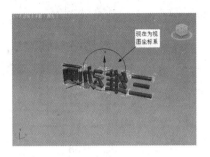 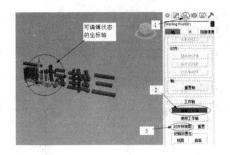

图 1.5.42　　　　　　　　　　　　　　图 1.5.43

步骤 4：将鼠标移到透视图对象的 X 坐标轴上，按住鼠标左键移动鼠标，即可让对象在透视图中左右移动，如图 1.5.44 所示。

图 1.5.44　　　　　　　　　　　　　　图 1.5.45

5) 拾取坐标系的使用方法

在三维动画制作中经常会使用拾取坐标系来操作对象。例如，一个小球沿着斜坡往下滚，此时，小球的坐标必须与斜坡的坐标一致才能很好地制作小球往下滚的动画效果。具体操作步骤如下。

步骤 1：打开一个场景文件，如图 1.5.45 所示。

步骤 2：在场景中选中斜坡上的小球，将参考坐标系切换到拾取坐标系。

步骤 3：将鼠标移到需要拾取的对象上，鼠标变成 ✛ 形状，单击即可使被选对象的坐标轴向与被拾取对象的坐标轴向一致，如图 1.5.46 所示。

步骤 4：使用 ✛ (选择并移动)工具，移动小球的 Z 轴即可使小球在斜面上移动,如图 1.5.47所示。

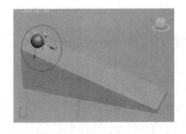 

图 1.5.46　　　　　　　　　　　　　　图 1.5.47

视频播放：任务六的详细讲解，可观看配套视频"任务六：了解 3ds Max 的参考坐标系"。

四、项目拓展训练

打开如图 1.5.48 所示的场景文件，练习本项目中介绍的 3ds Max 2011 的变换操作。

图 1.5.48

项目 6：复制工具的使用方法

一、项目效果

二、项目制作流程(步骤)分析

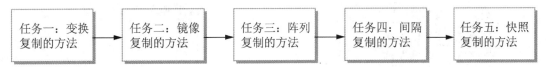

三、项目操作步骤

熟练掌握各种复制方法是提高建模效率的有效途径，特别是在应用大量相同模型或具有一定规律变化的模型时，特别有效。例如，制作 DNA 分子和手表的时间格等。各种复制方法具体介绍如下。

任务一：变换复制的方法

1. 通过菜单命令或快捷键进行复制

步骤 1：打开一个场景文件。在场景中选择需要复制的对象。

步骤 2：在菜单栏中选择 编辑(E) → 克隆(C) 命令(或【Ctrl+V】键)，弹出"克隆选项"对话框。根据需要进行设置，如图 1.6.1 所示。

步骤 3：设置完毕，单击 确定 按钮，即可完成复制操作。

提示：在"克隆选项"对话框中，如果选中 复制选项，复制的对象与原始对象之间没有任何关系。如果选中 实例选项，复制的对象与原始对象之间存在相互关联。用户改变其中任意一个对象的形状，另一个对

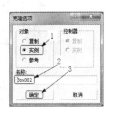

图 1.6.1

象也会跟着改变。如果选中 ⊙ 参考 选项，复制的对象与原始对象之间存在单向关联，改变原始对象形状，复制的对象形状跟着改变，而改变复制对象的形状，原始对象形状不发生改变。

2. 使用移动、旋转和缩放工具进行变换复制

1) 使用移动工具进行变换复制

步骤 1：在场景中选择需要复制的对象。

步骤 2：将鼠标移到被选择的对象上，按住 Shift+鼠标左键进行拖动，如图 1.6.2 所示。松开鼠标，弹出"克隆选项"对话框，具体设置如图 1.6.3 所示。

步骤 3：单击 确定 按钮，如图 1.6.4 所示。

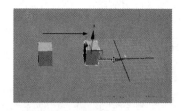

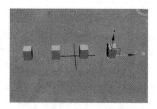

图 1.6.2   图 1.6.3   图 1.6.4

2) 使用旋转工具进行变换复制

步骤 1：在场景中选择需要进行旋转复制的对象，如图 1.6.5 所示。

步骤 2：在工具栏中右击 （角度捕捉切换)按钮，弹出"栅格和捕捉设置"对话框，具体设置如图 1.6.6 所示。单击 ✕ 按钮，关闭"栅格和捕捉设置"对话框。

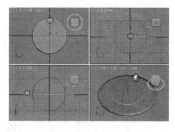

图 1.6.5   图 1.6.6

步骤 3：在工具栏中单击 （角度捕捉切换)按钮，启动角度捕捉。

步骤 4：将鼠标移到顶视图的旋转轴上，按住 Shift+鼠标左键进行旋转，如图 1.6.7 所示。

步骤 5：松开鼠标，弹出"克隆选项"对话框，具体设置如图 1.6.8 所示。

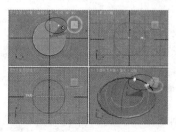

图 1.6.7   图 1.6.8

步骤 6：单击 **确定** 按钮即可，如图 1.6.9 所示。

3) 使用缩放工具进行变换复制

步骤 1：在视图中选择需要进行缩放变换复制的对象。

步骤 2：在工具栏中单击 (选择并均匀缩放)工具，将鼠标移到透视图中如图 1.6.10 所示的位置。

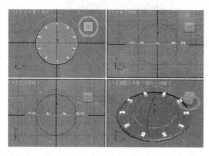

图 1.6.9

图 1.6.10

步骤 3：按住 Shift+鼠标左键进行移动缩放，如图 1.6.11 所示。

步骤 4：单击 **确定** 按钮，如图 1.6.12 所示。

图 1.6.11

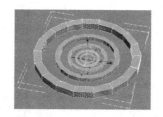

图 1.6.12

视频播放：任务一的详细讲解，可观看配套视频"任务一：变换复制的方法"。

任务二：镜像复制的方法

在 3ds Max 中通过镜像复制的方法可以复制出大小、形状完全相同以及沿某一个(或某两个)轴向对称的对象。具体操作步骤如下。

步骤 1：打开一个场景文件，选择需要进行镜像复制的对象，如图 1.6.13 所示。

步骤 2：在工具栏中单击 (镜像)按钮，弹出"镜像：世界坐标"对话框，具体设置如图 1.6.14 所示。

步骤 3：单击 **确定** 按钮，如图 1.6.15 所示。

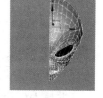

图 1.6.13

步骤 4：以实例方式镜像出来的对象，在修改对象时，以对称的方式进行修改，如图 1.6.16 所示。

视频播放：任务二的详细讲解，可观看配套视频"任务二：镜像复制的方法"。

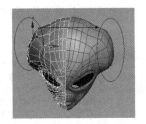

图 1.6.14   图 1.6.15   图 1.6.16

任务三：阵列复制的方法

在 3ds Max 建模过程中，如果需要进行大规模复制，可以通过强有力的阵列复制工具来完成。通过阵列复制工具可以快速、精确地复制出大批量的对象。下面通过制作一个旋转楼梯来讲解阵列复制的方法。

步骤 1：打开一个场景文件。选择需要进行阵列复制的群组对象，如图 1.6.17 所示。

步骤 2：在菜单栏中选择 **工具(T)** → **阵列(A)...** 命令，或在"附加"浮动面板中单击 (阵列)按钮，弹出"阵列"设置对话框，具体设置如图 1.6.18 所示。

步骤 3：单击 **确定** 按钮，如图 1.6.19 所示。

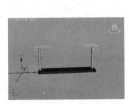

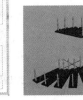

图 1.6.17   图 1.6.18   图 1.6.19

步骤 4：在菜单栏 按钮上右击，弹出"栅格和捕捉设置"对话框，具体设置如图 1.6.20 所示。单击 **x** 按钮关闭对话框。

步骤 5：在菜单栏中单击 按钮启用三维捕捉。

步骤 6：在浮动面板中单击 (图形)→ **线** 按钮，设置浮动参数面板，具体设置如图 1.6.21 所示。

步骤 7：将鼠标移到透视图需要绘制线的位置处，鼠标会自动捕捉到对象的顶点，如图 1.6.22 所示。单击可以创建一个点。连续捕捉单击可以创建一条如图 1.6.23 所示的曲线。

图 1.6.20

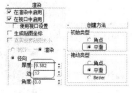
图 1.6.21

图 1.6.22

图 1.6.23

步骤 8：方法同上，再创建一条曲线，最终效果如图 1.6.24 所示。

视频播放：任务三的详细讲解，可观看配套视频"任务三：阵列复制的方法"。

任务四：间隔复制的方法

在 3ds Max 中使用间隔复制的方法，可以复制出大批量具有一定规律的重复对象。间隔复制的方法如下。

图 1.6.24

步骤 1：打开一个场景文件，如图 1.6.25 所示。

步骤 2：在菜单栏中选择 工具(T) → 对齐 → 间隔工具(I)... 命令或在浮动面板中单击 (间隔工具)按钮，弹出"间隔工具"对话框。在"间隔工具"对话框中单击 拾取路径 按钮。

步骤 3：在透视图中单击需要拾取的路径。在"间隔工具"对话框中进行的具体设置如图 1.6.26 所示。

步骤 4：单击 应用 按钮，如图 1.6.27 所示。

图 1.6.25

图 1.6.26

图 1.6.27

视频播放：任务四的详细讲解，可观看配套视频"任务四：间隔复制的方法"。

任务五：快照复制的方法

在 3ds Max 中使用快照复制的方法可以沿着动画路径克隆对象。可以在任意一帧创建单个克隆；也可以在选定间隔处创建多个克隆。快照复制的方法如下。

步骤 1：打开一个场景文件，单选需要进行快照复制的对象，如图 1.6.28 所示。

步骤 2：在菜单栏中选择 工具(T) → 快照(P)... 命令，或在"附加"浮动面板中单击 (快照)按钮，弹出"快照"设置对话框，具体设置如图 1.6.29 所示。

步骤3：单击 **确定** 按钮，如图 1.6.30 所示。

图 1.6.28　　　　　　　　　图 1.6.29　　　　　　　　　图 1.6.30

视频播放：任务五的详细讲解，可观看配套视频"任务五：快照复制的方法"。

四、项目拓展训练

使用本项目所学知识，制作如图 1.6.31 所示的效果。

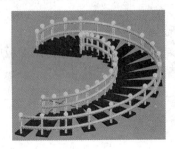 

图 1.6.31

项目 7：常用工具的使用方法

一、项目效果

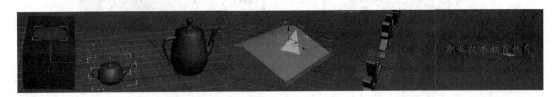

二、项目制作流程(步骤)分析

三、项目操作步骤

任务一：对齐命令的使用方法

在 3ds Max 中，对齐命令的使用方法主要有如下 3 种。

(1) 当前对象与目标对象的位置对齐。

(2) 当前对象与目标对象的方向对齐。

(3) 当前对象与目标对象的比例对齐。

1. 当前对象与目标对象的位置对齐

步骤 1：打开场景文件，在透视图中选择当前对象，如图 1.7.1 所示。

步骤 2：在工具栏中单击 (对齐)按钮，此时，鼠标变成 形状。

步骤 3：将鼠标移到目标对象上单击，弹出"对齐当前选择"对话框，根据任务要求设置对话框参数，具体设置如图 1.7.2 所示，单击 应用 按钮。

步骤 4：根据任务要求，再设置"对齐当前选择"对话框，具体设置如图 1.7.3 所示。

步骤 5：单击 确定 按钮，完成对齐操作，最终效果如图 1.7.4 所示。

   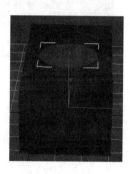

图 1.7.1　　　　　图 1.7.2　　　　　图 1.7.3　　　　　图 1.7.4

2. 当前对象与目标对象的方向对齐

步骤 1：打开场景文件，在透视图中选择当前对象，如图 1.7.5 所示。

步骤 2：在工具栏中单击 (对齐)按钮，此时，鼠标变成 形状。

步骤 3：将鼠标移到目标对象上单击，弹出"对齐当前选项"对话框，根据任务要求设置对话框参数，具体设置如图 1.7.6 所示。单击 确定 按钮，最终效果如图 1.7.7 所示。

3. 当前对象与目标对象的比例对齐

步骤 1：打开场景文件，在透视图中选择当前对象，如图 1.7.8 所示。

步骤 2：在工具栏中单击 (对齐)按钮，此时，鼠标变成 形状。

步骤 3：将鼠标移到目标对象上单击，弹出"对齐当前选项"对话框，根据任务要求设置对话框参数，具体设置如图 1.7.9 所示。单击 确定 按钮，最终效果如图 1.7.10 所示。

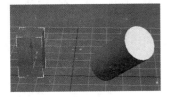
图 1.7.5

图 1.7.6

图 1.7.7

图 1.7.8

图 1.7.9

图 1.7.10

视频播放：任务一的详细讲解，可观看配套视频"任务一：对齐命令的使用方法"。

任务二：法线对齐命令的使用方法

使用法线对齐命令，用户可以很快地将当前对象与目标对象某个面的法线对齐。具体操作步骤如下。

步骤 1：打开场景文件，选择当前对象，如图 1.7.11 所示。

步骤 2：在工具栏中单击 (法线对齐)按钮，此时，鼠标变成 形状。

步骤 3：将鼠标移到当前对象需要与目标对象对齐的面，按住鼠标左键，此时，在对齐面上出现一个蓝色的箭头，如图 1.7.12 所示。

图 1.7.11

图 1.7.12

步骤 4：将鼠标移到目标对象需要对齐的面上单击，此时，出现一个绿色的箭头，如图 1.7.13 所示，同时弹出"法线对齐"对话框。

步骤 5：根据任务要求，对"法线对齐"对话框参数进行设置，具体设置如图 1.7.14 所示。

步骤 6：单击 确定 按钮，即可完成法线对齐，最终效果如图 1.7.15 所示。

图 1.7.13　　　　　　　　　　图 1.7.14　　　　　　　　　　图 1.7.15

视频播放：任务二的详细讲解，可观看配套视频"任务二：法线对齐命令的使用方法"。

任务三：放置高光命令的使用方法

在场景中改变对象的高光位置，主要通过改变灯光的位置来实现。具体操作步骤如下。

步骤 1：打开场景文件，在场景中选择灯光，灯光的位置和物体的高光位置如图 1.7.16 所示。

步骤 2：在工具栏中单击 (放置高光)按钮，此时，鼠标变成 形状。

步骤 3：将鼠标移到需要改变高光位置的对象，按住鼠标左键不放进行移动，确定好放置高光的位置，此时，灯光的位置也跟着改变，如图 1.7.17 所示。

步骤 4：移动到需要放置高光的位置之后，松开鼠标左键，即可完成高光的放置，最终效果如图 1.7.18 所示。

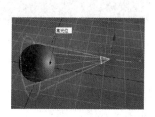  

图 1.7.16　　　　　　　　　　图 1.7.17　　　　　　　　　　图 1.7.18

视频播放：任务三的详细讲解，可观看配套视频"任务三：放置高光命令的使用方法"。

任务四：对齐摄影机命令的使用方法

使用对齐摄影机命令，可以快速将摄影机与某对象进行匹配对齐，加快摄影机的调节速度。具体操作步骤如下。

步骤 1：打开场景文件。在场景中选择摄影机，如图 1.7.19 所示。

步骤 2：在工具栏中单击 (对齐摄影机)命令，此时鼠标变成 形状。

步骤 3：在透视图中将鼠标移到需要对齐的对象面上，按住鼠标左键不放进行移动，此时，出现一个蓝色箭头，将鼠标移到需要对齐的面上，如图 1.7.20 所示。

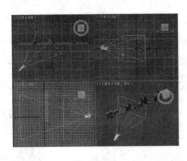
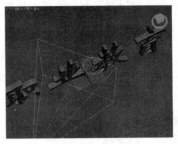

图 1.7.19　　　　　　　　图 1.7.20

步骤 4：确定好放置的位置之后，松开鼠标左键，即可完成对齐操作，如图 1.7.21 所示。

步骤 5：将透视图切换到摄影机视图，最终效果如图 1.7.22 所示。

视频播放：任务四的详细讲解，可观看配套视频"任务四：对齐摄影机命令的使用方法"。

任务五：对齐到视图命令的使用方法

使用对齐到视图命令，可以很方便地制作出对象沿屏幕滚动的效果。具体操作步骤如下。

步骤 1：打开场景文件，在视图中选择需要对齐到视图的对象，如图 1.7.23 所示。

图 1.7.21　　　　　　　　图 1.7.22　　　　　　　　图 1.7.23

步骤 2：在工具栏中单击▦(对齐到视图)按钮，弹出"对齐到视图"对话框。

步骤 3：根据任务要求设置"对齐到视图"对话框参数，具体设置如图 1.7.24 所示。

步骤 4：单击　确定　按钮，即可完成对齐到视图的操作，如图 1.7.25 所示。

步骤 5：将参考坐标系切换到屏幕坐标系。此时，用户在视图中可以很方便地上下或左右调节，如图 1.7.26 所示。

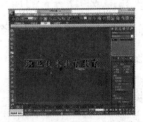

图 1.7.24　　　　　　　　图 1.7.25　　　　　　　　图 1.7.26

视频播放： 任务五的详细讲解，可观看配套视频"任务五：对齐到视图命令的使用方法"。

四、项目拓展训练

根据前面所学知识，将本项目中的所有任务做一遍。

项目 8：捕捉方法与场景管理

一、项目效果

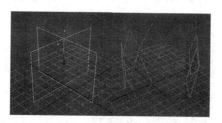

二、项目制作流程(步骤)分析

任务一：3ds Max 2011中的捕捉方法　→　任务二：场景管理的相关知识

三、项目操作步骤

任务一：3ds Max 2011 中的捕捉方法

在该任务中主要介绍捕捉设置和捕捉类型。

1. 捕捉设置

步骤 1： 在工具栏中右击 ^{3}ₘ(捕捉开关)按钮，弹出"栅格和捕捉设置"对话框。如图 1.8.1 所示。

步骤 2： 在工具栏的空白处右击，在弹出的快捷菜单中单击 捕捉 命令，弹出"捕捉"浮动面板，如图 1.8.2 所示。

步骤 3： "栅格和捕捉设置"对话框的参数比较多，各个参数介绍可参考配套视频。这里主要以三维空间中的点捕捉为例来进行介绍。

步骤 4： 打开一个场景文件。在场景中通过 3D 捕捉来绘制如图 1.8.3 箭头所示的矩形。

图 1.8.1

图 1.8.2

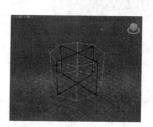

图 1.8.3

步骤 5：在工具栏中右击 ³ₘ(捕捉开关)按钮，弹出"栅格和捕捉设置"对话框，具体设置如图 1.8.4 所示。设置完毕后，单击 ▇▇X▇ 按钮，关闭"栅格和捕捉设置"对话框。

步骤 6：在工具栏中单击 ³ₘ(捕捉开关)按钮，激活 3D 捕捉。

步骤 7：在浮动面中选择 ◎(图形)→ 线 按钮，将鼠标移到需要绘制矩形的顶点上，此时，在被捕捉的顶点上出现一个黄色的 ✛图标，单击鼠标即可创建一个顶点。

步骤 8：再将鼠标移到需要创建第二个顶点的位置附近，同样出现 ✛图标，单击鼠标即可创建第二个点。以此类推，创建其他顶点，如图 1.8.5 所示。

步骤 9：单击起点位置的顶点时，弹出如图 1.8.6 所示的对话框。

步骤 10：单击 是◎ 按钮，即可创建一个闭合的矩形，如图 1.8.7 所示。

　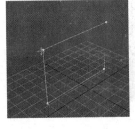　　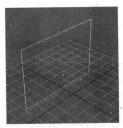

图 1.8.4　　　　　图 1.8.5　　　　　图 1.8.6　　　　　图 1.8.7

步骤 11：方法同上。根据任务要求，再创建第二个矩形，如图 1.8.8 所示。

2. 捕捉类型

在 3ds Max 2011 中主要包括 12 种捕捉类型。这 12 种捕捉类型可以同时使用。在这里通过在圆柱体侧面上绘制棱形效果来讲解各种捕捉类型的联合使用方法。具体操作步骤如下。

步骤 1：打开"栅格和捕捉设置"对话框，根据任务要求设置参数，具体设置如图 1.8.9 所示。

步骤 2：在浮动面板中单击 ◎(图形)→ 线 按钮，将鼠标移到需要绘制棱形的面上，此时，出现黄色捕捉标志，如图 1.8.10 所示。单击即可在捕捉的边的中点位置创建一个顶点。

步骤 3：再将鼠标移到面的第二条边上，此时，捕捉到面的第二条边的中点，如图 1.8.11 所示。

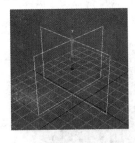　　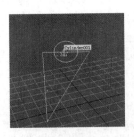　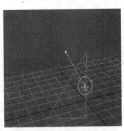

图 1.8.8　　　　　图 1.8.9　　　　　图 1.8.10　　　　　图 1.8.11

步骤 4：单击中点即可创建第二个顶点。以此类推，绘制其他两个顶点，如图 1.8.12 所示。

步骤 5：将鼠标移到起点上单击，弹出"样条线"对话框，如图 1.8.13 所示。单击 是(Y) 按钮，即可在圆柱体侧面上创建一个闭合的棱形效果，如图 1.8.14 所示。

步骤 6：方法同上。绘制其他棱形效果，最终效果如图 1.8.15 所示。

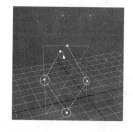  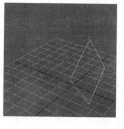 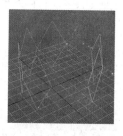

图 1.8.12　　　　　　　图 1.8.13　　　　　　　图 1.8.14　　　　　　图 1.8.15

视频播放：任务一的详细讲解，可观看配套视频"任务一：3ds Max 2011 中的捕捉方法"。

任务二：场景管理的相关知识

在场景管理中，要求读者掌握群组和层的相关知识。

1．群组的作用和操作方法

群组的主要作用是方便用户对场景中的对象进行整体操作，如选择、移动、旋转、缩放和变形等操作。

在 3ds Max 中，群组的操作主要包括成组、解组、打开组、关闭组、附加对象到组、将对象从组中分离出去和炸开组等。具体操作如下。

1）群组、附加对象到组和解组的使用方法

步骤 1：打开一个如图 1.8.16 所示的场景文件。在该场景中沙发的各个部件之间是单独的对象。如果用户需要移动沙发，需要选中沙发的所有部件。可能会漏选，在移动过程中会造成错误。用户可以通过群组命令将沙发成组。

步骤 2：在场景中选中需要成组的对象，如图 1.8.17 所示。

步骤 3：在菜单栏中选择 组(G) → 成组(G) 命令，弹出"组"对话框，如图 1.8.18 所示。设置组名称，单击 确定 按钮即可。

图 1.8.16　　　　　　　　图 1.8.17　　　　　　　图 1.8.18

步骤 4：给"组"添加对象。在场景中选择刚创建的组。在菜单栏中选择 组(G) → 附加(A) 命令，鼠标变成 形状，将鼠标移到需要附加的对象上。此时，在鼠标旁边出现附加对象的名称，单击即可将该对象附加到组中，并且组名变为附加对象的名字。

步骤 5：解组。 在场景中选择需要解组的对象，在菜单栏中选择 组(G) → 解组(U) 命令，即可将选择的组解组。

提示： 在 3ds Max 中，成组可以嵌套。在对嵌套的组解组时，成组嵌套了多少次，解组时也要执行多少次解组操作，才能对嵌套组全部解组。如果要彻底解组，在菜单栏中选择 组(G) → 炸开(E) 命令即可。

2）打开、关闭组和从组中分离对象

图 1.8.19

如果用户需要对成组中的某个对象进行编辑操作，需要将成组的对象打开才能进行编辑。编辑完成之后需要将组关闭。具体操作方法如下。

步骤 1：打开组。 在场景中选择需要打开的组，在菜单栏中选择 组(G) → 打开(O) 命令即可打开组。此时，出现一个粉红色的边界框将组中的所有对象框住，如图 1.8.19 所示。

步骤 2： 对组中的单个对象进行编辑。编辑完毕之后，在菜单栏中选择 组(G) → 关闭(C) 命令，即可将打开的组关闭。

步骤 3： 将组中的某个对象分离出来。在打开的组中选择需要分离的对象，在菜单栏中选择 组(G) → 分离(D) 命令即可。

2．层的作用和使用方法

在 3ds Max 中，使用层对场景中的所有对象进行分类管理和操作，可以大幅度地提高工作效率。下面详细介绍层的管理和使用。

1）层面板和层管理器的打开

步骤 1： 在工具栏的空白处右击，在弹出的快捷菜单中单击 层 命令，打开"层"浮动面板。

步骤 2： 在"层"浮动面板中单击 (层管理器)按钮(或在菜单栏中选择 工具(T) → 层管理器… 命令)，即可打开"层管理器"对话框，如图 1.8.20 所示。

2）层的创建和编辑

步骤 1：创建空层。 确保没有选择场景中的任何对象。在"层管理器"的工具栏上单击 (创建新层)按钮，即可创建一个新的空层，如图 1.8.21 所示。

图 1.8.20

图 1.8.21

图 1.8.22

　　步骤 2：创建包括对象的层。在场景中选择需要添加到新层的对象，单击 ⬛(创建新层)按钮，即可创建一个带有对象的新层，如图 1.8.22 所示。

　　步骤 3：重命名层。在"层管理器"中双击需要重命名的层，用鼠标选择该层的名字，输入需要的名字即可，如图 1.8.23 所示。

　　步骤 4：删除层。在"层管理器"中选择需要删除的层，单击 ✖(删除高亮空层)按钮，即可将选中的空层删除，如图 1.8.24 所示。

　　图 1.8.23　　　　　　　　　　　　　图 1.8.24

　　步骤 5：给层添加对象。在场景中选择需要添加的对象，在层上右击，在弹出的快捷菜单中单击 添加选定对象 命令，即可将选定的对象添加到层中。

　　步骤 6：冻结层中的所有对象。在"层管理器"中单击层右与 冻结 列相交的 ━ 图标即可，之后图标显示如图 1.8.25 所示。

　　步骤 7：隐藏层中的所有对象。在"层管理器"中单击层右与 隐藏 列相交的 ━ 图标即可，如图 1.8.26 所示。

　　提示：冻结或隐藏层中某个对象的方法与冻结或隐藏层中所有对象的方法类似，只需单击对象右侧相应的 ━ 图标即可。要冻结或解冻所有层中的对象，只需单击 ⬛(冻结/解冻所有层)按钮即可。要隐藏或显示所有层中的对象，只需单击 ⬛(隐藏或取消隐藏所有层)按钮即可。

　　图 1.8.25　　　　　　　　　　　　　图 1.8.26

　　视频播放：任务二的详细讲解，可观看配套视频"任务二：场景管理的相关知识"。

四、项目拓展训练

　　根据本项目所学知识，创建一个场景文件和一些对象。练习各种捕捉方法的使用和层的相关操作。

第**2**章

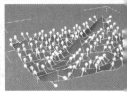

3ds Max 2011
建模技术

知 识 点

- 项目 1: 3ds Max 2011 建模基础
- 项目 2: 复合对象建模技术
- 项目 3: NURBS 建模技术
- 项目 4: 面片建模技术
- 项目 5: 修改建模技术
- 项目 6: 自行车建模的制作
- 项目 7: 人物模型的制作

说　　明

　　本章主要通过 7 个项目介绍 3ds Max 2011 建模基础、复合对象建模技术、NURBS 建模技术、面片建模技术、修改建模技术和各种建模技术的综合运用。熟练掌握本章内容，可以为制作复杂模型奠定坚实基础和提高综合应用的能力。

教学建议课时数

　　一般情况下需要 24 课时，其中理论 8 课时，实际操作 16 课时(特殊情况可做相应调整)

在三维动画制作中建模是基础，在整个动画制作流程中都是以模型作为载体的，离开了模型这个载体，后续的材质贴图、动画、灯光以及渲染等工序等都失去了实际意义。目前市面上制作三维模型的软件比较多，例如 Maya、3ds Max、AutoCAD、SketachUp 和 Softimage 等，都有自身的建模系统。还有一些软件是专门针对建模而开发的。目前在市面上比较流行的主要有 Maya 和 3ds Max。

在本章中主要使用 3ds Max 软件进行建模。使用 3ds Max 软件建模主要有多边形建模、面片建模和 NURBS 建模 3 种类型。下面主要通过 7 个项目全面介绍这 3 种建模类型的原理、方法和技巧。

项目 1：3ds Max 2011 建模基础

一、项目效果

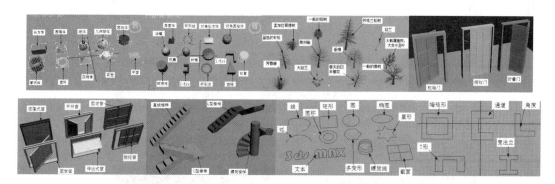

二、项目制作流程(步骤)分析

任务一：了解3ds Max 常用建模方法　→　任务二：了解3ds Max 2011 几何体建模方法　→　任务三：了解3ds Max 2011 图形建模方法

三、项目操作步骤

任务一：了解 3ds Max 常用建模方法

在 3ds Max 中常用的建模方法主要有多边形建模、细分建模、NURBS 建模、变形球建模、面片建模、纹理置换建模和雕刻建模 7 种。

1. 多边形建模

多边形建模技术是 3ds Max 建模中使用频率比较高的一种建模技术。可以直接使用各种工具对多边形模型进行制作。如调节或添加多边形的点、边、面或对边和面进行分隔等操作。

3ds Max 强大的多边形建模能力与很多高端三维软件相比毫不逊色。3ds Max 独创的多边形放样建模技术通过三视图的概念进行立体成型，并且可以进行交互调节。3ds Max 软件通过 Autodesk 公司的不断升级和改进，在建模领域的地位越来越高，应用领域也越来越广。例如，游戏制作、建筑表现、影视栏目包装和工业造型设计等，如图 2.1.1 所示。

图 2.1.1

2. 细分建模

细分建模的工作原理是通过对多边形进行多次细分，来达到光滑细腻的效果，与NURBS 曲面建模类似。这种建模技术虽然出现比较晚，但它的发展前景非常广阔。特别是在下一代计算机游戏建模中，很可能替代多边形建模技术。因为细分建模技术可以针对模型的局部进行多次细分，通过控制点调节形态。在进行渲染时可以像 NURBS 模型一样控制模型的渲染精度，如图 2.1.2 所示。

图 2.1.2

3. NURBS 建模

NURBS(Non-Uniform Rational B-Spline，非均匀有理 B 样条曲线)是曲线和曲面的一种数学描述，全称为非均匀有理 B 样条曲线，特征是可以在任意点上分割和合并。比较适合生物建模和机械建模，如图 2.1.3 所示。

图 2.1.3

NURBS 的具体含义如下。

(1) Non-Uniform(非均匀)。是指在一个 NURBS 曲面的两个方向上可以有不同的权重。

(2) Rational(有理)。是指 NURBS 曲面可以用数学公式进行定义。

(3) B-Spline(B 样条曲线)。是指三维空间的线，而且可以在任意方向上进行弯曲。

4. 变形球建模

变形球建模的建模原理是将具有黏性的球体相互堆积，进行模型的塑造。它比较适合生物建模，方便快捷，容易掌握。但是，使用变形球建模容易产生太多的多边形面，不够优化。这种建模方式特别适合艺术家的思维，如图 2.1.4 所示。

图 2.1.4

5. 面片建模

面片建模的建模原理是通过可调节曲率的面片进行模型拼接。开始时，它是 3ds Max 的一个第三方插件，后来才被并入 3ds Max 软件中。它的优点是将模型的制作变为立体线框的搭建，跟人们现实生活中糊纸灯笼的原理一样，非常容易理解、掌握和使用，如图 2.1.5 所示。

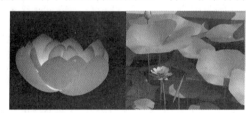

图 2.1.5

6. 纹理置换建模

纹理置换建模是三维软件的一种常用建模方式。一般三维软件都具有这种建模方式。它的建模原理是使用纹理贴图的黑白值映像出表面的几何体形态，常用来制作一些立体的纹理、图案和山脉等模型。但它有一个致命的弱点，不支持向多边形模型的转化，如图 2.1.6 所示。

图 2.1.6

7. 雕刻建模

雕刻建模技术是一种非常容易理解和掌握的建模技术。用户可以直接使用雕刻刀工具对多边形模型和 NURBS 模型的表面进行雕刻。目前比较流行的具有雕刻功能的软件主要有 Maya、3ds Max、ZBrush 和 Mudbox 等。

目前 Mudbox 已被 Autodesk 公司收购。用户可以直接将 Mudbox 雕刻的立体模型导入 3ds Max 中，用于添加纹理、制作动画和最终渲染，如图 2.1.7 所示。

图 2.1.7

视频播放：任务一的详细讲解，可观看配套视频"任务一：了解 3ds Max 常用建模方法"。

任务二：了解 3ds Max 2011 几何体建模方法

在 3ds Max 2011 中几何体建模主要包括标准基本体建模、扩展基本体建模、AEC 扩展建模和各种建筑元素建模等。下面对这些几何体建模进行简单介绍。

1. 标准基本体建模

在 3ds Max 2011 中可以通过如图 2.1.8 所示的面板创建 10 种标准基本体。这 10 种标准基本体的效果如图 2.1.9 所示。标准基本体的创建方法有如下两种。

1) 使用鼠标拖曳进行创建

这 10 种基本的创建方法基本相同,在这里以创建一个管状体为例介绍基本体的创建方法。

步骤 1：在浮动面板中选择◎(几何体)→ 管状体 按钮。

步骤 2：将鼠标移到视图中，按住鼠标左键不放的同时进行移动。确定管状体的外半径，松开鼠标，继续移动确定管状体的内半径单击，再继续向上移动确定管状体高度单击即可，如图 2.1.10 所示。

图 2.1.8

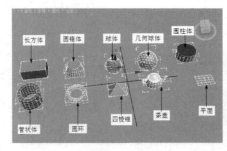

图 2.1.9

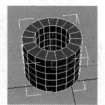

图 2.1.10

步骤 3： 对创建的管状体进行修改。在浮动面板中单击 ◪(修改)选项，切换到"修改"浮动面板，根据任务要求对管状体的参数进行修改。具体参数修改如图 2.1.11 所示，效果如图 2.1.12 所示。

提示： 每一种标准基本体都可以通过修改参数来创建不同形态的几何体。大多数标准基本体都可以通过修改切片参数产生不完整的几何体。所有标准基本体都可以转换为编辑网格对象、可编辑多边形对象、NURBS 对象或面片对象。

2) 使用键盘创建基本体

在这里还是以创建一个管状基本体为例。

步骤 1： 在浮动面板中选择 ◯(几何体)→ 管状体 按钮。

步骤 2： 在浮动面板中设置好"键盘输入"卷展栏参数。具体设置如图 2.1.13 所示。

步骤 3： 设置完参数之后单击 创建 按钮，即可创建一个标准的管状基本体，如图 2.1.14 所示。

  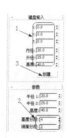 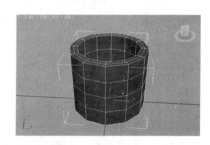

图 2.1.11　　　　　图 2.1.12　　　　　图 2.1.13　　　　　图 2.1.14

2. 扩展基本体建模

在 3ds Max 2011 中可以通过如图 2.1.15 所示的面板创建 13 种扩展基本体。这 13 种标准基本体的效果如图 2.1.16 所示。扩展基本体的创建方法有如下两种。

1) 使用鼠标拖曳进行创建

这 13 种扩展基本体的创建方法基本相同，在这里以创建一个切角圆柱体为例介绍扩展基本体的创建方法。

步骤 1： 单击浮动面板中的 ◯(几何体)→▾ 按钮，弹出下拉列表，在弹出的下拉列表中选择**扩展基本体**选项，切换到"扩展基本体"创建面板。

步骤 2： 在浮动面板中单击 切角长方体 按钮，启用切角长方体命令。

步骤 3： 在透视图中按住鼠标左键不放进行拖曳，确定切角长方体的长度和宽度(也就是底面积)，松开鼠标。

步骤 4： 继续往上或下移动鼠标，确定切角长方体的高度，单击鼠标。

步骤 5： 继续往上移动鼠标，确定切角长方体的圆角大小，单击鼠标即可完成切角长方体的创建。

提示：每一种扩展基本体都可以通过修改参数，来创建不同形态的几何体。大多数扩展基本体都可以通过修改切片参数，产生不完整的几何体。所有扩展基本体都可以转换为编辑网格对象、可编辑多边形对象或面片对象，但不能转换为 NURBS 对象。

2) 使用键盘创建扩展基本体

在这里以创建一个切角长方体为例介绍使用键盘创建扩展基本体的方法。

步骤 1： 在"扩展基本体"面板中单击 切角长方体 按钮，启动切角长方体命令。

步骤 2： 在浮动面板中根据任务要求设置参数，具体设置如图 2.1.17 所示。

步骤 3： 单击 创建 按钮，即可完成扩展切角长方体的创建，如图 2.1.18 所示。

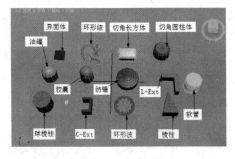

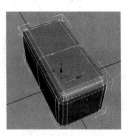

图 2.1.15 　　　　　　　　图 2.1.16 　　　　　　　　图 2.1.17 　　　　　　　　图 2.1.18

3. AEC 扩展建模

在 3ds Max 2011 中，AEC 扩展基本体主要包括植物、栏杆和墙 3 种基本体。各种 AEC 扩展基本体的创建方法如下。

1) 植物的创建

在 3ds Max 2011 中默认包括如图 2.1.19 所示的 12 种植物。植物的创建方法比较简单，在这里以创建"孟加拉菩提树"为例，介绍植物的创建方法，具体操作步骤如下。

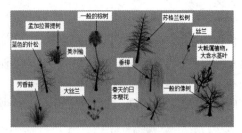

图 2.1.19

步骤 1： 在浮动面板中选择○(几何体)→▼按钮，弹出下拉列表，在弹出的下拉列表中选择 AEC 扩展 选项，切换到"AEC 扩展"创建面板。

步骤 2： 在"AEC 扩展"创建面板中单击 植物 按钮，再在 收藏的植物 卷展栏中单击 🌳(孟加拉菩提树)图标。

步骤 3： 在视图中单击，即可创建一棵孟加拉菩提树。

提示：使用上面的方法创建的孟加拉菩提树可能比较大。用户可以根据任务要求对它进行修改。选中创建的孟加拉菩提树，在浮动面板中单击 (修改)图标，切换到"修改"浮动面板。设置参数，具体设置如图 2.1.20 所示。最终效果图 2.1.21 所示。

2) 栏杆的创建

在 3ds Max 2011 中，用户可以根据任务要求，快速创建各种形态的栏杆。特别是在建筑建模中，栏杆的使用频率比较高。下面通过创建一个半圆弧的栏杆来介绍栏杆的创建方法。

步骤 1：在"AEC 扩展"创建面板中单击 栏杆 按钮。

图 2.1.20　　　　　　　　图 2.1.21　　　　　　　　图 2.1.22

步骤 2：在透视图中按住鼠标左键拖曳，确定栏杆的长度。松开鼠标往上移动，确定栏杆的高度。单击鼠标左键即可完成栏杆的创建，如图 2.1.22 所示。

步骤 3：在视图中创建一条半弧线，如图 2.1.23 所示。

步骤 4：单击创建的栏杆，在"修改"浮动面板中单击 拾取栏杆路径 按钮，将鼠标移到需要拾取的弧线上单击，即可拾取弧线。

步骤 5：根据任务要求设置栏杆的参数，具体设置如图 2.1.24 所示。最终效果如图 2.1.25 所示。

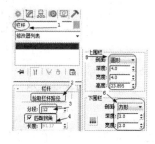
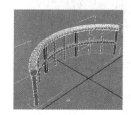

图 2.1.23　　　　　　　　图 2.1.24　　　　　　　　图 2.1.25

3) 墙的创建

为了提高用户的建模速度，3ds Max 2011 为用户提供了一种快速创建墙体的方法，具体操作步骤如下。

步骤 1：在"AEC 扩展"创建面板中单击 墙 按钮。

步骤 2：在透视图中单击，确定"墙"的起点。移动鼠标单击鼠标确定第 1 面墙的框度。继续移动确定第 2 面墙的框度，单击完成第 2 面墙的创建，以此类推，创建第 3 面、第 4 面墙体。

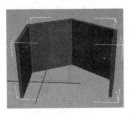

图 2.1.26

步骤 3：右击，结束墙体的创建，如图 2.1.26 所示。

步骤 4：如果创建的墙体不符合任务的要求，可以在"修改"浮动面板中重新设置参数。具体介绍可观看配套视频。

4. 各种建筑元素建模

在 3ds Max 2011 中，建筑元素主要包括门、窗和楼梯三大类。熟练掌握这些建筑元素模型的创建方法，是提高建筑建模效率的有效途径。下面分别对这三大类建筑元素的创建方法进行简单介绍。

1）门的创建

在 3ds Max 2011 中，门的类型主要包括如图 2.1.27 所示的 3 种。这 3 种类型的门的创建方法基本相同，在这里以创建枢轴门为例介绍门的创建方法。具体操作步骤如下。

步骤 1：在浮动面板中选项○(几何体)→▾按钮，弹出下拉列表，从中选择▯选项，切换到"门"创建面板。

步骤 2：在"门"创建面板中单击 枢轴门 按钮。

步骤 3：在视图中，按住鼠标左键进行拖曳，确定门的宽度。松开鼠标左键往上移动，确定门的厚度。单击，往上移动确定门的高度，再单击，结束门的创建。

步骤 4：设置门的各个参数，具体设置如图 2.1.28 所示。最终效果如图 2.1.29 所示。

图 2.1.27

图 2.1.28

图 2.1.29

2）窗的创建方法

在 3ds Max 2011 中，窗户主要包括如图 2.1.30 所示的 6 种类型。这 6 种类型窗户的创建方法基本相同，在这里以创建遮篷式窗户为例，介绍窗户的创建方法。具体操作步骤如下。

步骤 1：在浮动面板中选择○(几何体)→▾按钮，弹出下拉列表，在弹出的下拉列表中选择▯选项，切换到"窗"创建面板。

步骤 2：在"窗"创建面板中，单击遮篷式窗按钮。

步骤 3：在视图中按住鼠标左键进行拖曳，确定窗户的宽度。松开鼠标，往上移动鼠标确定窗户的厚度。单击，往上移动鼠标确定窗户的高度。再单击，结束窗户的创建。

步骤 4：根据任务要求，在"修改"面板中修改窗户的参数，具体参数修改如图 2.1.31 所示。最终效果如图 2.1.32 所示。

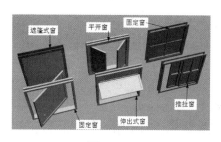

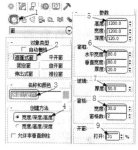

图 2.1.30　　　　　　　　　　图 2.1.31　　　　　　　　　　图 2.1.32

3) 楼梯的创建方法

在 3ds Max 2011 中，楼梯的类型主要包括如图 2.1.33 所示的 4 种。这 4 种类型楼梯的创建方法基本相同，在这里以创建螺旋楼梯为例介绍楼梯的创建方法。具体操作步骤如下。

步骤 1： 在浮动面板中选择○(几何体)→ 按钮，弹出下拉列表，在弹出的下拉列表中选择 楼梯 选项，切换到"楼梯"创建面板。

步骤 2： 在"楼梯"创建面板中单击 **螺旋楼梯** 按钮。

步骤 3： 在视图中按住鼠标左键进行拖曳，确定螺旋楼梯的半径。单击往上移动确定楼梯的高度。再单击，结束楼梯的创建。

步骤 4： 在浮动面板中设置楼梯的参数，具体设置如图 2.1.34 所示。最终效果如图 2.1.35 所示。

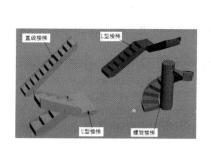

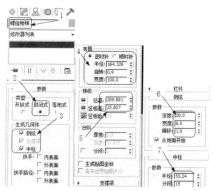

图 2.1.33　　　　　　　　　　图 2.1.34　　　　　　　　　　图 2.1.35

视频播放： 任务二的详细讲解，可观看配套视频"任务二：了解 3ds Max 2011 几何体建模方法"。

任务三： 了解 3ds Max 2011 图形建模方法

在 3ds Max 2011 中，通过创建面板可以创建样条线、NURBS 曲线和扩展样条线 3 种类型的基本图形模型。下面具体介绍这 3 种基本图形模型的创建方法和注意事项。

1. 样条线的创建方法

3ds Max 2011 主要包括如图 2.1.36 所示的 11 种基本样条线。这些样条线的创建方法比较简单，在这里主要以线和螺旋线的创建为例，介绍样条线的创建方法。其他样条线的创建方法可以观看配套视频。

1）线的创建

步骤 1：在"创建"浮动面板中选择 🔾 (图形)→ ▁线▁ 按钮。

步骤 2：在"创建"浮动面板中的 ▁创建方法▁ 卷展栏下设置创建线的初始参数，如图 2.1.37 所示。

步骤 3：在视图中单击，确定样条线的第一个点。

步骤 4：移动鼠标单击确定样条线的第二个点。以此类推，创建第三、四个点。最后右击，结束样条线的创建，如图 2.1.38 所示。

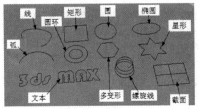
图 2.1.36

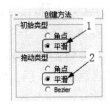
图 2.1.37

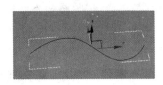
图 2.1.38

提示：在创建样条线的时候，也可以不设置创建线的初始参数，在创建完成之后，在"修改"浮动面板中进行修改。

2）螺旋线的创建

步骤 1：在"图形"浮动面板中单击 ▁螺旋线▁ 按钮。

步骤 2：在透视图中按住鼠标左键进行拖曳，确定螺旋线的"半径 1"。

步骤 3：松开鼠标左键，往上拖曳鼠标，确定螺旋线的高度。

步骤 4：单击，往上拖曳鼠标，确定螺旋线的"半径 2"。

步骤 5：单击，结束螺旋线的创建，如图 2.1.39 所示。

步骤 6：在浮动面板中根据任务要求设置参数，具体设置如图 2.1.40 所示。最终效果如图 2.1.41 所示。

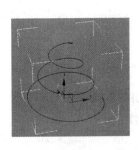
图 2.1.39

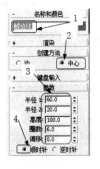
图 2.1.40

图 2.1.41

2. NURBS 曲线的创建方法

在 3ds Max 2011 中，NURBS 曲线主要有点曲线和 CV 曲线两种。这两种 NURBS 曲线的主要区别是，点曲线的控制点在曲线上，而 CV 曲线的控制点不在曲线上，主要通过壳线来控制曲线的形态。这两种曲线的创建方法基本相同。

步骤 1：在"图形"浮动面板中单击 ▼ 按钮，弹出下拉列表，在弹出的下拉列表中选择 NURBS 曲线 选项，切换到"NURBS 曲线"创建浮动面板，如图 2.1.42 所示。

步骤 2：在"图形"创建浮动面板中单击 点曲线 或 CV 曲线 按钮。

步骤 3：在视图中单击，确定 NURBS 曲线的第 1 个点，移动鼠标再单击左键，确定 NURBS 曲线的第 2 个点，以此类推，创建 NURBS 曲线的其他点。

步骤 4：右击，结束 NURBS 曲线的创建，如图 2.1.43 所示。

图 2.1.42

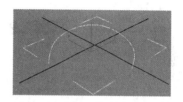

图 2.1.43

3. 扩展样条线的创建方法

在 3ds Max 2011 中，扩展样条线主要包括墙矩形、通道、角度、T 形和宽法兰 5 种。这 5 种扩展样条线的创建方法基本相同，如图 2.1.44 所示。在这里以创建宽法兰为例，介绍扩展样条线的创建方法。

步骤 1：在"图形"浮动面板中单击 ▼ 按钮，弹出下拉列表，在弹出的下拉列表中选择 扩展样条线 选项，切换到"扩展样条线"创建浮动面板。

步骤 2：在"扩展样条线"创建浮动面板中单击 宽法兰 按钮。

步骤 3：在视图中按住鼠标左键不放进行拖曳，确定"宽法兰"的长度和宽度。

步骤 4：松开鼠标，往上或向下移动鼠标，确定"宽法兰"的厚度。单击则结束"宽法兰"的创建。

步骤 5：根据任务要求设置参数。具体设置如图 2.1.45 所示。最终效果如图 2.1.46 所示。

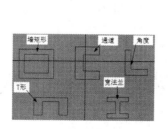

图 2.1.44

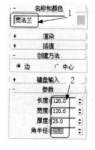

图 2.1.45

图 2.1.46

视频播放：任务三的详细讲解，可观看配套视频"任务三：了解 3ds Max 2011 图形建模方法"。

四、项目拓展训练

根据本项目所学知识，创建如图 2.1.47 所示的基本模型。

图 2.1.47

项目 2：复合对象建模技术

一、项目效果

二、项目制作流程(步骤)分析

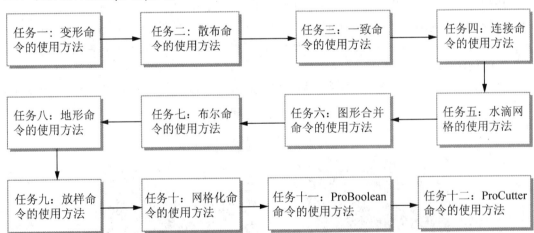

三、项目操作步骤

在 3ds Max 2011 中，主要包括变形、散布、一致、连接、水滴网格、图形合并、布尔、地形、放样、网格化、ProBoolean 和 ProCutter 共 12 个复合对象建模命令。熟练掌握这些复合对象建模命令，是熟练创建各种复杂模型的基础。下面详细介绍这 12 个复合对象建模命令的作用、使用方法和参数设置。

任务一：变形命令的使用方法

变形命令的作用是将一个网格对象变形为另一个形态不同的网格对象。

原始的网格对象称为种子对象或基础对象。通过变形工具，在不同的关键点，将它变形为其他形态的对象作为目标对象。在变形过程中，3ds Max 2011 会自动根据变形过程进行插值计算，来形成形态不断变化的平滑动画效果。

提示： 执行变形命令的子对象和目标对象必须同时满足两个条件：第一个条件是必须同时是网格对象或面片对象。第二个条件是具有相同的顶点数。

1. 变形命令的使用方法

步骤 1： 打开一个场景文件，在该场景文件中包括了两个对象，如图 2.2.1 所示。

步骤 2： 在场景中选择子对象。在"复合对象"创建面板中单击 变形 命令。

步骤 3： 设置拾取目标类型，如图 2.2.2 所示。

步骤 4： 单击 拾取目标 按钮，在场景中单击目标对象即可完成变形操作。最终效果如图 2.2.3 所示。

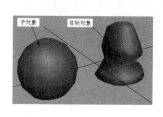

图 2.2.1

图 2.2.2

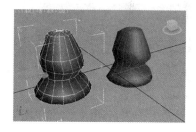

图 2.2.3

2. 变形命令的参数说明

变形命令的参数比较少，只要用户在执行拾取目标对象之前设置变形方式即可。变形方式主要有参考、复制、移动和实例 4 种。

(1) 选择 参考 变形方式。在进入变形目标列表对原始对象进行修改时，同时会影响变形目标对象。而对变形目标对象进行修改不会影响原始对象。

(2) 选择 复制 变形方式。从原始对象复制出一个新的对象，而本身不发生任何变形，新的复制对象参加变形操作。如果原始对象在场景中还有其他用途，最好选择该变形方式。

(3) 选择 移动 变形方式。原始对象本身在场景中成为变形目标对象，进入变形目标列表，在视图中消失。如果用户不再需要原始对象，可以使用该变形方式。

(4) 选择 ● 实例 变形方式。系统以实例方式复制原始对象，作为变形目标，进入变形目标列表。用户修改其中任意一个对象，另一个对象也会跟着改变。

视频播放：任务一的详细讲解，可观看配套视频"任务一：变形命令的使用方法"。

任务二：散布命令的使用方法

散布命令的主要作用是将散布分子散布到目标对象的表面。

使用散布命令可以将原对象通过散布控制，以各种方式覆盖到目标对象的表面，产生大量的复制品。在建模中可以用来制作头发、草地、羽毛和胡须等大量重复的模型效果。

提示：散布命令不支持将 RPC(real people 插件)的树木分散到地形上，不过用户可以通过 Character Studio 系统提供的"群组"命令来实现。

1. 散布命令的使用方法

步骤 1：打开一个场景文件。在该场景中主要包括一个网格平面和一棵棕榈植物，如图 2.2.4 所示。

步骤 2：在场景中选择棕榈植物。在"复合对象"浮动面板中单击 散布 → 拾取目标 按钮。

步骤 3：在场景中单击需要拾取的目标平面。在浮动面板中设置散布参数，具体设置如图 2.2.5 所示。最终效果如图 2.2.6 所示。

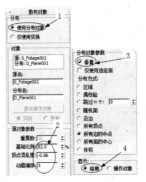

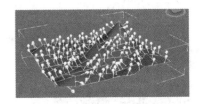

图 2.2.4   图 2.2.5   图 2.2.6

2. 散布命令的参数说明

散布命令参数比较多，为了方便管理和进行参数设置，将散布命令参数分为 8 大类，具体介绍如下。

1) 拾取分布对象

在拾取分布对象中主要有"复制"、"移动"、"实例"和"参考"4 种拾取分布对象方式。通常使用实例方式。

2) 散布对象

散布对象主要有"使用分布对象"和"仅使用变换"两个选项，具体介绍如下。

(1) ● 使用分布对象 选项。散布分子分布在对象的表面。

(2) ● 仅使用变换 选项。分布对象失效，只通过"变换"卷展栏中的设置来影响散布分子的分配。

(3) 对象。在"对象"参数组中保存了散布分子和散步对象的名称。用户可以在此选择散步分子或散步对象，对其进行修改。

(4) 源名。主要用来显示源对象的名称，用户可以进行修改。

(5) 分布名。主要用来显示分布对象的名称，用户可以进行修改。

(6) 提取操作对象。主要用来将选定的操作对象重新提取到场景中，作为一个新的独立对象。

(7) ⦿ 实例/⦿ 复制。主要用来控制对象的提取属性。

3) 源对象参数

源对象参数主要包括"重复数"、"基础比例"、"顶点混乱度"和"动画偏移"4 个参数，具体介绍如下。

(1) 重复数。主要用来控制散布分子在散布对象表面复制的数目。

(2) 基础比例。主要用来控制散布分子的缩放比例。

(3) 顶点混乱度。主要用来控制散布分子自身顶点的混乱程度。该参数为 0 时，散布分子不发生变形，系统会随着该参数值的增加，随机改变顶点的位置，从而使散布分子发生随机扭曲，形成不规则的形态。例如，通过设置该参数，可以模拟散落在地面上的不规则小石子效果。

(4) 动画偏移。主要用来控制每个自身带有动画的散布分子，开始自身运动所间隔的帧数。如果该参数值为 0，每个散布分子同时开始自身动画运动。例如，通过设置该参数，可模拟风吹头发时头发飘动的效果。

4) 分布对象参数

分布对象参数主要用来控制将散布分子如何分布到分布对象上。该参数只有在 ⦿ 使用分布对象分布方式下才能起作用。各参数具体介绍如下。

(1) ☑ 垂直。选中此项，使所有的散布分子分别与所在的顶点、面或边界垂直。否则，所有散布分子保持与原始散布分子相同的方向。

(2) ☑ 仅使用选定面。选中此项，使所有的散布分子只分布在用户选定的表面上。在 3ds Max 2011 中提供了如下 9 种分布方式。

① ⦿ 区域。单选此项，散布分子将均匀散布在对象允许散布的表面区域。

② ⦿ 偶校验。单选此项，散布分子以偶校验方式，分配到对象允许的表面区域内。

③ ⦿ 跳过 N 个。单选此项，每隔 N 个面放置一个散布分子。

④ ⦿ 随机面。单选此项，散布分子将随机散布在分布对象的表面。

⑤ ⦿ 沿边。单选此项，散布分子将随机散布在分布对象的边缘上。

⑥ ⦿ 所有顶点。单选此项，散布分子将散布到分布对象的所有顶点上。此时的散布分子的数目与散布对象表面的顶点数目相等，用户不能设置散布分子的数量。

⑦ ⦿ 所有边的中点。单选此项，散布分子将被散布到分布对象每条边的中点上。

⑧ ⦿ 所有面的中心。单选此项，散布分子将被散布到分布对象每个面的中心处。

⑨ ⦿ 体积。单选此项，散布分子将被散布到分布对象的体积范围内。

5) 显示

"显示"参数组主要包括 "结果"和"操作对象"两个选项。

(1) ⦿ 结果。单选此项，在视图中显示散布的结果。

(2) ⦿ 操作对象。单选此项，在视图中不显示散布复制的对象，只显示散布分子和分布对象散布前的对象。

6) 变换卷展栏

变换卷展栏中的参数主要用来控制散布分子的变换方式，具体介绍如下。

(1) 旋转。主要用来控制散布分子的旋转变换。

(2) 局部平移。主要用来控制散布分子沿自身坐标的位置改变。

(3) 在面上平移。主要用来控制沿所依附面重心坐标的位置改变。

(4) 比例。主要用来控制 3 个轴向上散布分子的缩放比例。

(5) ☑锁定纵横比。选中此项，保证散布分子在散布变换中只改变大小而不改变形态。

(6) ☑使用最大范围。选中此项，用户只能调节绝对值最大的一个参数，而其他参数将呈灰色显示，不能修改。

7) 显示卷展栏

显示卷展栏主要用来控制散布分子的显示状态。各个参数具体介绍如下。

(1) ◉代理。单选此项，散布分子将以简单的方块代理显示。使用这种方式显示，可以提高显示速度。

(2) ◉网格。单选此项，散布分子将以原始的网格对象方式显示。

(3) 显示: 100.0 ÷ %。主要用来控制散布分子在视图中的显示比例。该比例不影响最后的渲染结构。

(4) ☑隐藏分布对象。选中此项，分布对象将被隐藏，而只显示散布分子。

(5) 新建。单击该按钮，系统将产生一个新的随机种子数。

(6) 种子。主要用来控制在相同参数设置下，产生不同效果的散布分子，避免产生雷同的散布分子。

8) 加载/保存预设卷展栏

主要用来控制散布参数的加载和保存。用户可以通过"加载/保存预设"卷展栏，实现将当前参数应用到另一个分布对象上。

(1) 预设名。主要用来为当前参数设置名称。

(2) 保存预设。主要用来显示保存的参数设置。

(3) 加载。单击该按钮，加载在列表中选择的参数设置，并将其应用于当前的分布对象。

(4) 保存。单击该按钮，将当前设置以预设名保存到"保存预设"列表框中。

(5) 删除。单击该按钮，删除在"保存预设"列表框中选择的参数。

视频播放：任务二的详细讲解，可观看配套视频"任务二：散布命令的使用方法"。

任务三：一致命令的使用方法

一致命令的主要作用是将一个对象表面的顶点投影到另一个对象上，使被投影的对象产生变形，主要用来制作包裹动画。例如，模拟布料包裹东西、模拟扁平物体在起伏物体表面浮动的效果。

该命令可以使不同顶点数目的对象之间产生变形效果。使用一致命令时，先选取的对象称为包裹器，后选取的对象称为包裹对象(被包裹的对象)。

1．一致命令的使用方法

步骤 1：打开场景文件，在该场景文件中主要包括一个茶壶和一个平面对象，如图 2.2.7 所示。

步骤 2：在场景中选择平面对象。在"复合对象"浮动面板中单击 一致 按钮。

步骤 3：单击 拾取包裹到对象 卷展栏中的 拾取包裹对象 按钮。

步骤 4：在视图中单击"茶壶"对象。在浮动面板中设置参数，具体设置如图 2.2.8 所示。最终效果如图 2.2.9 所示。

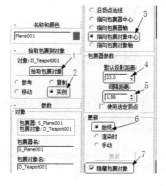

图 2.2.7　　　　　　　　　　图 2.2.8　　　　　　　　　　图 2.2.9

2．一致命令的参数说明

掌握一致命令的相关参数，是灵活运用一致命令建模的有效途径。具体介绍如下。

(1) 对象。主要显示包裹器的名称和包裹对象的名称。

(2) 包裹器名。主要显示包裹器的名称，可以根据任务要求修改包裹器名称。

(3) 包裹对象名。主要显示包裹对象的名称，可以根据任务要求修改包裹对象名称。

(4) 使用活动视口。单选此项，则以当前的活动视口为基准，顶点向视图深处投影。

(5) 重新计算投影。如果用户切换了视图，单击此按钮，则重新进行投影计算。

(6) 使用任何对象的 Z 轴。单选此项，拾取 Z 轴对象 按钮生效，用户单击该按钮，在视图中选择任意一个对象，则以所选对象的 Z 轴进行投影。

(7) 沿顶点法线。单选此项，指向顶点的法线方向进行投影。

(8) 指向包裹器中心。单选此项，指向包裹器的中心点进行投影。

(9) 指向包裹器轴。单选此项，指向包裹器的轴心点进行投影。

(10) 指向包裹对象中心。单选此项，指向包裹对象的中心点进行投影。

(11) 指向包裹对象轴。单选此项，指向包裹对象的轴心点进行投影。

(12) 默认投影距离。如果包裹器上的某些顶点没有在包裹对象上产生投影的点，可以通过修改默认投影距离来调节。

(13) 间隔距离。主要用来控制包裹器与包裹对象之间的距离。值越小，造型越接近包裹对象。

(14) 使用选定顶点。勾选此项，只对在包裹器中选择的点进行包裹操作。

(15) ● 始终。单选此项，每次调节参数后，立即更新包裹效果。

(16) ● 渲染时。单选此项，只在最后进行渲染时才计算更新效果。

(17) ● 手动。单选此项， 更新 按钮生效。每次调节参数之后，单击 更新 按钮，系统才进行更新计算处理。

(18) ☑ 隐藏包裹对象。勾选此项，隐藏包裹对象。

(19) ● 结果。单选此项，则在视图中显示包裹效果。

(20) ● 操作对象。单选此项，则在视图中不显示包裹效果，只显示操作对象的初始状态。

视频播放： 任务三的详细讲解，可观看配套视频"任务三：一致命令的使用方法"。

任务四：连接命令的使用方法

连接命令的主要作用是在两个或两个以上对象删除面之间创建封闭曲面，并将它们焊接在一起，产生光滑的过渡。

在造型当中经常使用连接命令，使用连接命令可以消除硬性的接缝，而且两个子对象进行变动时，两个对象的连接部分也会跟着改变。

提示： 如果连接的对象属于 NURBS 类型，连接有可能出错。如果用户确实需要将它们连接起来，建议先对连接对象使用"焊接"命令，将连接对象转化为网格类型之后再进行连接。

1. 连接命令的使用方法

步骤 1： 打开如图 2.2.10 所示的场景文件。

步骤 2： 在场景中选择一个对象，在浮动面板中单击 标准基本体 ▼ 右边的 ▼ 按钮，弹出下拉列表，在弹出的下拉列表中选择 复合对象 选项，切换到"复合对象"浮动面板。

步骤 3： 在"复合对象"浮动面板中单击 连接 → 拾取操作对象 按钮。

步骤 4： 在透视图中单击另一个对象，在"复合对象"浮动面板中设置参数，具体设置如图 2.2.11 所示。最终效果如图 2.2.12 所示。

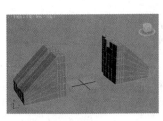
图 2.2.10

图 2.2.11

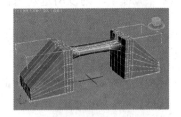
图 2.2.12

2. 连接命令的参数说明

(1) 操作对象。在"操作对象"列表框中列出所有参加连接操作的对象名称。用户可以在该列表框中选择对象。

(2) 名称。用户可以对选择的对象进行重命名。

(3) 删除操作对象。单击 删除操作对象 按钮，删除"操作对象"列表框中被选择的对象。

(4) 提取操作对象。单击 提取操作对象 按钮，将当前选择的对象重新提取到场景中，作为一个新的可用对象。主要有复制和实例两种提取方式。

(5) 分段。主要用来控制连接过渡对象的段数。

(6) 张力。主要用来控制连接过渡对象的曲度。

(7) 平滑。主要用来控制中间过渡连接部分的表面平滑度，其中主要有"桥"和"末端"两个平滑选项。

① ☑桥。勾选此项，对过渡对象表面进行平滑处理。

② ☑末端。勾选此项，对过渡对象与源对象的连接部分进行表面平滑处理。

(8) 显示。"显示"参数组主要用来控制连接操作在视图中的显示方式，它主要包括 ●结果 和 ●操作对象 两种显示方式：如果单选 ●结果 选项，则显示连接结果；如果单选 ●操作对象 选项，则只显示原始对象，而不显示连接结果。

(9) 更新。"更新"参数组主要用来控制每次修改参数后视图更新显示的方式，它主要包括 ●始终、●渲染时 和 ●手动 3 个单选项：如果用户单选 ●始终 选项，每次修改，系统会自动进行更新；如果单选 ●渲染时 选项，修改参数之后，只有在进行渲染时，才对修改进行更新；如果单选 ●手动 项，修改参数后，只有单击 更新 按钮之后才进行更新。

> **视频播放**：任务四的详细讲解，可观看配套视频"任务四：连接命令的使用方法"。

任务五：水滴网格命令的使用方法

水滴网格的主要作用是生成一些具有黏性的球体(变形球)互相堆积融合生成模型。水滴网格命令适合模拟黏稠的液体或胶质的物体等效果。

提示：在 3ds Max 2011 中，用户可以将"水滴网格"命令与粒子流系统配合使用来模拟真实、复杂的流体动画效果。

1. 水滴网格命令的使用方法

步骤 1：打开一个如图 2.2.13 所示的场景文件。

步骤 2：在"复合对象"浮动面板中单击 水滴网格 按钮，在透视图中单击即可创建一个网格球体。

步骤 3：在浮动面板中单击 ☑(修改)选项，切换到"修改"浮动面板。

步骤 4：在"修改"浮动面板中单击 拾取 按钮，再在透视图中单击需要拾取的曲线。根据任务要求设置参数，具体设置如图 2.2.14 所示。最终效果如图 2.2.15 所示。

图 2.2.13

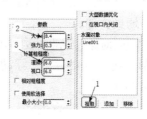

图 2.2.14

图 2.2.15

2. 水滴网格命令的参数说明

(1) 大小。主要用来控制水滴网格对象中每个变形球的半径值。

(2) 张力。主要用来控制水滴网格的张力系数。该参数的取值范围为 0.01～1.0。数值越小，张力越小，变形球越松弛，体积越大；反之，张力越大，变形球越收缩，体积越小。

(3) 计算粗糙度。主要用来控制水滴网格在渲染和视口中的粗糙度，也就是生成的水滴网格对象表面三角面分布的密度。

(4) ☑ 相对粗糙度。主要用来控制粗糙度的方式。勾选此项，水滴网格面积的大小将由变形球大小和粗糙度的相对比值决定，但变形球尺寸增大或缩小时，生成的水滴网格面的尺寸也将相应增大或缩小。

(5) ☑ 使用软选择。只有添加到水滴网格中的几何体启用软选择时，该项才起作用。勾选该项，可以使用几何体的软选择来控制变形球的分布位置和大小。

(6) 最小大小: 0.0 ⬦。主要用来控制软选择中选择衰减区域中的变形球的最小尺寸。

(7) ☑ 大型数据优化。当场景中的变形球数量非常多(超出 2000)时，勾选此项，可以优化水滴网格，加快水滴网格的计算和显示速度。

(8) ☑ 在视口内关闭。勾选此项，生成的水滴网格不在视图中显示，但渲染不受影响。

(9) 水滴对象。水滴对象，主要用来控制水滴对象的拾取、添加和移除：单击 拾取 按钮，从场景中拾取对象，将其添加到水滴网格中；单击 添加 按钮，可以为水滴网格添加对象；单击 移除 按钮，将从列表框中选择的对象从水滴网格中移出。

视频播放： 任务五的详细讲解，可观看配套视频"任务五：水滴网格的使用方法"。

任务六：图形合并命令的使用方法

图形合并的主要作用是将一个二维图形投影到一个三维对象表面来产生相交或相减的效果。

使用图形合并命令，可以在三维对象的表面产生镂空文字或花纹，从复杂曲面对象上截取部分表面。

提示： 建议用户在使用图形合并命令时，最好使用实例方式进行合并，这样，在修改原始图形时，合并的图形造型也会跟着改变。也可以为合并的图形制作动画效果。

1. 图形合并命令的使用方法

步骤 1： 打开如图 2.2.16 所示的场景文件。

步骤 2： 在场景中选择球体，在"复合对象"浮动面板中单击 图形合并 → 拾取图形 按钮。

步骤 3： 在场景中单击文字图形。在"复合对象"浮动面板中设置参数，具体设置如图 2.2.17 所示。最终效果如图 2.2.18 所示。

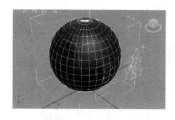
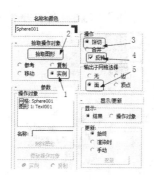

图 2.2.16　　　　　　　图 2.2.17　　　　　　　图 2.2.18

2. 图形合并命令的参数说明

(1) 拾取图形 。主要用来在视图中拾取需要进行图形合并的二维图形。

(2) 操作对象 。主要用来在列表框中显示所有参加图形合并的对象名称。

(3) 名称 。显示选定对象的名称，用户可以在此修改对象的名称。

(4) 删除图形 。删除在操作对象列表中选定的对象。

(5) 提取操作对象 。将当前选定的操作对象，重新以实例或复制的方式提取到场景中。

(6) 饼切 。对投影面与被投影面进行切除操作。

(7) 合并 。将投影面与原始对象进行合并。

(8) 反转 。进行与饼切或合并相反的操作。

(9) 输出子网格选择 。主要用来确定以哪种子对象层级选择形式向上传送到修改堆栈中的上一层级。系统主要为用户提供了"无"、"顶点"、"面"和"边"4 种方式。

(10) 显示 。主要用来控制在视图中显示运算结果的方式：如果单选 结果 选项，在视图中显示图形合并的效果；如果单选 操作对象 选项，在视图中不显示图形合并的效果。

(11) 更新 。主要用来控制图形合并之后，修改参数的更新方式：如果单选 始终 选项，每次修改参数立即更新修改效果；如果单选 渲染时 选项，修改参数之后，只有在渲染时才更新修改效果；如果单选 手动 选项，需要单击 更新 按钮，才对修改之后的参数进行修改。

视频播放：任务六的详细讲解，可观看配套视频"任务六：图形合并命令的使用方法"。

任务七：布尔命令的使用方法

布尔命令的主要作用是对两个或两个以上对象进行并集、差集或交集的运算，从而得到新的对象造型。

提示：在使用布尔命令时，先选择的对象称为操作对象 A，被拾取的操作对象称为操作对象 B。在使用布尔命令之前，先要选择操作对象 A，布尔按钮才起作用。

1. 布尔命令的使用方法

步骤 1：打开如图 2.2.19 所示的场景文件，在该场景中包括一个球体和一个圆柱体。

步骤 2：在场景中选择圆柱体。在"复合对象"浮动面板中单击 布尔 → 拾取操作对象 B 按钮。

步骤 3：在场景文件中单击"球体"对象，在"复合对象"浮动面板中设置参数，具体设置如图 2.2.20 所示，最终效果如图 2.2.21 所示。

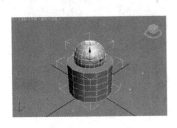

图 2.2.19

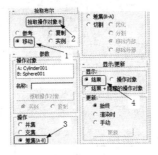

图 2.2.20

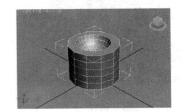

图 2.2.21

2. 布尔命令的参数说明

1) "拾取布尔"卷展栏

在"拾取布尔"卷展栏中，主要包括"拾取操作对象 B"、"参考"、"复制"、"移动"和"实例" 5 个参数，具体介绍如下。

(1) 拾取操作对象B 。主要用来拾取参加布尔运算的第二个对象(操作对象 B)。

(2) 参考 。使用原始对象的参考复制对象作为操作对象 B，用户在改变原始对象的形态时，布尔运算中的操作对象 B 会跟着改变。而改变布尔运算中的操作对象 B 的形态时，原始对象的形态不改变。

(3) 复制 。将原始对象复制一个作为操作对象 B，不损坏原始对象。

(4) 移动 。将原始对象直接作为操作对象 B，进行布尔运算之后，原始对象消失。

(5) 实例 。将原始对象以实例的方式复制一个作为操作对象 B。完成布尔运算之后，用户修改任意一个对象，另一个对象也跟着改变。

2) "参数"卷展栏

(1) 操作对象列表框。主要用来显示所有操作对象的名称，供用户编辑操作时选择。

(2) 名称。主要用来显示在操作对象列表中选择的对象，供用户修改名称。

(3) 提取操作对象 。主要用来将当前选定的操作对象重新以实例或复制方式提取到场景中，作为一个新的可用对象。

3) "操作"参数组

在操作参数组中，主要包括并集、交集、差集(A–B)、差集(B–A)和切割 5 个选项，具体介绍如下。

(1) 并集 。单选此项，将两个对象合并，相交的部分删除，成为一个新对象。

(2) 交集 。将两个对象相交的部分保留，不相交的部分删除。

(3) 差集(A-B) 。将两个对象进行相减处理，保留 A 对象的不相交部分。

(4) 差集(B-A) 。将两个对象进行相减处理，保留 B 对象的不相交部分。

(5) 切割 。主要用来将操作对象 B 在操作对象 A 上进行切割。切割方式是将对象 B 与对象 A 相交部分的形状作为辅助面进行切割，其切割方式主要有如下 4 种。

① ⦿ 优化 。主要在对象 B 与对象 A 相交的边界增加新的顶点和边给对象 A，而相交部分被重新细分为新的面。

② ⦿ 分割 。它的作用与优化差不多，不同之处是，使用"分割"选项之后，将在相交部分增加双倍的顶点和边，以便分割。

③ ⦿ 移除内部 。将对象 A 与对象 B 相交的面删除，并且对象 A 不会从对象 B 上获取任何面。

④ ⦿ 移除外部 。将对象 A 与对象 B 相交之外的面删除，并且对象 A 不会从对象 B 上获取任何面。

4)"显示/更新"卷展栏

在该卷展栏中，主要包括一些与显示和更新有关的参数设置，具体介绍如下。

(1) ⦿ 结果 。单选此项，只显示最后的运算结果。

(2) ⦿ 操作对象 。单选此项，只显示所有的操作对象，而不显示最后的运算结果。

(3) ⦿ 结果+隐藏的操作对象 。单选此项，在视图中以线框方式显示出隐藏的操作对象，用户可以进行动态布尔运算的编辑操作。

(4) 更新 。更新参数组主要用来控制更新的操作方式，主要包括"始终"、"渲染时"和"更新"3 种方式：如果单选 ⦿ 始终 选项，每一次修改会立即在视图中更新显示；如果单选 ⦿ 渲染时 选项，则只在最后渲染时才对修改的结果进行布尔运算；如果单选 ⦿ 手动 选项，则只有单击 更新 按钮之后对修改的结果才进行布尔运算。

视频播放：任务七的详细讲解，可观看配套视频"任务七：布尔命令的使用方法"。

任务八：地形命令的使用方法

地形命令的主要作用是根据用户提供的等高线分布创建地形对象。

地形命令依据等高线的分布情况，使用三角面组成的网格曲面创建地形对象。对于创建的地形对象用户可以根据对象自身海拔使用不同的颜色进行区分。还可以利用"线"工具直接在视图中绘制曲线，也可以直接将在 AutoCAD 软件中绘制的曲线导入使用。

提示：在使用地形命令创建地形对象时，等高线最好具有密集的顶点，这样才能创建出精细的地形模型。曲线上的顶点一定是可见的，才能创建地形对象网格。

1. 地形命令的使用方法

步骤 1：打开如图 2.2.22 所示的场景文件，主要包括 5 条等高线。

步骤 2：在场景文件中单选最底下的一条等参线。

步骤 3：在"复合对象"浮动面板中单击 地形 → 拾取操作对象 按钮。

步骤 4：在场景中从下往上依次单击等高线。在"复合对象"浮动面板中设置参数，具体设置如图 2.2.23 所示。最终效果如图 2.2.24 所示。

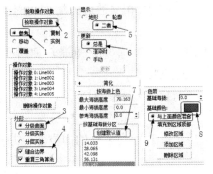

图 2.2.22   图 2.2.23   图 2.2.24

2. 地形命令的参数说明

1）"拾取操作对象"卷展栏

(1) 拾取操作对象 。主要用来为创建的地形对象以参考、复制、移动或实例方式拾取等高线。

(2) ☑ 覆盖 。勾选此项，在选择的闭合等高线范围内，其他的操作对象都将被忽略不显示。

提示：当有多个操作对象的"覆盖"选项被选中时，系统将会优先选择最后一个操作对象。

2）操作对象列表

(1) 操作对象 列表框。主要用来显示所有参加地形操作的对象名称。

(2) 删除操作对象 。单击该按钮，删除在"操作对象"列表框中选择的对象。

3）"外形"参数组

在外形参数组中主要包括"分级曲面"、"分级实体"、"分层实体"、"缝合边界"和"重复三角算法"5 个选项，具体介绍如下。

(1) ● 分级曲面 。单选此项，根据等高线的分布创建由网格地形构成的对象。

(2) ● 分级实体 。单选此项，根据等高线的分布创建地形对象，且对象边缘和底部都由面形成一个实体，从各个角度均可见。

(3) ● 分级实体 。单选此项，根据等高线的分布创建地形对象，地形对象呈阶梯状。

(4) ☑ 缝合边界 。如果地形对象的边界是由未闭合的样条线所构成的，勾选此项，可以对地形边缘上三角面的创建进行抑制操作。

(5) ☑ 重复三角算法 。勾选此项，系统将更严格遵循轮廓线的缓慢算法。

4）"显示"参数组

"显示"参数组主要包括"地形"、"轮廓"和"二者"3 种显示形式，具体介绍如下。

(1) ● 地形 。单选此项，只显示三角网格曲面构成的地形对象。

(2) ● 轮廓 。单选此项，只显示地形对象的轮廓线。

(3) ● 二者 。单选此项，同时显示地形对象和地形的轮廓对象。

5）"更新"参数组

"更新"参数组主要包括"总是"、"渲染时"和"手动"3 个单选项，具体介绍如下。

(1) ● 总是 。单选此项，修改参数之后，立即更新效果。

(2) ● 渲染时 。单选此项，修改参数之后，不立即更新效果，只有在最后渲染时才更新效果。

(3) ● 手动 。单选此项，修改参数之后，不立即更新效果，只有单击 更新 按钮时才更新效果。

6)"简化"卷展栏

在"简化"卷展栏中主要包括水平简化和垂直简化两大类，具体介绍如下。

(1) 水平简化。水平简化主要包括如下 5 种简化方式。

① ● 不简化 。单选此项，使用操作对象的所有顶点构成网格对象。

② ● 使用点的 1/2 。单选此项，使用操作对象的所有顶点的一半构成网格对象。

③ ● 使用点的 1/4 。单选此项，使用操作对象的所有顶点的 1/4 构成网格对象。

④ ● 插入内推点 *2 。单选此项，使用操作对象的 2 倍顶点构成网格对象。

⑤ ● 插入内推点 *4 。单选此项，使用操作对象的 4 倍顶点构成网格对象。

(2) 垂直简化。垂直简化主要包括如下 3 种简化方式。

① ● 不简化 。单选此项，使用所有等高线构成网格对象。

② ● 使用线的 1/2 。单选此项，使用所有等高线的一半来构成网格对象。

③ ● 使用线的 1/4 。单选此项，使用所有等高线的 1/4 来构成网格对象。

7)"按海拔上色"卷展栏

(1) 最大海拔高度 。主要用来控制地形对象在 Z 轴方向上的最大海拔。

(2) 参考海拔高度 。主要用来控制地形对象在 Z 轴方向上的最小海拔。

(3) 参考海拔高度 。主要用来设置参考海拔的数值，作为海拔分区分配颜色的标准。

(4) 创建默认值 。单击该按钮，系统根据指定的参考海拔值创建海拔分区，且每个分区的海拔值自动显示在下方列表中。

(5) 基础海拔 。主要用来为指定海拔位置赋予颜色。在"基础海拔"右侧的文本框中输入数值，单击 添加区域 按钮，即可将指定的海拔值添加到"创建默认值"列表框中。

(6) 基础颜色 。主要用来修改赋予海拔分区的颜色。

(7) ● 与上面颜色混合 。单选此项，将当前分区的颜色与上一层分区的颜色进行融合。

(8) ● 填充到区域顶部 。单选此项，将纯色赋予当前选择区域上方。不与上一层分区颜色进行融合。

(9) 修改区域 。单击该按钮，对选择的色带进行修改。

(10) 添加区域 。单击该按钮，为地形对象添加新的色带。

(11) 删除区域 。单击该按钮，删除当前选择的色带。

视频播放：任务八的详细讲解，可观看配套视频"任务八：地形命令的使用方法"。

任务九：放样命令的使用方法

放样命令的主要作用是将多个不同形状的截面图形与指定路径进行结合构成新的造型对象。

放样技术起源于古代的造船技术，以龙骨为路径，在不同截面处放入木板，从而产生船体模型。这种技术在三维建模中称为放样建模技术。

作为放样的路径可以是开放的曲线，也可以是封闭的图形，但作为放样路径必须是唯一的曲线。而作为放样的截面图形，不限于单一的曲线，用户可在路径的任务位置插入形态不同的截面图形。

1. 放样命令的使用方法

步骤 1：打开一个如图 2.2.25 所示的场景文件，在该场景文件中包含两个截面图形和一条路径。

步骤 2：在场景中单选作为路径的样条线。

步骤 3：在"复合对象"浮动面板中单击 放样 → 获取图形 按钮。

步骤 4：在场景中单击圆形的截面图形，效果如图 2.2.26 所示。

步骤 5：在 路径 文本框中输入数值"20"，单击 获取图形 按钮，在场景中单击圆形的截面图形。

步骤 6：在 路径 文本框中输入数值"21"，单击 获取图形 按钮，在场景中单击星形截面图形，效果如图 2.2.27 所示。

步骤 7：在 路径 文本框中输入数值"80"，单击 获取图形 按钮，在场景中单击星形截面图形。

步骤 8：在 路径 文本框中输入数值"81"，单击 获取图形 按钮，在场景中单击圆形的截面图形，如图 2.2.28 所示。

图 2.2.25   图 2.2.26   图 2.2.27   图 2.2.28

2. 放样命令的参数说明

1) "创建方法"卷展栏

(1) 获取路径 。选择截面图形，单击 获取路径 按钮，再单击需要获取的路径，即可创建放样造型。

(2) 获取图形 。选择路径，单击 获取图形 按钮，再单击需要获取的图形，即可创建放样造型。

(3) ● 移动 。使用"移动"属性进行放样，原始图形参加放样操作。

(4) ● 复制 。使用"复制"属性进行放样，复制原始图形参加放样操作。

(5) ● 实例 。使用"实例"属性进行放样，以实例方式复制原始图形参加放样操作。用户可以通过修改原始图形来达到修改放样造型的目的。

2)"曲面参数"卷展栏

(1) 平滑 。平滑参数组主要用来控制放样造型的平滑方式，主要有如下两种。

① ☑ 平滑长度 。勾选此项，对放样造型长度方向的表面进行平滑处理。

② ☑ 平滑宽度 。勾选此项，对放样造型宽度方向的表面进行平滑处理。

(2) 贴图 。"贴图"参数组主要用来控制贴图在放样造型路径上的重复次数。它主要包括如下 5 项参数设置。

① ☑ 应用贴图 。勾选此项，放样造型将使用自身的贴图坐标。

② ☑ 真实世界贴图大小 。勾选此项，放样造型的贴图大小由绝对尺寸决定，而与对象的相对尺寸无关。

③ 长度重复:1.0 。主要用来设置沿路径贴图的重复次数。贴图的底部放置在路径的第一个顶点处。

④ 宽度重复:1.0 。主要用来设置沿界面图形贴图的重复次数。贴图的左边缘与每个图形的第一个顶点对齐。

⑤ ☑ 规格化 。勾选此项，贴图将在放样造型的长度与截面图形上均匀分布。如果不勾选此项，贴图将会受到放样造型表面顶点分布的影响。

(3) 材质 。"材质"参数组主要用来控制材质 ID，主要包括如下两个参数设置。

① ☑ 生成材质 ID 。勾选此项，在放样造型过程中生成材质 ID。

② ☑ 使用图形 ID 。勾选此项，放样造型使用样条线的材质 ID 来定义材质 ID。形状 ID 将继承截面图形的 ID 号，而不是路径的 ID 号。

(4) 输出 。"输出"参数组主要用来控制放样造型输出类型。主要有如下两种类型。

① ⦿ 面片 。单选此项，放样造型为面片对象。

② ⦿ 网格 。单选此项，放样造型为网格对象。

3)"路径参数"卷展栏

"路径参数"卷展栏主要用来控制插入点在路径上的位置，主要包括如下参数。

(1) 路径:0.0 。主要用来控制插入图形界面的位置。

(2) 捕捉:0.2 ☑启用。主要用来捕捉调节路径时的跳越值。例如，设置捕捉值 20，在百分比模式下，每调节一次路径值，则跳越 20%的距离。

(3) ⦿ 百分比 。单选此项，系统将路径长度分为 100 等份，根据百分比来确定插入点的位置。

(4) ⦿ 距离 。单选此项，系统将根据路径起点的实际长度数值来确定插入点的位置。

(5) ⦿ 路径步数 。单选此项，系统将根据路径的步数来确定插入点的位置。

4)"蒙皮参数"卷展栏

"蒙皮参数"卷展栏主要包括"封口"参数组、"选项"参数组和"显示"参数组 3 类，具体介绍如下。

(1) "封口"参数组。主要用来控制放样造型的两端是否封闭，主要包括如下 4 种封口方式。

① ☑ 封口始端 。勾选此项，放样造型路径的开始处加顶盖，封闭顶部。

② ☑ 封口末端 。勾选此项，放样造型路径的结束处加盖，封闭底部。

③ ⦿ 变形 。单选此项，放样造型以变形方式封口，顶盖保持顶面数不变，方便用户

进行变形操作。

④ ⊙ 栅格 。单选此项，放样造型以栅格方式封口，方便用户变动修改。

(2) "选项"参数组。主要用来控制放样的一些基本参数设置，具体介绍如下。

① 图形步数:[0   ] 。主要用来控制截面图形顶点之间的步数。

② 路径步数:[1   ] 。主要用来控制路径图形顶点之间的步数。

③ ☑ 优化图形 。勾选此项，对放样造型截面图形进行优化处理。

④ ☑ 优化路径 。勾选此项，对放样造型路径图形进行优化处理。

⑤ ☑ 自适应路径步数 。勾选此项，对路径进行优化处理。此项默认为勾选状态。

⑥ ☑ 轮廓 。勾选此项，截面图形在放样时，会自动更正自身角度以垂直于路径。

⑦ ☑ 倾斜 。勾选此项，截面图形在放样时，会根据路径在 Z 轴上的角度来改变。

⑧ ☑ 恒定横截面 。勾选此项，截面在路径拐角处自动进行缩放处理。

⑨ ☑ 线性插值 。勾选此项，在每一个截面图形之间使用直线边界制作表皮。

⑩ ☑ 翻转法线 。勾选此项，法线翻转 180 度。通常用来控制放样造型的正方面显示。

⑪ ☑ 四边形的边 。勾选此项，放样造型在边数相同的截面之间用方形的面缝合，边数不相同的截面之间用三角面缝合。

⑫ ☑ 变换降级 。勾选此项，在对放样造型的子对象进行变换操作时，不显示放样造型。

(3) "显示"参数组。主要用来控制放样造型在视图中的显示方式，主要包括如下两项参数。

① ☑ 蒙皮 。勾选此项，放样造型在所有视图中以网格方式显示其蒙皮造型。

② ☑ 蒙皮 处理视图中的蒙皮 。勾选此项，放样造型只在实体着色模式下显示蒙皮造型。

5) "变形"参数卷展栏

"变形"参数卷展栏主要用来对放样造型进行相关的变形操作，主要有如下 5 种变形操作方式。

(1)   缩放   。在放样造型的路径截面 X、Y 轴方向上进行缩放变形。

(2)   扭曲   。在放样造型的路径截面 X、Y 轴方向上进行旋转变形。

(3)   倾斜   。在放样造型的路径截面 Z 轴方向上进行旋转变形。

(4)   倒角   。对放样造型产生倒角变形。

(5)   拟合   。对放样造型进行三视图拟合放样控制。

提示：每个变形按钮右边的 💡 图标主要用来控制各种变形效果是否起作用。按下表示起作用，弹起表示不起作用，但在系统内部还保持变形设置。

视频播放：任务九的详细讲解，可观看配套视频"任务九：放样命令的使用方法"。

任务十：网格化命令的使用方法

网格化命令的主要作用是将粒子转换为网格对象，方便用户对粒子添加扭曲、生成贴图坐标等。

提示：网格化命令主要是针对粒子系统而开发的，但也可以应用于其他各类对象。用户可以随意修改每一个粒子。

1. 网格化命令的使用方法

步骤 1：打开如图 2.2.29 所示的场景文件，在该场景中只有一个下雪粒子效果。

步骤 2：在"复合对象"面板中单击 网格化 按钮。

步骤 3：在场景中按住鼠标左键进行拖动，即可创建一个网格化五面体，如图 2.2.30 所示。

步骤 4：在"浮动"面板中单击 (修改)选项，切换到"修改"浮动面板。在"修改"浮动面板中单击"拾取对象"下的 None 按钮。

步骤 5：在场景中单击下雪粒子发射器。"网格化"图标变成边界框，将粒子也包括了进来，如图 2.2.31 所示。

图 2.2.29

图 2.2.30

图 2.2.31

步骤 6：给网格化之后的对象添加"弯曲"变形命令。在 修改器列表 下拉列表框中选择 弯曲 选项。

步骤 7：设置"弯曲"命令参数，具体设置如图 2.2.32 所示。最终效果如图 2.2.33 所示。

图 2.2.32

图 2.2.33

2. 网格化命令的参数说明

(1) 拾取对象 。单击"拾取对象"下的 None 按钮，在场景中单击需要拾取的对象，对象名称自动显示在"拾取对象"下面的按钮上。

(2) 时间偏移：0.0 。主要用来控制网格化系统与粒子系统开始运动的时间差。

(3) 仅在渲染时生成 。勾选此项，网格化结果不在视图中显示，只有在渲染时才显示。

(4) 自定义边界框 。勾选此项，用户可以为网格化命令选择静态边界框。

(5) 拾取边界框 。单击该按钮，用户可以在场景单击需要拾取的静态边界框。

(6) 使用所有粒子流事件 。勾选此项，网格化命令将为粒子流系统中每个"事件"自动创建网格对象。

视频播放：任务十的详细讲解，可观看配套视频"任务十：网格化命令的使用方法"。

任务十一：ProBoolean 命令的使用方法

ProBoolean 命令的主要作用与传统的布尔命令的作用一样，只是在传统布尔命令的基础上增加了更多的功能。

ProBoolean 命令与传统布尔命令相比主要有以下五大优势。

(1) 进行布尔运算后的对象质量更好。

(2) 进行布尔运算后的对象顶点和面更少。

(3) 可以进行多个对象的布尔运算，每个布尔运算都可以加入无限个对象。

(4) 进行布尔运算后的对象网格更精确和清晰。

(5) 整合了四边形网格，更容易进行四边形化运算和涡轮平滑。

1. ProBoolean 命令的使用方法

步骤 1：打开如图 2.2.34 所示的场景文件，在该场景中主要包括一个立方体和 30 个圆柱体。

步骤 2：在场景中单选立方对象，再在"复合对象"浮动面板中单击 ProBoolean → 开始拾取按钮。

步骤 3：在场景中依次单击圆柱体，即可进行布尔运算。最终效果如图 2.2.35 所示。

图 2.2.34　　　　　　　　　　　　　　图 2.2.35

2. ProBoolean 命令的参数说明

ProBoolean 命令的参数介绍与传统布尔命令参数的作用基本差不多，在此就不再详细介绍。读者可查阅"布尔"命令参数说明或观看配套视频教学。

视频播放：任务十一的详细讲解，可观看配套视频"任务十一：ProBoolean 命令的使用方法"。

任务十二：ProCutter 命令的使用方法

ProCutter 命令的主要作用是分裂或细分对象体积。

ProCutter 命令其实也是一种特殊的布尔运算。可以使用 ProCutter 命令来模拟爆炸、碎裂、断开、装配等效果。该命令比较适合动态模拟，例如，模拟模型炸开或玻璃破碎等现象。

1. ProCutter 命令的使用方法

步骤 1：打开一个场景文件，如图 2.2.36 所示。

步骤 2：在场景中选择一个立方体，再在"复合对象"浮动面板中单击 ProCutter → 拾取切割器对象 按钮。

步骤 3：设置参数，具体设置如图 2.2.37 所示。

步骤 4：在场景中依次选择其他立方体，作为切割器对象，如图 2.2.38 所示。

步骤 5：在"复合对象"浮动面板中单击 拾取原料对象 按钮。在场景中单击切割对象。按键盘上的 Delete 键，将切割器对象删除。最终效果如图 2.2.39 所示。

图 2.2.36　　　　　图 2.2.37　　　　　图 2.2.38　　　　　图 2.2.39

2. ProCutter 命令的参数说明

1) "切割器拾取参数"卷展栏

(1) 拾取切割器对象 。单击该按钮，即可在视图中选择切割器对象。

(2) 拾取原料对象 。单击该按钮，即可在视图中选择切割原料对象。

在拾取切割器对象和拾取切割原料对象之前先确定切割的方式。切割方式主要有"参考"、"复制"、"移动"和"实例化"4 个单选项。这 4 个参数的具体作用可参考前面的介绍。

切割器工具模式主要有两个参数选项，具体说明如下。

(1) ☑ 自动提取网格。勾选此项，选择原料对象后系统自动提取结果。

(2) ☑ 按元素展开。勾选此项，系统自动将每个切割元素分割成独立的对象。

2) "切割器参数"卷展栏

(1) ☑ 被切割对象在切割器对象之外。勾选此项，运算结果将保留所有切割器外部的原料部分。

(2) ☑ 被切割对象在切割器对象之内。勾选此项，运算结果将保留一个或多个切割器内部的原料部分。

(3) ☑ 切割器对象在被切割对象之外。勾选此项，运算结果包含不在原料内部的切割器部分。也就是说，切割器对象之间有相交部分，则进行相互剪切。

(4) ● 结果 。单选此项，在视图中显示布尔运算的结果。

(5) ● 运算对象 。单选此项，在视图中只显示布尔结果的运算对象。

(6) ● 应用运算对象材质 。单选此项，布尔运算所产生的新面继承运算对象的材质。

(7) ● 保留原始材质 。单选此项，布尔运算所产生的新面继承原始对象的材质。

(8) 提取所选对象 。单击该按钮，将选择的切割器从运算后的网格对象中以移除、复制或实例方式提取到场景中。

3) "高级选项"卷展栏

(1) ● 始终 。单选此项，更改布尔运算对象之后，立即进行更新。

(2) ● 手动 。单选此项，更改布尔运算对象之后，需要用户单击 更新 按钮才进行更新。

(3) ● 仅限选定时 。单选此项，只要用户选定布尔对象，立即进行更新。

(4) ● 仅限渲染时 。单选此项，只在进行渲染或单击 更新 按钮时，才进行更新。

(5) 消减 %：[40] ↕ 。按用户设置的百分比，从布尔对象中的多边形上移除边的数量。

(6) ☑ 设为四边形 。勾选此项，将布尔运算镶嵌的三角形转化为四边形。

(7) 四边形大小 %: |3.0 ◦| 。根据用户的设置来确定四边形的大小作为总体布尔对象长度的百分比。

(8) ◉ 全部移除 。单选此项，将布尔对象表面所有多余共面的边移除。

(9) ◉ 只移除不可见 。单选此项，将布尔对象表面不可见的边移除。

(10) ◉ 不移除边 。单选此项，不移除任何边。

> **视频播放：**任务十二的详细讲解，可观看配套视频"任务十二：ProCutter 命令的使用方法"。

四、项目拓展训练

根据本项目所学知识，创建如图 2.2.40 所示的复合对象模型。

图 2.2.40

项目 3：NURBS 建模技术

一、项目效果

二、项目制作流程(步骤)分析

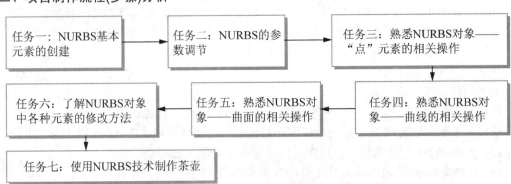

三、项目操作步骤

在 3ds Max 2011 中，NURBS 建模技术是基于控制点来调节表面曲度的，它能够自动计算平滑表面精度。它特别适用于生物和光滑表面机械建模。例如，人物、动物、汽车表面和飞机表面等模型。

NURBS 的优点是控制点少，易于控制和调节，而且它本身具备一整套完整的造型工具。

目前比较流行的 Maya、Softimge 和 3ds Max 这 3 款三维软件，都有自己的一整套完整的 NURBS 建模工具。

到目前为止，3ds Max 中的 NURBS 建模系统还不够完善，虽然为用户提供了很多工具，但还有很多不尽如人意的地方。例如：计算速度比较慢(特别是在计算一些相对复杂的模型时)；工作流程不够明确，不容易理解。

NURBS 建模系统的工作方式比较特殊，它可以创建原始的曲面和曲线，但不能直接进行编辑加工，而需要到修改命令面板中完成编辑和修改。下面通过几个任务来介绍 NURBS 建模基础知识和建模流程。

任务一：NURBS 基本元素的创建

在 3ds Max 2011 中，NURBS 对象主要由点、曲线和曲面 3 种元素构成。曲线和曲面又分为标准型和 CV 型。NURBS 对象的创建方法主要有如下几种。

1. 点曲面和 CV 曲面的创建方法

1) 通过"浮动面板"创建点曲面和 CV 曲面

步骤 1：在"浮动面板"中单击 ◎(几何体)按钮，切换到"几何体"浮动面板。

步骤 2：在"几何体"浮动面板中选择 标准基本体 ▾ 下拉列表框中的 NURBS 曲面 选项，切换到"NURBS 曲面"浮动面板，如图 2.3.1 所示。

步骤 3：在"NURBS 曲面"浮动面板中单击 点曲面 按钮，在视图中按住鼠标左键进行拖曳，确定点曲面的长度和宽度，松开鼠标即可，如图 2.3.2 所示。

图 2.3.1

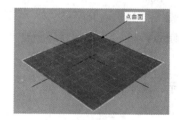

图 2.3.2

步骤 4：在"NURBS 曲面"浮动面板中单击 CV曲面 按钮，在视图中按住鼠标左键，进行拖曳，确定 CV 曲面的长度和宽度，松开鼠标即可，如图 2.3.3 所示。

2) 通过菜单栏创建点曲面和 CV 曲面

步骤 1：在菜单栏中单击 创建(C) → NURBS 命令，弹出二级子菜单，如图 2.3.4 所示。

步骤 2：在弹出的二级子菜单中包括"CV 曲面"、"点曲面"、"CV 曲线"和"点曲线"4 个命令。

步骤 3：在二级子菜单中单击相应命令，在视图中进行创建即可。

图 2.3.3

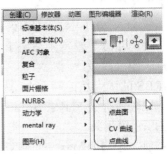

图 2.3.4

图 2.3.5

提示：点曲面与 CV 曲面在使用中没有多大区别，最大区别是点曲面的所有控制点在曲面上，而 CV 曲面的控制点不一定在曲面上，如图 2.3.5 所示。用户在创建点曲面或 CV 曲面时，可以在创建前修改参数，也可以在创建之后切换到"修改"浮动面板，进入曲面的子层级进行修改。

2．点曲线和 CV 曲线的创建方法

1）通过"NURBS 曲线"浮动面板创建点曲线和 CV 曲线

步骤 1：在"浮动面板"中单击 ⬚(图形)按钮，切换到"图形"浮动面板。

步骤 2：在"图形"浮动面板中选择 标准基本体 ▼ 下拉列表框中选择 NURBS 曲线 选项，切换到"NURBS 曲线"浮动面板，如图 2.3.6 所示。

步骤 3：在"NURBS 曲线"浮动面板中单击 点曲线 按钮。在视图中单击确定曲线的第一个控制点，依次单击和移动确定曲线的其他控制点，最后右击结束曲线创建，如图 2.3.7 所示。

步骤 4：在"NURBS 曲线"浮动面板中单击 CV 曲线 按钮。在视图中单击确定曲线的第一个控制点，依次单击和移动确定曲线的其他控制点，最后右击结束曲线创建，如图 2.3.8 所示。

提示：点曲线与 CV 曲面在使用之中没有多大区别，最大区别是点曲线的所有控制点在曲线上，而 CV 曲线的控制点不一定在曲线上，如图 2.3.7 和图 2.3.8 所示。用户在创建点曲线或 CV 曲线时，可以在创建前修改参数，也可以在创建之后切换到"修改"浮动面板，进入曲线的子层级进行修改。

图 2.3.6

图 2.3.7

图 2.3.8

2) 通过菜单栏创建点曲线和 CV 曲线

步骤 1： 在菜单栏中单击 创建(C) → NURBS 命令，弹出二级子菜单。

步骤 2： 弹出的二级子菜单中包括 "CV 曲面"、"点曲面"、"CV 曲线" 和 "点曲线" 4 个命令。

步骤 3： 在二级子菜单中单击相应命令，在视图中进行创建即可。

3. 通过转换创建 NURBS 对象

步骤 1： 在视图中创建一个几何体对象。

步骤 2： 在几何体对象上右击，在弹出的快捷菜单中单击"转换为："→"转换为：NURBS" 命令，即可将几何对象转换为 NURBS 对象。

提示： 所有标准基本几何体都可以直接转换为 NURBS 对象。而扩展基本几何体中只有环形结和棱柱能直接转换为 NURBS 对象。如果要将其他扩展基本几何体转换为 NURBS 对象，可以先将其转换为 "可编辑面片"，再转换为 NURBS 对象。

视频播放： 任务一的详细讲解，可观看配套视频"任务一：NURBS 基本元素的创建"。

任务二：NURBS 的参数调节

熟练掌握 NURBS 对象参数的作用和调节是快速创建各种 NURBS 模型的基础。下面详细介绍 NURBS 对象的各个参数的作用和使用方法。

步骤 1： 在场景中创建一个 CV 曲面和 NURBS 对象，如图 2.3.9 所示。

步骤 2： 在场景中单选 NURBS 曲面。在浮动面板中单击 ☑(修改)选项，切换到 "修改" 浮动面板。NURBS 曲面的参数设置如图 2.3.10 所示。

从图 2.3.10 可知，它主要包括 7 种类型的参数，下面重点对 4 种类型的参数进行介绍。

图 2.3.9　　　　图 2.3.10

1. "常规" 参数组

"常规" 参数组所包含的参数如图 2.3.11 所示。各个参数具体介绍如下。

1) 附加和导入参数

(1) 附加 。单击该按钮，在场景中单击需要附加的对象，即可将该对象附加到当前的 NURBS 对象中。

(2) 附加多个 。单击该按钮，弹出 "附加多个" 对话框，在该对话框中选择需要附加的对象，如图 2.3.12 所示。单击 附加 按钮，即可将选择的对象附加到当前的 NURBS 对象中。

(3) 导入 。单击该按钮，在场景中单击需要导入的对象，即可将该对象导入到当前的 NURBS 对象中。此时，在当前 NURBS 对象中的子层级下多出一个"导入"选项，选择 导入 选项，即可对导入的对象进行相应的操作，如图 2.3.13 所示。

(4) 导入多个 。单击该按钮，弹出"导入多个"对话框，在该对话框中选择需要导入的多个对象。单击 导入 按钮即可将选择的多个对象导入到当前的 NURBS 对象中。

(5) ☑ 重新定向 。勾选此项，附加或导入的对象坐标轴中心与当前的 NURBS 对象的坐标轴中心对齐。

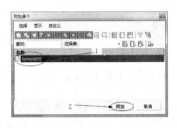
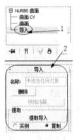

图 2.3.11　　　　　　　　　　图 2.3.12　　　　　　　　　　图 2.3.13

2) "显示"参数组

"显示"参数组中主要包括如下 7 个参数。

(1) ☑ 晶格 。勾选此项，显示 NURBS 对象的晶格，否则不显示，如图 2.3.14 所示。

(2) ☑ 曲线 。勾选此项，显示在 NURBS 对象上创建的曲线，否则不显示，如图 2.3.15 所示。

图 2.3.14　　　　　　　　　　　　　　　　图 2.3.15

(3) ☑ 曲面 。勾选此项，显示 NURBS 曲面对象，否则不显示。

(4) ☑ 从属对象 。勾选此项，显示 NURBS 曲面对象的从属对象，否则不显示。

(5) ☑ 曲面修剪 。勾选此项，显示 NURBS 曲面对象修剪结果，否则不显示，如图 2.3.16 所示。

(6) ☑ 变换降级 。勾选此项，用户在进行控制点编辑时，NURBS 曲面以线框方式显示。在默认情况下为勾选状态。建议用户取消此项勾选。

(7) 。单击(NURBS 创建工具箱)图标，弹出 NURBS 工具箱，如图 2.3.17 所示。用户可以通过该工具箱中的工具进行 NURBS 的各种操作。后面将详细介绍。

图 2.3.16　　　　　　　　　　　　　　　　图 2.3.17

3) "曲面显示"参数组

(1) ⊙ 细分网格 。单选此项,正常显示 NURBS 对象的结构曲线,如图 2.3.18 所示。

(2) ⊙ 明暗处理晶格 。单选此项,根据控制晶格线的形式显示 NURBS 对象表面状态,如图 2.3.19 所示。

(3) ☑ 相关堆栈 。勾选此项,NURBS 在修改堆栈中保持所有的相关对象。用户操作时,系统会复制相关对象的资料,计算相关的面,速度比关闭时慢。在默认情况下不勾选。勾选之后的效果如图 2.3.20 所示。

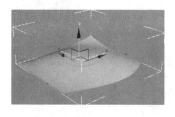 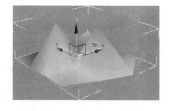 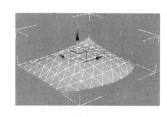

图 2.3.18   图 2.3.19   图 2.3.20

2. 显示线参数

显示线参数主要用来控制 NURBS 对象的显示方式和等参线的调节。显示线参数面板如图 2.3.21 所示。各个参数具体介绍如下。

(1) U向线数: [2]。主要用来控制 U 向等参线的条数,如图 2.3.21 所示。

(2) V向线数: [3]。主要用来控制 V 向等参线的条数,如图 2.3.22 所示。

(3) ⊙ 仅等参线 。单选此项,仅显示等参线,如图 2.3.23 所示。

(4) ⊙ 等参线和网格 。单选此项,同时显示等参线和网格线,如图 2.3.24 所示。

(5) ⊙ 仅网格 。单选此项,仅显示网格线。

 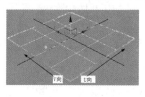 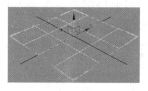 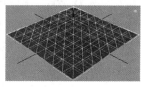

图 2.3.21   图 2.3.22   图 2.3.23   图 2.3.24

3. "曲面近似"参数

"曲面近似"参数面板如图 2.3.25 所示。"曲面近似"参数的详细介绍如下。

(1) ⊙ 视口 。单选此项,下面的所有参数设置只针对视图显示设置。

(2) ⊙ 渲染器 。单选此项,下面的所有参数设置只针对最后的渲染结果设置。

(3) 基础曲面 。单选此项,用户的所有设置都会影响到整个对象表面的精度。

(4) 曲面边 。单选此项,对于相接的曲面,使用更高的细分精度来处理相接的表面,使相接的曲面间不产生缝隙。例如修剪、混合、填角等产生的相接曲面。

(5) 置换曲面 。单选此项,对于有置换贴图的曲面,系统通过置换计算,确定置换曲面对象的变形大小。该操作要配合贴图中的置换设置来使用。

（6）**细分预设**。细分预设参数组主要包括"低"、"中"和"高"3种类型，主要用来控制 NURBS 对象的显示精度，如图 2.3.26 所示。

（7）**清除曲面层级**。单击该按钮，清除所有子对象上的表面精度控制设置。

（8）**细分方法**。细分方法参数组主要为用户提供各种细分方法，控制不同的精度分布，使用户在获得相同渲染效果的前提下，使用最少的多边形划分。"细分方法"参数面板如图 2.3.27 所示。

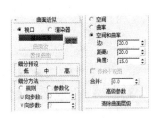

图 2.3.25　　　　　　　　　　　图 2.3.26　　　　　　　　　　　图 2.3.27

① **规则**。单选此项，用户可以直接使用 UV 向的步数值来调节对象的精度。值越大，精度越高。

② **参数化**。单选此项，系统主要通过水平和垂直方向产生固定的细化，值越高，精度越高，但运算速度非常慢。

③ **U向步数/V向步数**。主要用来设置 U 或 V 方向上的步数值。

④ **空间**。单选此项，对对象进行统一的三角面细化，用户可以通过调节下方的"边"参数来控制细分的精化程度。"边"的数值越低，精细化程度越高。

⑤ **曲率**。单选此项，系统根据对象表面的曲率生成一个可变的细化效果，是一种比较好的细化方式。用户可以通过调节下面的"距离"和"边"值来调节对象的精细程度。这两个值越低，细化程度越高。

⑥ **空间和曲率**。单选此项，系统采用"空间"和"曲率"相结合的方式进行细化。用户可以通过下面的"距离"、"边"和"角度"3 个参数来控制对象细化。

⑦ **依赖于视图**。勾选此项，系统将根据摄影机与场景对象间的距离进行细化调节。从而加快渲染速度。

⑧ **合并**。主要用来控制表面细化时，边与边之间合并处理的最大距离。

⑨ **高级参数**。单击该按钮，会弹出"高级曲面近似"对话框。在该对话框中用户可以根据需要设置细分样式。

4. "曲线近似"参数

"曲线近似"参数主要用来控制曲线的平滑度。它主要包括以下 3 个参数设置，具体介绍如下。

（1）**步数:8**。主要用来控制曲线上两个顶点之间的步数值，该值越大，插补的顶点就越多，曲线越平滑。步数的取值范围为 1～100。

（2）**优化**。系统采用固定的步数值对曲线进行优化适配处理。

(3) ☑ **自适应**。勾选此项，系统对曲线进行自动平滑适配处理。

视频播放：任务二的详细讲解，可观看配套视频"任务二：NURBS 的参数调节"。

任务三：熟悉 NURBS 对象——"点"元素的相关操作

1. 点的创建方法

点可以通过如下两种方法创建。

1) 通过浮动面板中的创建按钮创建点

步骤 1：打开一个场景文件，在场景中选择一个 NRUBS 对象，如图 2.3.28 所示。

步骤 2：在浮动面板中单击 ✎(修改)选项，切换到"修改"浮动面板。在"修改"浮动面板中，单击 **创建点** 卷展栏下的 **点** 按钮。

步骤 3：在场景中单击，即可创建点。连续在不同的地方单击即可创建多个点，如图 2.3.29 所示。

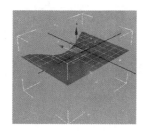

图 2.3.28　　　　　　　图 2.3.29

2) 通过 NURBS 创建工具箱中的按钮创建点

步骤 1：在"修改"浮动面板中单击 ▦(NURBS 创建工具箱)按钮，弹出 NURBS 对话框。

步骤 2：在 NURBS 对话框中单击 △(创建点)按钮。

步骤 3：在场景中单击即可创建点。

提示：用户也可以通过捕捉来创建点。在工具栏中的 ³ₐ(捕捉开关)按钮上右击，弹出"栅格和捕捉设置"对话框，如图 2.3.30 所示。用户可以根据任务要求设置捕捉方式。开启捕捉开关即可捕捉创建点。

图 2.3.30

2. 创建偏移点

步骤 1：在参数面板中单击 **偏移点** 按钮，或在 NURBS 对话框中单击 ✾(创建偏移点)按钮。

步骤 2：在场景中单击任意一个基准点，即可创建一个偏移点，如图 2.3.31 所示。

步骤 3：设置偏移点的参数，具体设置如图 2.3.32 所示。最终效果如图 2.3.33 所示。

步骤 4：单击 替换基准点 按钮，在场景中单击其他任意点，即可替换基准点，如图 2.3.34 所示。

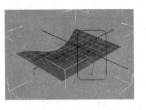
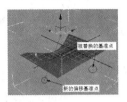

| 图 2.3.31 | 图 2.3.32 | 图 2.3.33 | 图 2.3.34 |

3. 创建曲线点

曲线点只能在曲线上创建。创建完曲线点之后，可以通过修改参数，使曲线点偏移曲线，对曲线进行修剪等操作。具体操作方法如下。

步骤 1：打开一个带有 CV 曲线或 NURBS 曲线的场景文件。

步骤 2：在场景中选择曲线，切换到"修改"浮动面板。在"修改"浮动面板中单击 曲线点 按钮或在 NURBS 对话框中单击 ◦(创建曲线点)按钮。

步骤 3：将鼠标移到需要创建曲线点的曲线上，此时，曲线变成蓝色显示，单击鼠标左键即可创建一个曲线点，如图 2.3.35 所示。

步骤 4：用户可以通过设置曲线点的参数，修改曲线的偏移情况，具体设置如图 2.3.36 所示。最终效果如图 2.3.37 所示。

步骤 5：替换基础曲线。在参数面板中单击 替换基础曲线 按钮，在视图中，将鼠标移到需要替换的曲线上单击即可，如图 2.3.38 所示。

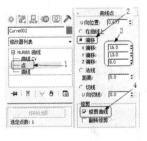
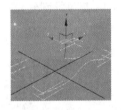

| 图 2.3.35 | 图 2.3.36 | 图 2.3.37 | 图 2.3.38 |

4. 创建曲线到曲线点

创建曲线到曲线点也就是给两条相交曲线创建点。曲线到曲线点的具体创建方法如下。

步骤 1：打开一个如图 2.3.39 所示的场景文件，在该场景中包括了 4 条 NURBS 曲线。

步骤 2：在场景中选择曲线。在"修改"浮动面板中单击 曲线-曲线 按钮，或在 NURBS 对话框中单击 ✿(创建曲线－曲线点)按钮。

步骤 3：在场景中单击一条相交曲线。移动鼠标，此时，鼠标与单击点之间出现一条虚线。将鼠标移到与另一条相交曲线上单击即可，如图 2.3.40 所示。

步骤 4：对曲线进行修剪。根据任务要求设置参数，具体设置如图 2.3.41 所示。最终效果如图 2.3.42 所示。

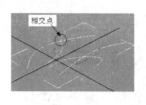

　　图 2.3.39　　　　　　　图 2.3.40　　　　　　　图 2.3.41　　　　　　　图 2.3.42

提示：其他参数的详细介绍，可观看配套教学视频。

5. 创建曲面点

创建曲面点也就是说在 NURBS 曲面上创建点，具体操作方法如下。

步骤 1：打开一个包含 NURBS 曲面对象的场景。

步骤 2：在场景中选择曲面。在"修改"浮动面板中单击 曲面点 按钮，或在 NURBS 对话框中单击 (创建曲面点)按钮。

步骤 3：将鼠标移到场景中的曲面上，此时，鼠标所在的位置出现两条相交的蓝色曲线，如图 2.3.43 所示。

步骤 4：单击鼠标左键即可创建一个曲面点。将视图显示方式切换为线框显示方式，效果如图 2.3.44 所示。

步骤 5：调节曲面点。根据任务设置参数，具体设置如图 2.3.45 所示。最终效果如图 2.3.46 所示。

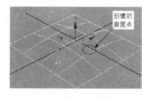

　　图 2.3.43　　　　　　　图 2.3.44　　　　　　　图 2.3.45　　　　　　　图 2.3.46

提示：其他参数的详细介绍，可观看配套教学视频。

6. 创建曲面-曲线点

创建曲面到曲线点，也就是曲面与曲线的相交点。具体创建方法如下。

步骤 1：打开一个带有曲面和曲线的场景文件，如图 2.3.47 所示。

步骤 2：在场景中选择 NURBS 对象。在"修改"浮动面板中单击 曲面-曲线 按钮，或在"NURBS"对话框中单击 (创建曲面-曲线点)按钮。

步骤 3：在场景中单击 NURBS 曲线，移动鼠标，此时出现一条虚线，将鼠标移到曲面上单击，即可创建一个曲线-曲面点。将视图切换为线框显示模式，如图 2.3.48 所示。

步骤 4：修改曲面-曲线点。根据任务要求，设置参数，具体设置如图 2.3.49 所示。最终效果如图 2.3.50 所示。

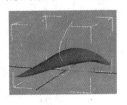
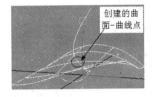

图 2.3.47　　　　　　　图 2.3.48　　　　　　　图 2.3.49　　　　　　　图 2.3.50

提示：其他参数的详细介绍，可观看配套教学视频。

视频播放：任务三的详细讲解，可观看配套视频"任务三：熟悉 NURBS 对象——'点'元素的相关操作"。

任务四：熟悉 NURBS 对象——曲线的相关操作

在本任务中主要介绍 CV 曲线和点曲线的创建，以及它们的相关操作，具体介绍如下。

1. CV 曲线和点曲线的创建

CV 曲线可以通过如下 3 种方法创建。

(1) 通过"图形"创建浮动面板中的 ▭CV曲线▭ 和 ▭点曲线▭ 按钮创建。

(2) 通过"修改"浮动面板中"创建曲线"卷展栏下的 ▭CV曲线▭ 和 ▭点曲线▭ 按钮创建。

(3) 通过 NURBS 对话框中的 ▼(创建 CV 曲线)和 ✎(创建点曲线)按钮创建。

提示：通过"图形"创建浮动面板中的工具创建的多条曲线为独立对象。而通过"修改"浮动面板和 NURBS 对话框中的命令创建的多条曲线为同一个对象中的独立元素。

1) 通过"修改"浮动面板或 NURBS 对话框中的命令创建 CV 曲线

步骤 1：打开一个带有 NURBS 对象的场景文件，选择 NURBS 对象。

步骤 2：在"修改"浮动面板中单击 ▭CV曲线▭ 按钮，或在 NURBS 对话框中 ▼单击(创建 CV 曲线)按钮。

步骤 3：在视图中单击确定第一个控制点。移动鼠标单击确定第二个控制点，以此类推，确定其他控制点，最后单击鼠标右键结束 CV 曲线的创建。创建的 CV 曲线如图 2.3.51 所示。

提示：用户在创建 CV 曲线过程中，单击起始控制点，此时，会弹出如图 2.3.52 所示的"CV 曲线"对话框。单击 ▭是(Y)▭ 按钮，创建闭合曲线。单击 ▭否(N)▭ 按钮，返回创建 CV 曲线状态。右击即结束曲线创建。

2) 通过"修改"浮动面板或 NURBS 对话框中的命令创建点曲线

步骤 1：在"修改"浮动面板中单击 ▭点曲线▭ 按钮，或在 NURBS 对话框中单击 ✎(创建点曲线)按钮。

步骤 2：在视图中单击确定第一个控制点，移动鼠标单击确定第二个控制点，以此类推确定其他控制点，最后右击结束点曲线的创建。创建的点曲线如图 2.3.53 所示。

提示：用户在创建点曲线的过程中，单击起始控制点，此时，会弹出如图 2.3.54 所示的"点曲线"对话框。单击 是(Y) 按钮，创建闭合曲线。单击 否(N) 按钮，则返回创建点曲线状态。右击则结束曲线创建。

图 2.3.51　　　　　　图 2.3.52　　　　　　图 2.3.53　　　　　　图 2.3.54

2．创建拟合曲线

创建拟合曲线是指使用创建拟合曲线命令将孤立的点连接成一条点曲线。具体操作方法如下。

步骤 1：打开一个包含有孤立顶点的场景文件，如图 2.3.55 所示。

步骤 2：在"修改"浮动面板中单击 **曲线拟合** 按钮，或在 NURBS 对话框中单击 ↖(创建拟合曲线)按钮。

步骤 3：将鼠标移到需要拟合的顶点上，此时，顶点呈蓝色显示，单击即可。移动鼠标，出现一条虚线，依次单击其他顶点，创建拟合曲线。右击，结束拟合曲线创建。最终效果如图 2.3.56 所示。

步骤 4：创建闭合拟合曲线。在"修改"浮动面板中单击 **曲线** 选项。在场景中选择拟合曲线。再在"修改"浮动面板中单击 关闭 按钮，即可将拟合曲线闭合。参数面板如图 2.3.57 所示。最终效果如图 2.3.58 所示。

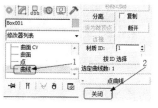
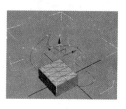

图 2.3.55　　　　　　图 2.3.56　　　　　　图 2.3.57　　　　　　图 2.3.58

3．创建变换曲线

创建变换曲线是指以选中的曲线为基础曲线变换复制出一条新曲线。具体操作方法如下。

步骤 1：打开一个带有两条闭合的 NURBS 曲线的场景文件，如图 2.3.59 所示。

步骤 2：在"修改"浮动面板中单击 变换 按钮，或在 NURBS 对话框中单击 ↘(创建变换曲线)按钮。

步骤 3：将鼠标移到需要创建变换曲线的基础曲线上，鼠标右下角出现一个 图标。按住鼠标左键不放进行移动，即可创建一条变换曲线，如图 2.3.60 所示。

步骤 4：替换基础曲线。在"修改"浮动面板中单击"NURBS 曲线"的子对象 曲线 ，再单击 **替换基础曲线** 按钮，如图 2.3.61 所示。

步骤 5：在视图中单击被替换的基础曲线，效果如图 2.3.62 所示。

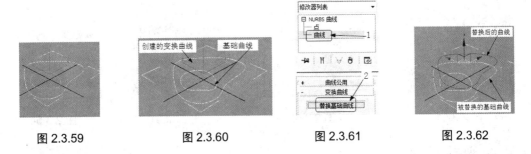

图 2.3.59   图 2.3.60   图 2.3.61   图 2.3.62

4. 创建混合曲线

混合曲线是指将两条断开的曲线以一定张力方式连接起来的曲线。具体操作方法如下。

步骤 1：打开一个带有断开曲线的场景文件，如图 2.3.63 所示。

步骤 2：在"修改"浮动面板中单击 混合 按钮，或在 NURBS 对话框中单击 ∩(创建混合曲线)按钮。

步骤 3：将鼠标移到场景中，单击第一条曲线。移动鼠标，出现一条虚线，将鼠标移到需要连接的曲线上单击，即可创建一条混合曲线(连接曲线)，如图 2.3.64 所示。

步骤 4：修改混合曲线的形态。在参数面板中设置参数，具体设置如图 2.3.65 所示。最终效果如图 2.3.66 所示。

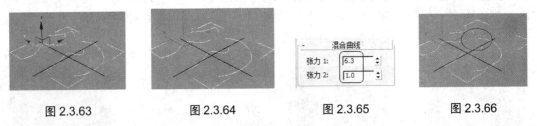

图 2.3.63   图 2.3.64   图 2.3.65   图 2.3.66

提示：其他参数的详细介绍，可观看配套教学视频。

5. 创建偏移曲线

创建偏移曲线是指以一条基础曲线为基础，创建一条偏移一定距离的曲线。具体操作如下。

步骤 1：打开一个带有曲线的场景文件，如图 2.3.67 所示。

步骤 2：在"修改"浮动面板中单击 偏移 按钮，或在 NURBS 对话框中单击 ⊃(创建偏移曲线)按钮。

步骤 3：在视图中，将鼠标移到需要偏移的基础曲线上，按住鼠标左键移动，创建偏移曲线。松开鼠标左键即可完成偏移曲线的创建，如图 2.3.68 所示。

步骤 4: 替换基础曲线。在"修改"参数面板中单击 曲线 命令,在视图中选择偏移出来的曲线。单击 替换基础曲线 按钮,如图 2.3.69 所示。

步骤 5: 在视图中单击替换的曲线即可,如图 2.3.70 所示。

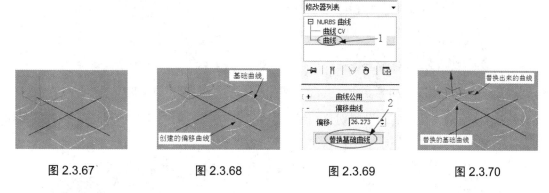

图 2.3.67   图 2.3.68   图 2.3.69   图 2.3.70

6. 创建镜像曲线

创建镜像曲线是指将基础曲线以指定的镜像轴(或镜像平面)镜像出另一条曲线。具体操作方法如下。

步骤 1: 打开一个如图 2.3.71 所示的场景文件。

步骤 2: 在"修改"浮动面板中单击 镜像 按钮,或在 NURBS 对话框中单击 (创建镜像曲线)按钮。

步骤 3: 在场景中,将鼠标移到需要镜像的曲线上,按住鼠标左键不放进行移动,确定镜像的距离。松开鼠标即可完成镜像曲线的创建,如图 2.3.72 所示。

步骤 4: 修改镜像参数,具体设置如图 2.3.73 所示。最终效果如图 2.3.74 所示。

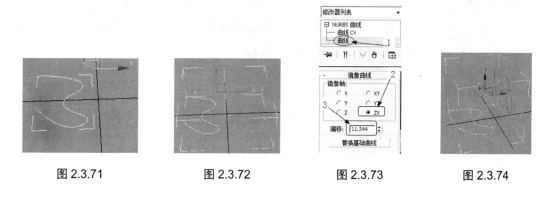

图 2.3.71   图 2.3.72   图 2.3.73   图 2.3.74

提示: 其他参数的详细介绍,可观看配套教学视频。

7. 创建切角曲线

创建切角曲线是指在两条相交曲线之间创建一个直倒角。具体操作步骤如下。

步骤 1: 打开一个场景文件,如图 2.3.75 所示。

步骤 2: 在"修改"浮动面板中单击 切角 按钮,或在 NURBS 对话框中单击 (创建切角曲线)按钮。

步骤3：将鼠标移到第一条曲线上单击，确定第一个切角点。移动鼠标，出现一条连接虚线。将鼠标移到第二条曲线上单击，即可创建一条切角曲线，如图 2.3.76 所示。

图 2.3.75

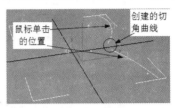

图 2.3.76

步骤4：根据任务要求设置切角曲线的参数，具体设置如图 2.3.77 所示。最终效果如图 2.3.78 所示。

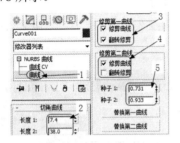

图 2.3.77

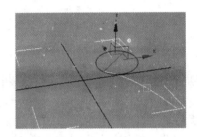

图 2.3.78

提示：如果不能在两条曲线之间创建切角曲线，在这两条曲线之间会用一条黄色直线连接。其他参数的详细介绍，可观看配套教学视频。

8. 创建圆角曲线

创建圆角曲线是指在两条曲线之间创建一个圆角倒角。具体操作步骤如下。

步骤1：打开一个场景文件，如图 2.3.79 所示。

步骤2：在"修改"浮动面板中单击 圆角 按钮，或在 NURBS 对话框中单击 ⌐(创建圆角曲线)按钮。

步骤3：将鼠标移到第一条曲线上单击，确定第一个圆角点。移动鼠标，出现一条连接虚线。将鼠标移到第二条曲线上单击，即可创建一条圆角曲线，如图 2.3.80 所示。

步骤4：根据任务要求设置切角曲线的参数，具体设置如图 2.3.81 所示。最终效果如图 2.3.82 所示。

图 2.3.79

图 2.3.80

图 2.3.81

图 2.3.82

提示：其他参数的详细介绍，可观看配套教学视频。

9. 创建曲面-曲面相交曲线

创建曲面-曲面相交曲线是指在两个曲面之间创建一条相交曲线。相交曲线可以用来对曲面进行修剪。具体操作步骤如下。

步骤 1：打开一个场景文件，如图 2.3.83 所示。

步骤 2：在"修改"浮动面板中单击 曲面×曲面 按钮，或在 NURBS 对话框中单击 (创建曲面-曲面相交曲线)按钮。

步骤 3：将鼠标移到第一个曲面上单击，确定第一个相交曲面。移动鼠标，出现一条连接虚线。将鼠标移到第二个曲面上单击，即可创建一条曲面相交曲线，如图 2.3.84 所示。

步骤 4：根据任务要求设置曲面相交曲线的参数，具体设置如图 2.3.85 所示。最终效果如图 2.3.86 所示。

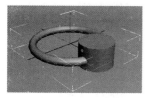  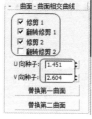 

图 2.3.83　　　　　　图 2.3.84　　　　　　图 2.3.85　　　　　图 2.3.86

提示：其他参数的详细介绍，可观看配套教学视频。

10. 创建 U 向等参曲线

创建 U 向等参曲线是指沿 U 方向创建一条新的从属等参曲线。具体操作步骤如下。

步骤 1：打开一个场景文件，如图 2.3.87 所示，在该场景中只包含一个 NURBS 圆环。

步骤 2：在"修改"浮动面板中单击 U向等参曲线 按钮，或在 NURBS 对话框中单击 (创建 U 向等参曲线)按钮。

步骤 3：将鼠标移到场景的曲面上，此时，鼠标所在的曲面位置出现一条 U 向的蓝色曲线。单击即可创建一条 U 向的等参曲线，如图 2.3.88 所示。

步骤 4：根据任务要求设置刚创建的等参曲线的参数，具体设置如图 2.3.89 所示。

提示：用户在曲面上的不同位置依次单击，可以创建多条 U 向的等参曲线。然后，进入 NURBS 曲面的"曲线"子层级，选择需要修改的 U 向等参曲线进行修改，如图 2.3.90 所示。其他参数的详细介绍，可观看配套教学视频。

11. 创建 V 向等参曲线

创建 V 向等参曲线是指沿 V 方向创建一条新的从属等参曲线，具体操作步骤如下。

步骤 1：在"修改"浮动面板中单击 V向等参曲线 按钮，或在 NURBS 对话框中单击 (创建 V 向等参曲线)按钮。

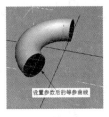

图 2.3.87　　　　　　　图 2.3.88　　　　　　　图 2.3.89　　　　　　　图 2.3.90

步骤 2：将鼠标移到场景的曲面上，此时，鼠标所在的曲面位置出现一条 V 向的蓝色曲线。单击即可创建一条 V 向的等参曲线，如图 2.3.91 所示。

步骤 3：根据任务要求设置刚创建的等参曲线的参数，具体设置如图 2.3.92 所示。

提示：用户在曲面上的不同位置依次单击，可以创建多条 V 向的等参曲线，如图 2.3.93 所示，然后，进入 NURBS 曲面的"曲线"子层级，选择需要修改的 V 向等参曲线进行修改，如图 2.3.94 所示。其他参数的详细介绍，可观看配套教学视频。

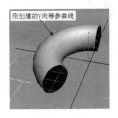

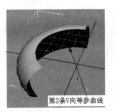

图 2.3.91　　　　　　　图 2.3.92　　　　　　　图 2.3.93　　　　　　　图 2.3.94

12. 创建法向投影曲线

创建法向投影曲线是指将一条原始曲线在曲面的法线方向上映射出曲线，用户可以使用投影曲线对曲面进行修剪。创建法向投影曲线的具体操作步骤如下。

步骤 1：打开一个场景文件，如图 2.3.95 所示。

步骤 2：在"修改"浮动面板中单击 法向投影 按钮，或在 NURBS 对话框中单击 (创建法向投影曲线)按钮。

步骤 3：将鼠标移到场景中的投影曲线上，此时，曲线呈蓝色显示，按住鼠标左键不放，拖曳到被投影的曲面上，出现一条连接虚线。单击投影曲面即可创建一条法向投影曲线，如图 2.3.96 所示。

步骤 4：设置法向投影曲线的参数，具体设置如图 2.3.97 所示。最终效果如图 2.3.98 所示。

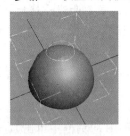

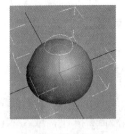

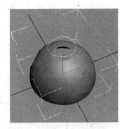

图 2.3.95　　　　　　　图 2.3.96　　　　　　　图 2.3.97　　　　　　　图 2.3.98

提示：其他参数的详细介绍，可观看配套教学视频。

13. 创建向量投影曲线

创建向量投影曲线是指将一条原始曲线沿观察的向量方向投影到曲面。这种投影方式与视图的观察角度有关。

步骤 1：打开一个场景文件，调节好观察角度，如图 2.3.99 所示。

步骤 2：在"修改"浮动面板中单击 向量投影 按钮，或在 NURBS 对话框中单击 (创建向量投影曲线)按钮。

步骤 3：将鼠标移到场景的投影曲线上，此时，曲线呈蓝色显示，按住鼠标左键不放拖曳到被投影的曲面上，出现一条连接虚线。单击投影曲面即可创建一条向量投影曲线，如图 2.3.100 所示。

步骤 4：设置法向投影曲线的参数，具体设置如图 2.3.101 所示。最终效果如图 2.3.102 所示。

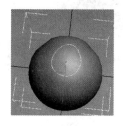　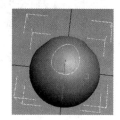　　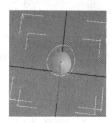

图 2.3.99　　　　　图 2.3.100　　　　　图 2.3.101　　　　　图 2.3.102

提示：其他参数的详细介绍，可观看配套教学视频。

14. 创建曲面上的 CV 曲线

创建曲面上的 CV 曲线是指直接在曲面上绘制 CV 曲线。用户可以使用创建的 CV 曲线对曲面进行修剪等操作。创建曲面上的 CV 曲线的具体操作步骤如下。

步骤 1：打开一个如图 2.3.103 所示的场景文件。

步骤 2：在"修改"浮动面板中单击 曲面上的CV 按钮，或在 NURBS 对话框中单击 (创建曲面上的 CV 曲线)按钮。

步骤 3：在曲面上右击，确定第一个控制点。移动鼠标单击确定第二个控制点。以此类推，连续移动单击创建其他控制点。

步骤 4：如果将鼠标移到第一个控制点上单击。此时，会弹出如图 2.3.104 所示的"曲面上的曲线"对话框，单击 是(Y) 按钮即可创建一条闭合的曲面上 CV 曲线，如图 2.3.105 所示。如果单击 否(N) 按钮，则返回曲线创建状态，右击即创建一条开放的曲面上的 CV 曲线。

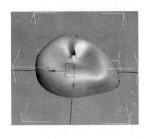

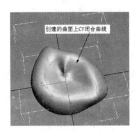

图 2.3.103   图 2.3.104   图 2.3.105

步骤 5：设置曲面上的 CV 曲线的参数，具体设置如图 2.3.106 所示。最终效果如图 2.3.107 所示。

图 2.3.106   图 2.3.107

提示：其他参数的详细介绍，可观看配套教学视频。

15. 创建曲面上的点曲线

创建曲面上的点曲线是指直接在曲面上绘制点曲线。用户可以使用创建的点曲线对曲面进行修剪等操作。创建曲面上的点曲线的具体操作步骤如下。

步骤 1：打开一个如图 2.3.108 所示的场景文件。

步骤 2：在"修改"浮动面板中单击 曲面上的点 按钮，或在 NURBS 对话框中单击 (创建曲面上的点曲线)按钮。

步骤 3：在曲面上单击，确定第一个控制点。移动鼠标单击确定第二个控制点。以此类推，连续移动单击创建其他控制点。

步骤 4：如果将鼠标移到第一个控制点上单击，此时，会弹出如图 2.3.109 所示的"曲面上的曲线"对话框，单击 是(Y) 按钮即可创建一条闭合的曲面上的 CV 曲线，如图 2.3.110 所示。如果单击 否(N) 按钮，则返回曲线创建状态，右击即可创建一条开放的曲面上的点曲线。

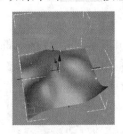

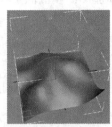

图 2.3.108   图 2.3.109   图 2.3.110

步骤 5：设置曲面上的点曲线的参数，具体设置如图 2.3.111 所示。最终效果如图 2.3.112 所示。

图 2.3.111

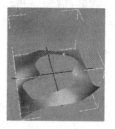

图 2.3.112

提示：其他参数的详细介绍，可观看配套教学视频。

16．创建曲面偏移曲线

创建曲面偏移曲线是指从曲面的一条曲线上偏移出一条新的曲线。偏移出来的曲线不一定在曲面上。在 3ds Max 2011 中，可以进行偏移操作的曲线有曲面相交曲线、U/V 等参曲线、法向等参线、向量投影曲线、曲面上的 CV 曲线和曲面上的点曲线等。创建曲面偏移曲线的具体操作方法如下。

步骤 1：打开一个场景文件，如图 2.3.113 所示。

步骤 2：在 NURBS 对话框中单击 💹(创建曲面偏移曲线)按钮。

步骤 3：将鼠标移到需要进行偏移的曲线上，按住鼠标左键不放的同时进行移动，创建偏移曲线。松开鼠标即可结束曲面偏移曲线的创建，如图 2.3.114 所示。

提示：其他参数的详细介绍，可观看配套教学视频。

17．创建曲面边曲线

创建曲面边曲线是指沿曲面的边界创建一条曲线。边界可以是曲面对象的边界，也可以是修剪的边界。创建曲面边曲线的具体操作步骤如下。

步骤 1：打开一个如图 2.3.115 所示的场景文件。

步骤 2：在 NURBS 对话框中单击 ⬠(创建曲面边移曲线)按钮。

步骤 3：将鼠标移到曲面的边界，此时，边界呈蓝色显示，单击即可创建一条曲面边曲线，如图 2.3.116 所示，创建的曲面边曲线呈绿色显示。

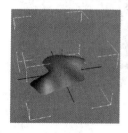

图 2.3.113

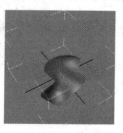

图 2.3.114

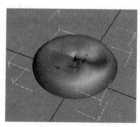

图 2.3.115

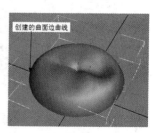

图 2.3.116

提示：其他参数的详细介绍，可观看配套教学视频。

视频播放：任务四的详细讲解，可观看配套视频"任务四：熟悉 NURBS 对象——曲线的相关操作"。

任务五：熟悉 NURBS 对象——曲面的相关操作

1. 曲面的创建方法

曲面可以通过如下 3 种方法创建。

(1) 通过"几何体"创建浮动面板中的 点曲面 和 CV曲面 按钮创建。

(2) 通过"修改"浮动面板中的"创建曲面"卷展栏下的 CV曲面 和 点曲面 按钮创建。

(3) 通过 NURBS 对话框中的 （创建 CV 曲面）和 （创建点曲面）按钮创建。

提示：通过"几何体"创建浮动面板中的工具创建的多个曲面为独立对象。而通过"修改"浮动面板和 NURBS 对话框中的命令创建的多个曲面为同一个对象中的独立元素。

1) 通过"修改"浮动面板或 NURBS 对话框中的命令创建 CV 曲面

步骤 1：打开一个带有 NURBS 对象的场景文件，选择 NURBS 对象。

步骤 2：在"修改"浮动面板中单击 CV曲面 按钮，或在 NURBS 对话框中单击 （创建 CV 曲面）按钮。

步骤 3：在场景中按住鼠标左键不放进行拖曳，创建 CV 曲面，松开鼠标左键即可完成 CV 曲面的创建，如图 2.3.117 所示。

2) 通过"修改"浮动面板或 NURBS 对话框中的命令创建点曲面

步骤 1：选择 NURBS 对象。

步骤 2：在"修改"浮动面板中单击 点曲面 按钮，或在 NURBS 对话框中单击 （创建点曲面）按钮。

步骤 3：在场景中按住鼠标左键不放进行拖曳，创建点曲面，松开鼠标左键即可完成点曲面的创建。设置创建的点曲面参数，具体设置如图 2.3.118 所示。最终效果如图 2.3.119 所示。

图 2.3.117

图 2.3.118

图 2.3.119

提示：曲面 CV 和相关参数的详细介绍，可观看配套教学视频。

2．创建变换曲面

创建变换曲面是指对一个指定的曲面进行平移复制，具体操作步骤如下。

步骤 1：打开一个场景文件，包括两个曲面，如图 2.3.120 所示。

步骤 2：在"修改"浮动面板中单击 变换 按钮，或在 NURBS 对话框中单击 █ (创建变换曲面)按钮。

步骤 3：将鼠标移到需要进行变换操作的曲面上，按住鼠标左键不放的同时进行移动，创建变换曲面。松开鼠标左键，完成变换曲面的创建，如图 2.3.121 所示。

步骤 4：替换基础曲面。在"修改"浮动面板中单击 曲面 子层级。在场景中选择刚创建的变换曲面。再在"修改"浮动面板中单击 替换基础曲面 按钮，如图 2.3.122 所示。单击需要替换的基础曲面即可，如图 2.3.123 所示。

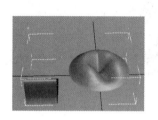
图 2.3.120

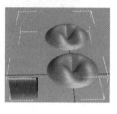
图 2.3.121

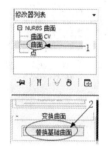
图 2.3.122

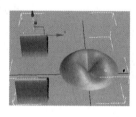
图 2.3.123

提示：其他参数的详细介绍，可观看配套教学视频。

3．创建混合曲面

创建混合曲面是指通过生成一个过渡平滑的曲面将两个曲面连接起来，具体操作步骤如下。

步骤 1：打开一个如图 2.3.124 所示的场景文件。

步骤 2：在"修改"浮动面板中单击 混合 按钮，或在 NURBS 对话框中单击 █ (创建混合曲面)按钮。

步骤 3：在场景中，将鼠标移到第一个曲面需要连接的边界边上单击，再将鼠标移到第二个曲面需要连接的边界上单击，即可创建一个连接曲面，如图 2.3.125 所示。

步骤 4：根据任务要求，设置混合曲面的参数，具体设置如图 2.3.126 所示。最终效果如图 2.3.127 所示。

图 2.3.124

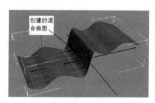
图 2.3.125

图 2.3.126

图 2.3.127

提示：其他参数的详细介绍，可观看配套教学视频。

4. 创建偏移曲面

创建偏移曲面是指沿指定的基础曲面中心向外或向内复制一个新曲面，具体操作步骤如下。

步骤 1：打开一个如图 2.3.128 所示的场景文件。

步骤 2：在"修改"浮动面板中单击 偏移 按钮，或在 NURBS 对话框中单击 （创建偏移曲面)按钮。

步骤 3：将鼠标移到需要进行偏移的基础平面上，按住鼠标左键不放的同时进行移动，创建偏移曲面，松开鼠标左键，完成偏移曲面的创建，如图 2.3.129 所示。

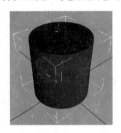

图 2.3.128   图 2.3.129

提示：其他参数的详细介绍，可观看配套教学视频。

5. 创建镜像曲面

创建镜像曲面是指将基础曲面以指定的轴向镜像复制出一个新的曲面。具体操作步骤如下。

步骤 1：打开一个如图 2.3.130 所示的场景文件。

步骤 2：在"修改"浮动面板中单击 镜像 按钮，或在 NURBS 对话框中单击 （创建镜像曲面)按钮。

步骤 3：在场景中，将鼠标移到需要进行镜像操作的曲面上，按住鼠标左键不放的同时进行移动，创建镜像曲面。松开鼠标左键完成镜像曲面操作，如图 2.3.131 所示。

步骤 4：根据任务要求设置参数，具体设置如图 2.3.132 所示。最终效果如图 2.3.133 所示。

图 2.3.130   图 2.3.131   图 2.3.132   图 2.3.133

提示：其他参数的详细介绍，可观看配套教学视频。

6. 创建挤出曲面

创建挤出曲面是指将指定的曲线挤出一个厚度，产生一个新的曲面。具体操作步骤如下。

步骤 1：打开一个场景文件，如图 2.3.134 所示。

步骤 2：在"修改"浮动面板中单击 <u>挤出</u> 按钮或在 NURBS 对话框中单击 (创建挤出曲面)按钮。

步骤 3：在场景中将鼠标移到需要挤出的曲线上，此时，曲线呈蓝色显示。按住鼠标左键不放的同时进行移动，创建挤出曲面，松开鼠标完成挤出曲面的创建，如图 2.3.135 所示。

步骤 4：根据任务要求设置参数，具体设置如图 2.3.136 所示。最终效果如图 2.3.137 所示。

提示：其他参数的详细介绍，可观看配套教学视频。

   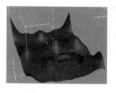

图 2.3.134　　　　　图 2.3.135　　　　　图 2.3.136　　　　　图 2.3.137

7. 创建车削曲面

创建车削曲面是指将曲线以指定的轴向进行旋转放样出一个新的曲面。具体操作步骤如下。

步骤 1：打开一个如图 2.3.138 所示的场景文件。

步骤 2：在"修改"浮动面板中单击 <u>车削</u> 按钮，或在 NURBS 对话框中单击 (创建车削曲面)按钮。

步骤 3：在场景中将鼠标移到需要进行车削的曲线上，此时，曲线呈蓝色显示，单击即可创建一个车削曲面，如图 2.3.139 所示。

步骤 4：根据任务要求设置车削曲面的参数，具体设置如图 2.3.140 所示。最终效果如图 2.3.141 所示。

 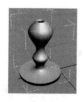  

图 2.3.138　　　　　图 2.3.139　　　　　图 2.3.140　　　　　图 2.3.141

提示：其他参数的详细介绍，可观看配套教学视频。

8. 创建规则曲面

创建规则曲面是指在两条选定的曲线之间产生一个新的曲面。具体操作步骤如下。

步骤 1： 打开一个场景文件，如图 2.3.142 所示。

步骤 2： 在"修改"浮动面板中单击 规则 按钮，或在 NURBS 对话框中单击 ▱(创建规则曲面)按钮。

步骤 3： 在场景中，将鼠标移到第 1 条曲线上，此时，该曲线呈蓝色显示。按住鼠标不放移到第 2 条曲线，出现一条连接虚线，第 2 条曲线也呈蓝色显示，单击即可创建一个规则曲面，如图 2.3.143 所示。

提示： 其他参数的详细介绍，可观看配套教学视频。

9. 创建封口曲面

创建封口曲面是指沿一条闭合的曲线生成一个封闭的新曲面。创建封口曲面的具体操作步骤如下。

步骤 1： 打开一个场景文件，如图 2.3.144 所示。

步骤 2： 在"修改"浮动面板中单击 封口 按钮，或在 NURBS 对话框中单击 ◉(创建封口曲面)按钮。

步骤 3： 在场景中，将鼠标移到需要进行封口的闭合曲线上，此时，闭合曲线呈蓝色显示，单击即可创建一个封口曲面，如图 2.3.145 所示。

图 2.3.142　　　　　　图 2.3.143　　　　　　图 2.3.144　　　图 2.3.145

提示： 其他参数的详细介绍，可观看配套教学视频。

10. 创建 U 向放样曲面

创建 U 向放样曲面是指将一连串的闭合曲线作为放样截面，连接成一个新的闭合曲面。它的工作原理与网格命令中的放样有点类似。创建 U 向放样曲面的具体操作步骤如下。

步骤 1： 打开一个场景文件，如图 2.3.146 所示。

步骤 2： 在"修改"浮动面板中单击 U向放样 按钮，或在 NURBS 对话框中单击 ◢(创建 U 向放样曲面)按钮。

步骤 3： 在场景中依次单击需要进行 U 向放样的闭合曲线，右击结束放样，如图 2.3.147 所示。

提示： 其他参数的详细介绍，可观看配套教学视频。

11．创建 UV 放样曲面

创建 UV 放样曲面是指将通过 UV 两个方向的曲线扫描生成一个新的曲面，具体操作步骤如下。

步骤 1： 打开一个场景文件，如图 2.3.148 所示。

  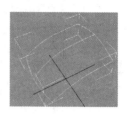

图 2.3.146　　　　　图 2.3.147　　　　　图 2.3.148

步骤 2： 在"修改"浮动面板中单击 UV放样 按钮，或在 NURBS 对话框中单击 (创建 UV 向放样曲面)按钮。

步骤 3： 如图 2.3.149 在场景中依次单击 U 方向上的曲线。右击结束 U 方向上的放样。再依次单击 V 方向上的曲线，右击结束 UV 放样。效果如图 2.3.150 所示。

提示： 其他参数的详细介绍，可观看配套教学视频。

12．创建单轨扫描曲面

创建单轨扫描曲面是指以一条曲线作为扫描路径，其他曲线作为扫描截面，创建一个新的曲面。具体操作步骤如下。

步骤 1： 打开一个场景文件，如图 2.3.151 所示。

步骤 2： 在"修改"浮动面板中单击 单轨 按钮，或在 NURBS 对话框中单击 (创建单轨扫描曲面)按钮。

步骤 3： 在场景中依次单击路径曲线和扫描曲线，最后右击结束单轨扫描，如图 2.3.152 所示。

  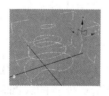 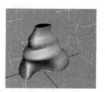

图 2.3.149　　　图 2.3.150　　　图 2.3.151　　　图 2.3.152

提示： 其他参数的详细介绍，可观看配套教学视频。

13．创建双轨扫描曲面

创建双轨扫描曲面是指以两条曲线作为扫描的路径，其他曲线作为扫描的截面，产生新的曲面。具体操作步骤如下。

步骤 1：打开一个场景文件，如图 2.3.153 所示。

步骤 2：在"修改"浮动面板中单击 双轨 按钮，或在 NURBS 对话框中单击 (创建双轨扫描曲面)按钮。

步骤 3：在场景中依次单击扫描的轨道和截面曲线，生成双轨扫描曲面。右击结束扫描曲面，如图 2.3.154 所示。

提示：其他参数的详细介绍，可观看配套教学视频。

14. 创建多边混合曲面

创建多边混合曲面是指以 3 个或 4 个曲面的边界边生成曲面。创建多边混合曲面的具体操作步骤如下。

步骤 1：打开一个场景文件，如图 2.3.155 所示。

步骤 2：在"修改"浮动面板中单击 N混合 按钮，或在 NURBS 对话框中单击 (创建多边混合曲面)按钮。

步骤 3：在场景中依次单击各个曲面的边界边即可。最后，右击结束多边混合曲面的创建。最终效果如图 2.3.156 所示。

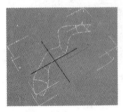   

图 2.3.153　　　　　图 2.3.154　　　　　图 2.3.155　　　　　图 2.3.156

提示：其他参数的详细介绍，可观看配套教学视频。

15. 创建多重曲线修剪曲面

创建多重曲线修剪曲面是指通过多条曲线修剪同一个曲面，从而得到一个新的曲面，具体操作步骤如下。

步骤 1：打开一个场景文件，如图 2.3.157 所示。

步骤 2：将视图切换到前视图。在 NURBS 对话框中单击 (创建向量投影曲线)按钮。

步骤 3：在前视图中单击最外围的大圆，单击椭圆曲面，再右击结束第一次向量投影曲线。

步骤 4：单击第 2 个椭圆，单击椭圆曲面，再右击结束第二次向量投影曲线。

步骤 5：方法同上，为另外两个椭圆设置同样的向量投影曲线。最终效果如图 2.3.158 所示。

步骤 6：在"修改"浮动面板中单击 复合修剪 按钮，或在 NURBS 对话框中单击 (创建多重曲线修剪曲面)按钮。

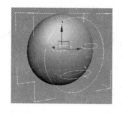

图 2.3.157　　　　　　　　图 2.3.158

步骤 7：在场景中单击最外围的向量投影曲线，再单击曲面。设置参数，具体设置如图 2.3.159 所示。最终效果如图 2.3.160 所示。

步骤 8：在场景中单击曲面，再单击其中一个小的椭圆。设置参数，具体设置如图 2.3.161 所示。最终效果如图 2.3.162 所示。

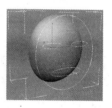

图 2.3.159　　　　　　图 2.3.160　　　　　　图 2.3.161　　　　　　图 2.3.162

步骤 9：方法同上，对剩余的两个向量投影曲线进行修剪。最终效果如图 2.3.163 所示。

提示：其他参数的详细介绍，可观看配套教学视频。

16. 创建圆角曲面

创建圆角曲面是指创建一个连接两个曲面的平滑新曲面。创建圆角曲面的具体操作步骤如下。

步骤 1：打开一个场景文件，如图 2.3.164 所示。

步骤 2：在"修改"浮动面板中单击 圆角 按钮，或在 NURBS 对话框中单击 ➐(创建圆角曲面)按钮。

步骤 3：在场景中单击第一个曲面，再单击第二个曲面。

步骤 4：设置圆角曲面的参数，具体设置如图 2.3.165 所示。最终效果如图 2.3.166 所示。

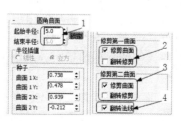

图 2.3.163　　　　　　图 2.3.164　　　　　　图 2.3.165　　　　　　图 2.3.166

提示： 其他参数的详细介绍，可观看配套教学视频。

视频播放： 任务五的详细讲解，可观看配套视频"**任务五：熟悉 NURBS 对象——曲面的相关操作**"。

任务六：了解 NURBS 对象中各种元素的修改方法

NURBS 对象的元素修改主要包括点的修改、线的修改和曲面修改三大类。在该任务中主要要求读者掌握这三种元素的修改方法、各种参数的作用和使用方法。具体介绍如下。

打开一个场景文件，如图 2.3.167 所示，在该场景中主要包括 1 条点曲线、1 条 CV 曲线、1 个点曲面和 1 个 CV 曲面。下面使用该场景中的 NURBS 对象对点的修改进行介绍。

1. 点的修改

在场景中单击对象。在"修改"浮动面板中单击 **点** 子层级。在参数面板中包含了"点"卷展栏和"软选择"卷展栏，如图 2.3.168 所示。

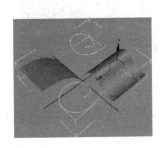

图 2.3.167

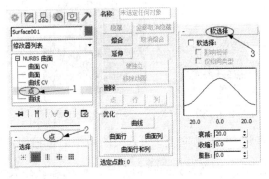

图 2.3.168

1) "点"卷展栏

(1) **选择**。"选择"参数组主要包括 ⸫(单个点)、⫶(点行)、⫸(点列)、✛(点行和列)和 ▦(所有点)5 个按钮。

① ⸫(单个点)。单击该按钮，单击点曲面上的一个点，只能选择该点。

② ⫶(点行)。单击该按钮，单击点曲面上的一个点，选中与该点相连的一行点。

③ ⫸(点列)。单击该按钮，单击点曲面上的一个点，选中与该点相连的一列点。

④ ✛(点行和列)。单击该按钮，单击点曲面上的一个点，选中与该点相连的列和行。

⑤ ▦(所有点)。单击该按钮，单击点曲面上的一个点，选中点曲面上的所有点。

(2) **名称**。主要用来显示所选点的名称和修改所选点的名称。

(3) **隐藏**。单击该按钮，隐藏用户所选顶点。

(4) **全部取消隐藏**。单击该按钮，显示所有隐藏的顶点。

(5) **熔合**。单击该按钮，在场景中分别单击需要进行熔合的两个顶点，即可将这两个顶点熔合为一个顶点。

(6) **取消熔合**。在场景中，选择熔合顶点，单击 **取消熔合** 按钮，取消顶点的熔合。

(7) **延伸**。单击该按钮，在场景中将鼠标移到点曲线的起点或终点上，按住鼠标左键拖曳，延伸曲线，松开鼠标完成延伸。

(8) **删除**。"删除"参数组主要包括 **点**、**行** 和 **列** 3 个按钮。如果在场景中选择点曲面上的某一个点,单击 **点** 按钮,删除与该点相连的行和列;单击 **行** 按钮,只删除与该点相连的行;单击 **列** 按钮,只删除与该点相连的列。

(9) 优化。"优化"参数组主要包括 **曲线**、**曲面行**、**曲面列** 和 **曲面行和列** 4 个按钮。

① **曲线**。单击该按钮,在场景中将鼠标移到点曲线上,单击即可插入一个点。插入的点不会改变点曲线的形态。

② **曲面行**。单击该按钮,在场景的点曲面上单击,即可在单击处插入一行点。

③ **曲面列**。单击该按钮,在场景的点曲面上单击,即可在单击处插入一列点。

④ **曲面行和列**。单击该按钮,在场景的点曲面上单击,即可在单击处插入一行点和一列点。

2) "软选择"卷展栏

(1) ☑ **软选择**。勾选此项,启用软选择功能。

(2) ☑ **影响相邻**。勾选此项,软选选择功能将对衰减范围内的整个 NURBS 对象产生影响。不勾选此项,则软选择功能只对曲线或曲面相应范围内的节点或 CV 点起作用。

(3) ☑ **仅相同类型**。勾选此项,软选择功能只对与选择点相邻的同类型点起作用。同类型的点也可能是点曲线上的点、点曲面上的点或独立的点。

(4) **衰减** `20.0`。主要用来控制软选择的影响范围。值越大影响的范围越大。

(5) **收缩** `0.0`。主要用来控制软选择影响范围的"尖锐"程度。

(6) **膨胀** `0.0`。主要用来控制软选择影响范围的"丰满"程度。

3) CV 曲线参数

在"修改"参数面板中单击 **曲线 CV** 子层级,参数面板如图 2.3.169 所示,主要包括 CV 卷展栏和"软选择"卷展栏。在这里只介绍 CV 卷展栏。"软选择"卷展栏可参考前面的介绍。

(1) 选择。"选择"参数组包括 **··** (单个 CV) 和 **···** (所有 CV) 两个按钮。

① **··** (单个 CV)。单击该按钮,在场景中单击 CV 曲线上的某一个控制点,只能选中单击的控制点(CV 点)。

② **···** (所有 CV)。单击该按钮,在场景中单击 CV 曲线上的某一个控制点,即可将该 CV 曲线上的所有控制点选中。

(2) 名称。主要显示用户选择控制点的名称。

(3) **权重** `1.0`。主要用来控制当前选择控制点的权重值,牵引力越大,排斥力越弱,曲线离控制点越近,如图 2.3.170 所示。

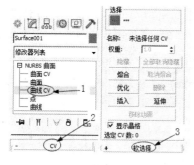

图 2.3.169

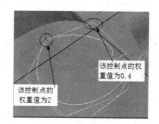

图 2.3.170

(4)　隐藏　。单击该按钮，将当前选择的 CV 曲线上的控制点隐藏。

(5)　全部取消隐藏　。单击该按钮，取消显示所有隐藏的控制点。

(6)　熔合　。单击该按钮，将 CV 曲线上选择的两个控制点熔合为一个控制点。这里的熔合只是将两个控制点锁定在一个位置，并不是真正地将两个点合并成一个点。

(7)　取消熔合　。单击该按钮，将熔合的控制点恢复。

(8)　优化　。单击该按钮，将鼠标移到 CV 曲线上，此时，CV 曲线呈蓝色显示，单击即可插入一个新的控制点。插入的控制点不会改变 CV 曲线的形态。

(9)　删除　。单击该按钮，删除当前选择的 CV 点(控制点)。

(10)　插入　。单击该按钮，将鼠标移到 CV 曲线上，此时，CV 曲线上的所有控制点呈蓝色，单击即可插入一个控制点。插入的控制点会改变 CV 曲线的形态。

(11)　延伸　。单击该按钮，将鼠标移到 CV 曲线上起始位置的控制点上，按住鼠标左键进行拖曳，延伸曲线，松开鼠标左键，完成延伸操作。

(12)　☑ 显示晶格。勾选此项，显示控制点之间的黄色辅助线。默认为勾选。

4) CV 曲面点的参数设置

在场景中选择 NURBS 对象。在"修改"浮动面板中单击 曲面CV 子层级项，参数面板如图 2.3.171 所示，包括了 CV 卷展栏和"软选择"卷展栏。在这里只介绍"约束运动"、"删除"、"优化"和"插入"参数组，其他参数可以参考前面的介绍。

图 2.3.171

(1) 约束运动。"约束运动"参数组主要包括 U 、 V 和 法线 3 个按钮。

① U 。单击该按钮，只能沿 U 轴方向移动选择的控制点。

② V 。单击该按钮，只能沿 V 轴方向移动选择的控制点。

③ 法线 。单击该按钮，只能沿法线方向移动选项的控制点。

(2) 优化。"优化"参数组主要包括 行 、 列 和 二者 3 个按钮。

① 行 。单击该按钮，在 CV 曲面上单击，即可在单击处插入一行控制点。

② 列 。单击该按钮，在 CV 曲面上单击，即可在单击处插入一列控制点。

③ 二者 。单击该按钮，在 CV 曲面上单击，即可在单击处插入一列和一行控制点。

(3) 插入。"插入"参数组中的命令使用方法与"优化"参数组中的命令使用方法相同。

提示： "插入"参数组中的命令与"优化"参数组中的 3 个命令的不同之处是，使用"优化"参数组中的命令插入时，不会改变 CV 曲面的曲率(形态)；而使用"插入"参数组中的命令插入时，则会改变 CV 曲面的曲率(形态)。

2. 线的修改

在"修改"浮动面板中单击 NURBS 曲面下的 曲线 子层级，下面显示"曲线"的相关参数，主要包括"曲线公用"卷展栏和"点曲线"卷展栏，如图 2.3.172 所示，具体介绍如下。

1)"曲线公用"卷展栏

(1) 选择。"选择"参数组主要包括 ∿(单个曲线)和 ∿(所有连接曲线)两个按钮。

① ∿(单个曲线)。单击该按钮，在场景中单击曲线，只能选择一条曲线，如果要选择与之相连的曲线，则必须按 Ctrl+鼠标左键加选曲线；而按 Alt+鼠标左键减选曲线。

② ∿(所有连接曲线)。单击该按钮，在场景中单击曲线，选中所有与单击曲线相连的曲线。

(2) 名称。主要显示选择曲线的名称和修改曲线的名称。

(3) 隐藏 。单击该按钮，隐藏当前选择的曲线。

(4) 全部取消隐藏。单击该按钮，显示所有隐藏的曲线。

(5) 按名称隐藏 。单击该按钮，弹出"选择子对象"对话框，选择需要隐藏的曲线，如图 2.3.173 所示。单击 隐藏 按钮即可将选择的曲线隐藏。

(6) 按名称取消隐藏 。单击该按钮，弹出"选择子菜单"对话框，在该对话框中选择需要取消隐藏的曲线，如图 2.3.174 所示。单击 取消隐藏 按钮，即可将选择的曲线显示出来。

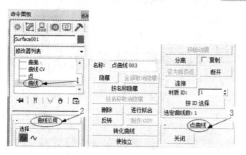

图 2.3.172

图 2.3.173　　　　图 2.3.174

(7) 删除 。单击该按钮，即可将当前选择的曲线从场景中删除。

(8) 进行拟合 。单击该按钮，弹出"创建点曲线"对话框，在该对话框中设置点数，如图 2.3.175 所示，单击 确定 按钮即可改变点曲线的顶点数，或将 CV 曲线转换为点曲线。

(9) 反转 。单击该按钮，将所选曲线的首尾点位置对调。

(10) 制作 COS 。在场景中选择曲面的曲线，单击该按钮，弹出"转化曲面上的曲线"对话框，具体设置如图 2.3.176 所示。单击 确定 按钮，即可将选择的曲线按用户的设置进行转化。

(11) 转化曲线。单击该按钮，弹出"转化曲线"对话框，根据任务要求设置参数，具体设置如图 2.3.177 所示。单击 确定 按钮，即可将选择的曲线进行转化。

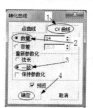

图 2.3.175　　　　图 2.3.176　　　　图 2.3.177

(12) 使独立 。单击该按钮，使曲线从曲面上独立出来，用户在移动曲面上的曲线时，曲面不受影响。如果该曲线对曲面进行了修剪等操作，修剪操作将失效。

(13) 移除动画 。单击该按钮，将取消选择曲线上的动画设置。

(14) 分离 。单击该按钮，弹出"分离"对话框，如图 2.3.178 所示，设置参数后单击 确定 按钮，即可将选择的曲线分离成一条独立的曲线。如果勾选了 ☑ 复制选项，则在复制一条新曲线之后将选择曲线分离出来。

(15) 设为首顶点。单击 设为首顶点 按钮，在闭合曲线上需要设置首顶点的位置单击，出现一个小圆圈，表示该点为首顶点。再单击 设为首顶点 按钮退出操作。

(16) 断开 。单击该按钮，在闭合曲线上单击两个不同的位置，即可将该曲线断开，如图 2.3.179 所示。

(17) 连接 。单击该按钮，将鼠标移到一条曲线的起点或终点上，按住鼠标左键不放，移到另一条曲线的起点或终点上。松开鼠标，弹出"连接曲线"对话框，如图 2.3.180 所示设置参数，单击 确定 按钮，即可将两条曲线连接起来。

(18) 材质ID: |1 。主要用来设置材质的 ID 号，如图 2.3.181 所示。

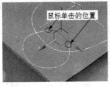

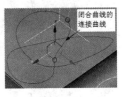

| 图 2.3.178 | 图 2.3.179 | 图 2.3.180 | 图 2.3.181 | 图 2.3.182 |

(19) 按ID选择 。单击该按钮，弹出"按材质 ID 选择"对话框，在该对话框中输入需要选择的曲线 ID 号，单击 确定 按钮，即可将 ID 号为 2 的曲线选中。

2) "点曲线"卷展栏

在该卷展栏中只有一个"关闭"参数。单击 关闭 按钮，即可将选择的开放曲线闭合，形成闭合曲线，如图 2.3.182 所示。

3. 曲面的修改

打开一个场景文件，如图 2.3.183 所示。在该场景中主要包括 3 个 NURBS 曲面和一条闭合曲线。选择场景中的 NURBS 对象，在"修改"浮动面板中单击 曲面 子对象层级。"曲面"子对象主要包括"曲面公用"、"曲面近似"、"材质属性"和"CV 曲面"4 个卷展栏，如图 2.3.184 所示。具体参数设置如图 2.3.185 所示。

1) "曲面公用"参数卷展栏

(1) 选择。"选择"参数组主要包括 ◢(单个曲面)和 ◢(所有连接曲面)两个选项。

① ◢(单个曲面)。单击该按钮，只能选择被单击的曲面。

② ◢(所有连接曲面)。单击该按钮，单击曲面，选择该曲面和该曲面连接的所有曲面。

(2) 名称。主要用来显示选择曲面的名称和为修改被选曲面的名称。

(3) 隐藏 。单击该按钮，隐藏当前选择的曲面。

(4) 全部取消隐藏 。单击该按钮，显示所有被隐藏的曲面。

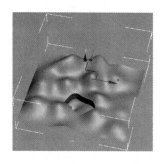

图 2.3.183　　　　　图 2.3.184　　　　　　　　　　图 2.3.185

(5) **按名称隐藏** 。单击该按钮，弹出"选择子对象"对话框，在该对话框中选择需要隐藏的对象。如图 2.3.186 所示。单击 **隐藏** 按钮即可将选择的对象隐藏。

(6) **按名称取消隐藏** 。单击该按钮，弹出"选择子对象"对话框，在该对话框中显示所有被隐藏的子对象。选择需要显示的子对象，如图 2.3.187 所示，单击 **取消隐藏** 按钮即可。

(7) **删除** 。单击该按钮，删除当前所选择的曲面。

(8) **硬化** 。单击该按钮，对当前选择的面进行硬化处理。对于经过硬化处理的曲面，不能移动或删除曲面上的点(或 CV 点)。

(9) **创建放样** 。单击该按钮，弹出"创建放样"对话框，用户可以根据任务要求设置放样方式，如图 2.3.188 所示。单击 **确定** 按钮，即可对当前选择的曲面进行放样处理。

(10) **创建点** 。单击该按钮，弹出"创建点曲面"对话框，具体设置如图 2.3.189 所示。单击 **确定** 按钮即可完成当前选择的曲面点的创建。使用该方法创建点时，曲面的形态会发生改变。

(11) **转化曲面** 。单击该按钮，弹出"转化曲面"对话框，在该对话框中，用户可以根据任务要求设置曲面的转化类型和相关参数，具体设置如图 2.3.190 所示。单击 **确定** 按钮，即可完成曲面的转化。

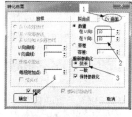

图 2.3.186　　　　图 2.3.187　　　　　图 2.3.188　　　　　图 2.3.189　　　　　图 2.3.190

(12) **使独立** 。单击该按钮，使当前选择的曲面独立，转化为 CV 可控曲面。

(13) **分离** 。单击该按钮，将当前选择的曲面从当前的 NURBS 对象中分离出来。成为一个独立的 NURBS 对象。如果勾选了 **复制** 选项，将在原对象中保留一个复制曲面。

(14) ☑ 可渲染 。勾选此项，可以渲染出所选对象，否则为不可渲染对象。

(15) ☑ 显示法线 。勾选此项，在视图中显示所选曲面的法线。

(16) ☑ 翻转法线 。勾选此项，将当前所选曲面的法线反向。

(17) 断开行 。单击该按钮，将鼠标移到所选曲面上，此时，鼠标所在位置处出现一条 U 轴方向(行方向)的蓝色曲线，单击即可从此处将曲面分割成两个曲面。

(18) 断开列 。单击该按钮，将鼠标移到所选曲面上，此时，鼠标所在位置处出现一条 V 轴方向(列方向)的蓝色曲线，单击即可从此处将曲面分割成两个曲面。

(19) 断开行和列。单击该按钮，将鼠标移到所选曲面上，此时，鼠标所在位置处出现两条行列交叉的蓝色曲线，如图 2.3.191 所示，单击即可将曲面分割成 4 个曲面。

(20) 延伸。单击该按钮，将鼠标移到所选曲面的边界上，按住鼠标左键不放进行拖曳即可延伸曲面。

(21) 连接 。单击该按钮，单击第一个选择曲面的边界边，再移到第二个曲面的边界边上单击，弹出"连接曲面"对话框，设置参数如图 2.3.192 所示。单击 确定 按钮，即可将两个曲面连接成一个曲面。

2)"曲面近似"参数卷展栏

"曲面近似"参数卷展栏在本项目的"任务二"中已经详细介绍，在这里就不再介绍了。

3)"材质属性"卷展栏

(1) 材质ID: [1] 。主要为用户提供材质 ID 号的设置。

(2) 按ID选择 。单击该按钮，弹出"按材质 ID 选择"对话框，根据任务要求选择 ID 号。具体设置如图 2.3.193 所示。单击 确定 按钮，即可选中 ID 号为 2 的曲面。

(3) 贴图通道: [1] 。主要为用户提供设置曲面的贴图通道。一个独立的曲面最多可以使用 99 个纹理通道。

(4) ☑ 生成贴图坐标 。勾选此项，用户可以将贴图材质指定给当前选择的曲面。

(5) U/V 偏移。主要用来控制贴图沿曲面自身的 U/V 轴向偏移量。

(6) U/V 平铺。主要用来控制贴图沿曲面自身的 U/V 坐标的重复次数。

(7) 旋转角度: [0.0] 。主要用来控制贴图的旋转角度。用户可以通过该项设置动画。

(8) 纹理角点。"纹理角点"参数组主要用来控制曲面角点上的贴图坐标。如果单选 ◉ 用户定义选项，单击 编辑纹理曲面 按钮，弹出"编辑纹理曲面"对话框，如图 2.3.194 所示，用户可以对当前选择的曲面纹理贴图进行编辑。单击 编辑纹理点 按钮，用户可以在视图中对当前选择曲面的"纹理点"进行编辑。

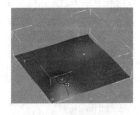

图 2.3.191

图 2.3.192

图 2.3.193

图 2.3.194

4)"CV 曲面"参数卷展栏

(1) U向次数 [2] 。主要用来设置 U 向节点的可控制节点数。

(2) V向次数 [2] 。主要用来设置 V 向节点的可控制节点数。

(3) 自动重新参数化 。"自动重新参数化"参数组主要用来重新定义当前选择曲面的控制点的位置。

① 无 。单选此项，不对当前选择的曲面自动重新参数化。

② 弦长 。单选此项，对选择的曲面控制点应用弦长度运算法则进行调节。

③ 一致 。单选此项，对选择的曲面控制点按一致的原则进行分配。

(4) 闭合行 。单击该按钮，将当前选择的曲面在行的方向上进行闭合，如图 2.3.195 所示。

(5) 闭合列 。单击该按钮，将当前选择的曲面在列的方向上进行闭合，如图 2.3.196 所示。

(6) 重建 。单击该按钮，弹出"重建 CV 曲面"对话框，用户可以根据任务要求设置重建参数。具体设置如图 2.3.197 所示。单击 确定 按钮，即可对单前选择的曲面进行重建处理。这种重建方法会改变曲面的形态。

(7) 重新参数化 。单击该按钮，弹出"重新参数化"对话框，用户可以根据任务要求进行设置，具体设置如图 2.3.198 所示。单击 确定 按钮，系统即可根据用户设置重新调节当前曲面的控制点。

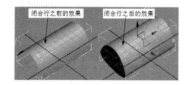

图 2.3.195　　　　　　图 2.3.196　　　　　　图 2.3.197　　　图 2.3.198

视频播放：任务六的详细讲解，可观看配套视频"任务六：了解 NURBS 对象中各种元素的修改方法"。

任务七：使用 NURBS 技术制作茶壶

茶壶的制作主要用到 NURBS 技术中的"创建单轨扫描"、"创建圆角曲面"、"创建车削曲面"和"附加"等知识点。具体操作方法如下。

1. 制作茶壶的壶身和壶盖

步骤 1：打开一个场景文件，如图 2.3.199 所示，主要包括制作茶壶的 NURBS 曲线。

步骤 2：在 NURBS 浮动面板中单击 (创建车削曲面)按钮。

步骤 3：在场景中分别单击壶盖和壶身的 CV 曲线，即可创建壶盖和壶身，如图 2.3.200 所示。

2. 制作茶壶的壶把和壶嘴

步骤 1：在 NURBS 浮动面板中单击 (创建单轨扫描)按钮。

步骤 2：在场景中单击茶壶的路径曲线，然后依次单击茶壶的截面曲线，最后，右击结束单轨扫描。最终效果如图 2.3.201 所示。

步骤 3：在 NURBS 浮动面板中单击 ▣(创建单轨扫描)按钮。

步骤 4：在场景中单击茶壶的壶嘴路径，然后依次单击壶嘴的截面曲线，最后右击结束单轨扫描。最终效果如图 2.3.202 所示。

图 2.3.199　　　　　图 2.3.200　　　　　图 2.3.201　　　　　图 2.3.202

3. 创建倒角效果

步骤 1：在场景中选择茶壶壶身。在"修改"浮动面板中单击 附加 按钮。

步骤 2：依次单击壶把和壶嘴，将壶把和壶嘴附加到茶壶壶身中，如图 2.3.203 所示。

步骤 3：在 NURBS 浮动面板中单击 ↷(创建圆角曲面)按钮。

步骤 4：在场景中单击茶壶的壶身，移动鼠标到壶把上，此时，壶身到鼠标之间出现一条连接虚线，单击壶把，设置圆角曲面参数，具体设置如图 2.3.204 所示。最终效果如图 2.3.205 所示。

步骤 5：在 NURBS 浮动面板中单击 ↷(创建圆角曲面)按钮。

步骤 6：在场景中单击茶壶的壶身，移动鼠标到壶嘴上，此时，壶身到鼠标之间出现一条连接虚线，单击壶壶嘴，设置圆角曲面参数，具体设置如图 2.3.206 所示。最终效果如图 2.3.207 所示。

图 2.3.203　　　　图 2.3.204　　　　图 2.3.205　　　　图 2.3.206　　　　图 2.3.207

步骤 7：方法同上。制作茶壶与茶把下面的圆角曲面。圆角曲面的参数设置如图 2.3.208 所示。最终效果如图 2.3.209 所示。

4. 调节茶壶的细节

步骤 1：在"修改"浮动面板中单击 曲线 CV 子层级项，如图 2.3.210 所示。

步骤 2：在场景中使用 ✛(选择并移动)移动工具，调节 CV 曲线的控制点。最终效果如图 2.3.211 所示。

图 2.3.208　　　　　图 2.3.209　　　　图 2.3.210　　　　　图 2.3.211

视频播放：任务七的详细讲解，可观看配套视频"任务七：使用 NURBS 技术制作茶壶"。

四、项目拓展训练

根据本项目所学知识，创建如图 2.3.212 所示的 NURBS 对象模型。

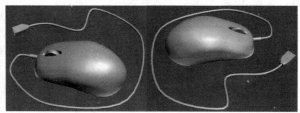

图 2.3.212

项目 4：面片建模技术

一、项目效果

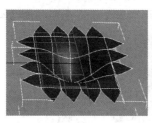

二、项目制作流程(步骤)分析

任务一：面片模型的创建方法 → 任务二：了解面片模型的基本编辑 → 任务三：使用面片建模技术制作毡帽模型

三、项目操作步骤

在 3ds Max 2011 中，面片建模是一种非常特殊的建模技术，它的建模原理是通过可调节曲率的面片来进行拼接。它的前身是 3ds Max 的一个建模插件，名称为 Surface Tool。由于它的建模优势得到了大家的认可和青睐。到了 3ds Max 3.0 以后被整合到了 3ds Max 中。经过不断的改进和完善，到了 3ds Max 2011，它已经有了自己完整的一套建模工具，几乎可以满足用户的大部分需要，特别是在生物和工业造型建模方面特别突出。

面片建模的优点主要有如下几点。

(1) 面片建模技术非常容易掌握和理解。因为它是基于立体线框的搭建原理来建模的，与人们民间的糊纸灯笼的原理类似。

(2) 编辑的顶点非常少，这一点与 NURBS 曲面建模非常相似。但没有 NURBS 建模要求那么严格，在面片建模中只要是三边面或四边面，都可以进行自由拼接。

(3) 采用面片建模技术制作光滑表面、表皮褶皱和各种变形体模型非常容易，特别适合表情动画的制作。

任务一：面片模型的创建方法

在 3ds Max 2011 中，面片模型的创建方法主要有如下几种。

1. 通过"创建"浮动面板创建

步骤 1：启动 3ds Max 软件。

步骤 2：在浮动面板中单击 ❀(创建)→ ◯(几何体)命令，切换到"几何体"创建浮动面板。

步骤 3：在"几何体"创建浮动面板中的 标准基本体 下拉列表框中选择 面片栅格 选项，切换到"面片栅格"创建浮动面板，如图 2.4.1 所示。

步骤 4：在"面片栅格"创建浮动面板中单击 四边形面片 按钮。在视图中按住鼠标左键不放进行拖曳，即可创建一个四边面面片平面，具体设置如图 2.4.2 所示。最终效果如图 2.4.3 所示。

步骤 5：在"面片栅格"创建浮动面板中单击 三角形面片 按钮。在视图中按住鼠标左键不放进行拖曳，即可创建一个三边面面片平面，具体参数设置如图 2.4.4 所示。最终效果如图 2.4.5 所示。

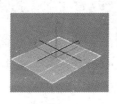

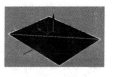

图 2.4.1　　　　　图 2.4.2　　　　　图 2.4.3　　　　　图 2.4.4　　　　　图 2.4.5

2. 将其他类型的模型转换为面片模型

步骤 1：在场景中选择需要进行转换的几何体模型、多边形模型、网格模型或 NURBS 模型。

步骤 2：将鼠标移到选择的模型上右击，在弹出的快捷菜单中单击"转换为："→ 转换为可编辑面片 命令，即可将选定的模型转换为面片模型。

3. 通过修改命令将其他类型的模型转换为面片模型

步骤 1：在场景中选择需要转换为面片模型的对象。

步骤 2：在浮动面板中单击 (修改)选项，切换到"修改"浮动面板。

步骤 3：单击 修改器列表 右边的 ▼ 按钮，弹出下拉列表，在下拉列表中选择 **编辑面片** 选项，即可将对象转换为可编辑面片对象。

提示：通过鼠标右键直接将选定对象转换为可编辑面片，在对该对象进行编辑之后，不能进行恢复操作，恢复到转换前的对象类型。而通过浮动面板中的堆栈命令添加"编辑面片"命令的方式，可以将选定对象转换为可编辑对象，在对该对象进行编辑之后，如果想恢复到转换前的对象类型，只需在浮动面板堆栈中选择 ⊞ **编辑面片** 选项。单击 &(丛堆栈中移除修改器)命令即可。

视频播放：任务一的详细讲解，可观看配套视频"任务一：面片模型的创建方法"。

任务二：了解面片模型的基本编辑

在本任务中主要介绍面片对象的对象编辑、顶点编辑、边编辑、面片编辑、元素编辑和控制柄编辑。在场景中选择面片对象，在"修改"浮动面板中会出现面片对象的相关参数供用户设置，如图 2.4.6 所示。

在不同的面片对象子层级下，参数卷展栏的参数会跟着发生相应的变化。下面具体介绍面片对象在不同子层级下的基本操作。

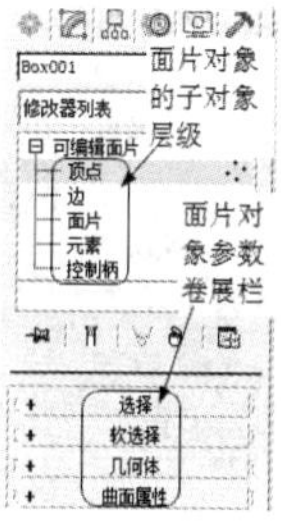

1. 面片对象的编辑

在场景中选择面片对象，再在"修改"浮动面板中单击 ⊟ **可编辑面片** 选项，此时，在参数卷展栏中显示的是整个对象的参数设置。参数的具体介绍如下。

图 2.4.6

1)"选择"参数卷展栏

在对象编辑模式下，"选择"参数卷展栏中的参数几乎不可使用，只有对象的子层切换按钮可用，如图 2.4.7 所示。单击相应的按钮，即可切换到对象的相应子层级模式。与上面的面片对象子对象层级项一一对应。

2)"软选择"参数卷展栏

在对象编辑模式下，"软选择"卷展栏中的所有参数呈灰色显示，表示软选择不可用。

3)"几何体"参数卷展栏

在对象编辑模式下，"几何体"参数卷展栏中可用的参数如图 2.4.8 所示。各参数介绍如下。

(1) **附加** 。单击该按钮，在场景中单击任意对象，即可将单击的对象附加到该面片对象中。如果勾选了 **重定向** 选项，则将附加进来的对象与该面片对象的坐标对齐。图 2.4.9 所示为勾选和没有勾选 **重定向** 选项进行附加之后的效果。

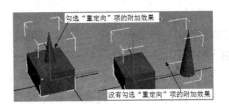

图 2.4.7　　　　　　　　　图 2.4.8　　　　　　　　　图 2.4.9

(2) **全部取消隐藏**。单击该按钮，取消所有被隐藏的面片对象。

(3) **视图步数:** ③。主要用来控制面片对象在视图中显示的精细程度。数值越大，面片对象显示越精细。

(4) **渲染步数:** ⑤。主要用来控制面片对象渲染的精细程度。数值越大，渲染出来的效果越精细。在一般情况下，该数值要比视图步数大。

(5) **显示内部边**。勾选此项，使对象的内部边(视图步数)在视图中显示。在默认情况下不勾选。

(6) **使用真面片法线**。勾选此项，主要用来控制在 3ds Max 中平滑面片对象边的方式。默认为不勾选。

(7) **面片平滑**。单击该按钮，主要用来在子对象层级中调节所选子对象顶点切线控制手柄，来达到对对象表面进行平滑操作的目的。

4) "曲面属性"参数卷展栏

　　"曲面属性"参数卷展栏如图 2.4.10 所示，具体介绍如下。

　　(1) **松弛**。勾选此项，使"显示内部边"参数也被选中，并以灰色显示，此时，下面的相关松弛参数才启用。

　　(2) **☑ 松弛视口**。勾选此项，在视口中显示松弛的效果。

　　(3) **松弛值:** ⓪。主要用来控制对象的松弛程度。最大值为 1，最小值为 0。

图 2.4.10

(4) **迭代次数:** ②。主要用来控制松弛的迭代次数。数值越大，松弛的效果越明显。

(5) **☑ 保持边界点固定**。勾选此项，在对对象进行松弛时，对边界(开放边界)的点不进行松弛操作。

(6) **☑ 保留外部角**。勾选此项，在对对象进行松弛时，距离对象中心最远的点保持在初始位置不变。

2. **面片对象的顶点编辑**

在场景中选择面片对象，再在"修改"浮动面板中单击 **顶点** 选项，或在"选择"卷展栏中单击 (顶点)按钮，此时，在参数卷展栏中显示的是顶点对象的参数设置。参数的具体介绍如下。

1) "选择"参数卷展栏

在顶点编辑模式下，"选择"参数卷展栏中的可用参数如图 2.4.11 所示，具体介绍如下。

(1) **复制**。单击该按钮，弹出"复制命名选择"对话框，如图 2.4.12 所示，在该对话框中选择子对象集合，单击　确定　按钮，即可将当前选择级命名的选择集合复制到剪贴板中。

(2)　粘贴　。单击该按钮，即可将剪贴板中复制的选择集合指定给当前子对象级别中。

(3) 过滤器。主要包括如下两个选项。

①　□ 顶点　。勾选此项，可以选择和移动选择的顶点。

②　□ 向量　。勾选此项，可以对选择的控制顶点曲度进行调节。

(4)　锁定控制柄　。勾选此项，锁定一个控制顶点的所有控制手柄。在移动该顶点中的任意一个手柄时，该顶点的其他手柄也会跟着移动。

(5)　忽略背面　。勾选此项，用户在框选对象时，背面的顶点将不被选中。

(6)　收缩　。单击该按钮，取消选择顶点最外围顶点的选择。

(7) 扩大。单击该按钮，朝所有可用方向向外扩展选择范围。

2)"软选择"参数卷展栏

在顶点编辑模式下，"软选择"参数卷展栏中的可用参数如图 2.4.13 所示，具体介绍如下。

(1)　使用软选择　。勾选此项，启用软选择功能。

(2) 边距离。勾选此项，通过衰减区域内边的数目来控制受影响的区域。

(3) 影响背面。勾选此项，对选择的子对象背面也产生同样的影响。

(4)　衰减: 28.7 　。主要用来控制从开始衰减到结束衰减之间的距离。

(5)　收缩: 0.0 　。主要用来控制沿垂直轴提升或降低顶点。当为负值时，产生弹坑状图形曲线，如图 2.4.14 所示；为 0 时，产生平滑的过渡效果；当为正值时，产生凸起状图形曲线，如图 2.4.15 所示。

  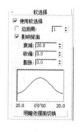  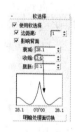

图 2.4.11　　　　　图 2.4.12　　　　　图 2.4.13　　　图 2.4.14　　　图 2.4.15

(6)　膨胀: 0.1 　。主要用来控制沿垂直轴膨胀或收缩顶点。

(7) 明暗处理面切换。主要用来控制是否显示明暗处理显示模式。

3)"几何体"参数卷展栏

在顶点编辑模式下，"几何体"参数卷展栏中的可用参数如图 2.4.16 所示，具体介绍如下。

(1)　绑定　。主要用于在同一对象的不同面片之间创建无缝的连接。

步骤 1：单击 绑定 按钮，将鼠标移到需要绑定的顶点上，此时，鼠标变成⬚形状。

步骤 2：按住鼠标左键不放拖曳到面片的边上，此时，鼠标变成⬚形状，松开鼠标即可完成绑定。绑定之后的顶点为黑色，如图 2.4.17 所示。

(2)　取消绑定　。选择绑定的顶点，单击该按钮，即可取消绑定的顶点。

(3)　创建　。单击该按钮，在视图中单击，即可创建同属于选定面片对象的顶点。

(4) 删除。选择顶点，单击该按钮，即可删除选择的顶点。此时，与该顶点相连的面片也被删除。面片对象会出现一个破洞，如图 2.4.18 所示。

(5) 断开。选择顶点，单击该按钮，即可将与该顶点相连的面片断开，如图 2.4.19 所示。

图 2.4.16

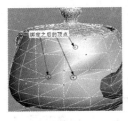
图 2.4.17

图 2.4.18

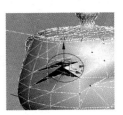
图 2.4.19

提示： "删除"与"断开"之间的最大区别是："删除"是将与该顶点相连的面片删除，形成破洞，而"断开"则是将该顶点与面片的连接取消，形成破洞，但不删除面片。

(6) 隐藏。单击该按钮，即可将选择的顶点隐藏。

(7) 全部取消隐藏。单击该按钮，即可将所有隐藏的顶点显示出来。

(8) 选定 5.1。单击该按钮，即可将在设置的"选定"数值范围内的断开顶点焊接成一个顶点。

(9) 目标。单击该按钮，将鼠标移到一个断开的顶点上，鼠标变成形状，按住鼠标左键拖曳到需要焊接的断开顶点上，鼠标变成形状，松开鼠标，即可将两个断开顶点焊接成一个顶点。

(10) 切线。"切线"参数组主要包括如下 3 个参数。

① 复制。单击该按钮，此时，场景中的所有顶点控制柄显示出来。将鼠标移到需要复制的顶点手柄上单击，即可将该顶点的切线属性复制到剪切板中。

② 粘贴。单击该按钮，在场景中单击任意顶点的控制柄，即可将在剪切板中复制的顶点切线属性指定给单击顶点的控制柄。

③ 粘贴长度。勾选此项，在粘贴时，控制柄的长度也被指定给单击顶点的控制柄。

提示： 曲面参数组和杂项参数组中的参数设置和作用与顶点编辑模式下的曲面参数组和杂项参数组的参数设置和作用完全一样，在此不再重复。读者可参考顶点模式下的参数设置。

4) "曲面属性"参数卷展栏

在顶点编辑模式下，"曲面属性"参数卷展栏中的可用参数如图 2.4.20 所示，具体介绍如下。

(1) 编辑顶点颜色。"编辑顶点颜色"参数组主要包括如下 3 个参数。

① 颜色。主要用来调节顶点的颜色。

② 照明。主要用来调节明暗度。

③ Alpha：100.0。主要用来调节顶点的透明程度。

图 2.4.20

(2) 选择顶点。"选择顶点"参数组主要包括如下 3 个参数。

① ⦿ 颜色 。单选此项，以颜色为准进行选择。

② ⦿ 照明 。单选此项，以照明为准进行选择。

③ 选择 。单击该按钮，将符合范围的顶点选中。

3. 面片对象的边编辑

在场景中选择面片对象，再在"修改"浮动面板中单击 边 选项，或在"选择"卷展栏中单击◇(边)按钮，此时，在参数卷展栏中显示的是边对象的参数设置。参数的具体介绍如下。

1)"选择"参数卷展栏

在边编辑模式下，"选择"参数卷展栏中的可用参数如图 2.4.21 所示，具体介绍如下。

(1) 复制 。单击该按钮，弹出"复制命名选择"对话框，在该对话框中选择子对象集合，单击 确定 按钮，即可将当前选择级命名的选择集合复制到剪贴板中。

(2) 粘贴 。单击该按钮，即可将剪切板中复制的选择集合指定给当前子对象级别。

(3) ☑ 按顶点 。勾选该项，在场景中单击面片对象中的某一个顶点，与该顶点相连的所有边都会被选中，如图 2.4.22 所示。

(4) ☑ 忽略背面 。勾选此项，在框选边时，背面看不到的边将不被选中。

(5) 收缩 。单击该按钮，通过取消选择当前选择集最外围的边的方式来缩小选择范围。

(6) 扩大 。单击该按钮，将朝所有可用方向向外扩展选择边的范围。

(7) 环形 。单击该按钮，选择与选定边平行的所有边。

(8) 循环 。单击该按钮，选择与选定边同方向对齐的所有边。

(9) 选择开放边。单击该按钮，将面片对象上所有不闭合的边选中，如图 2.4.23 所示。

2)"软选择"参数卷展栏

"软选择"参数卷展栏参数面板如图 2.4.24 所示。"软选择"参数卷展栏的所有参数作用和使用方法与顶点编辑模式下的"软选择"参数卷展栏中的完全一样，在这里就不再详细介绍。不同之处是，前面是针对顶点来进行操作的，这里是针对边进行操作的。

图 2.4.21　　　　图 2.4.22　　　　　图 2.4.23　　　　图 2.4.24

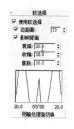

3)"几何体"参数卷展栏

在边编辑模式下，"几何体"参数卷展栏中的可用参数如图 2.4.25 所示，具体介绍如下。

(1) 细分 。单击该按钮，对选择边进行细分处理。

(2) 传播 。勾选此项，在进行细分边处理时，以衰减的形式影响选择边的周围，否则相反。图 2.4.26 所示是选择同样的边，在勾选和没有勾选 传播 选项的情况下，单击 细分 按钮之后的两种效果。

(3) 添加三角形 。在场景中选择面片对象的开放边，单击该按钮，即可为选择的边添加三边面，如图 2.4.27 所示。

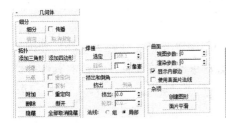

图 2.4.25

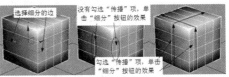

图 2.4.26

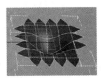

图 2.4.27

(4) 添加四边形 。在场景中选择面片对象的开放边，单击该按钮，即可为选择的边添加四边面，如图 2.4.28 所示。

(5) 附加 。单击该按钮，在场景中单击需要附加的对象，即可将该对象附加到当前选择的面片对象中。

(6) 删除 。单击该按钮，即可将选择的边和与该边相连的面片一同删除，形成破洞，如图 2.4.29 所示。

(7) 断开 。单击该按钮，即可将选择的两条或两条以上相连同一顶点的边进行分离处理。

(8) 隐藏 。单击该按钮，即可将选择的边隐藏。

(9) 全部取消隐藏 。单击该按钮，即可将所有隐藏的顶点、边、面片和元素显示出来。

(10) 挤出 。单击该按钮，在场景中单击需要挤出的边，鼠标变成 形状，按住鼠标左键进行拖曳，即可对该边进行挤出操作。

提示：对边进行挤出操作的快捷方法是，按住键盘上的【Shift】+鼠标中键进行拖曳，即可快速对边进行挤出操作。

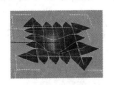

图 2.4.28

图 2.4.29

图 2.4.30

(11) 法线 。"法线"参数组主要用来控制以"组"方式还是以"局部"方式对边进行挤出。

(12) 曲面 。"曲面"参数组的介绍可参考前面对象编辑模式下的"曲面"参数组的介绍。

(13) 创建图形 。选择需要创建图形的边，单击该按钮，弹出"创建图形"对话框，在该对话框中输入创建图形的名称，如图 2.4.30 所示。单击 确定 按钮，即可创建一个名为"图形 01"的图形。

4. 面片对象的面片编辑

在场景中选择面片对象，再在"修改"浮动面板中单击 面片选项，或在"选择"卷展

栏中单击 ◆ (面片)按钮,此时,在参数卷展栏中显示的是面片子对象的参数设置。参数的具体介绍如下。

1)"选择"参数卷展栏

在面片编辑模式下,"选择"参数卷展栏中的可用参数如图 2.4.31 所示,具体介绍如下。

(1) 复制 。单击该按钮,弹出"复制命名选择"对话框,在该对话框中选择子对象集合,单击 确定 按钮,即可将当前选择级命名的选择集合复制到剪贴板中。

(2) 粘贴 。单击该按钮,即可将剪切板中复制的选择集合指定给当前子对象级别。

(3) 按顶点。勾选此项,单击面片对象中的任意一个顶点,即可选中与该顶点相连的面片,如图 2.4.32 所示。

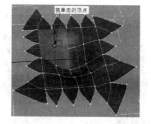

图 2.4.31　　　　　　图 2.4.32

(4) 忽略背面 。勾选此项,在框选面时,背面看不到的面将不被选中。

(5) 收缩 。单击该按钮,通过取消选择当前选择集最外围的面片的方式来缩小选择范围。

(6) 扩大 。单击该按钮,将朝所有可用方向向外扩展选择面片的范围。

2)"软选择"参数卷展栏

"软选择"参数卷展栏的所有参数作用和使用方法与顶点编辑模式下的"软选择"参数卷展栏中的完全一样,在这里就不再详细介绍。不同之处是,前面是针对顶点来操作的,这里是针对面片进行操作的。

3)"几何体"参数卷展栏

在面片编辑模式下,"几何体"参数卷展栏中的可用参数如图 2.4.33 所示,具体介绍如下。

(1) 细分 。单击该按钮,对选择面片进行细分处理。

(2) 传播 。勾选此项,在进行细分面片处理时,以衰减的形式影响选择边的周围,否则相反。图 2.4.34 所示是选择同样的面,在勾选和没有勾选 传播 选项的情况下,单击 细分 按钮之后的两种效果。

(3) 创建 。单击该按钮,在视图中的 4 个不同位置依次单击即可创建一个三边面,如图 2.4.35 所示。在视图中的 3 个不同位置依次单击,再右击结束,即可创建一个三边面,如图 2.4.36 所示。

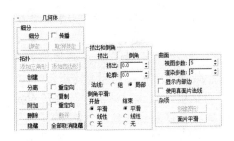

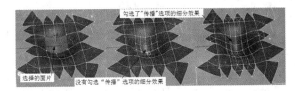

图 2.4.33

图 2.4.34

(4) 分离 。在视图中选择需要分离的面片，单击该按钮，弹出"分离"对话框。在该对话框中分离出去的面片的名称如图 2.4.37 所示。单击 确定 按钮，即可将选择的面片从当前面片对象中分离出去。

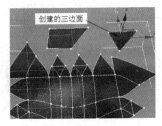

图 2.4.35

图 2.4.36

图 2.4.37

提示：在单击 分离 命令之前，如果勾选了 重定向 选项，分离出去的对象将归位到它当时创建的位置。勾选 复制 项，复制选定面片，将复制的面片从当前对象中分离出去，成为一个独立的面片对象。

(5) 附加 。单击该按钮，在场景中单击需要附加的对象，即可将该对象附加到当前选择的面片对象中。

(6) 删除 。单击该按钮，即可将选择的面片删除，形成破洞，如图 2.4.38 所示。

(7) 隐藏 。单击该按钮，即可将选择的边隐藏。

(8) 全部取消隐藏 。单击该按钮，即可将所有隐藏的顶点、边、面片和元素显示出来。

(9) 挤出。单击该按钮，单击需要挤出的面，鼠标变成 形态，按住鼠标左键进行拖曳，即可挤出面片，如图 2.4.39 所示。

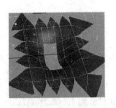

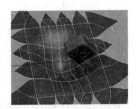

图 2.4.38

图 2.4.39

(10) 倒角。单击该按钮，单击需要挤出的面，鼠标变成 形态，按住鼠标左键进行拖曳，确定倒角的挤出高度；松开鼠标左键移动鼠标，确定倒角的轮廓大小；再单击，结束倒角的创建，如图 2.4.40 所示。

(11) 挤出 [0.0] ↕ 。直接在该输入框中输入数值来确定选择面片的挤出高度。

(12) 轮廓 [0.0] ↕ 。直接在该输入框中输入数值来确定挤出面片的轮廓大小。

(13) **法线**。"法线"参数组主要用来控制挤出或倒角的方式，是以组的方式还是以局部的方式对选择的面片进行挤出或倒角。以不同方式倒角的效果如图 2.4.41 所示。

图 2.4.40　　　　　　　　　　　图 2.4.41

(14) **倒角平滑**。"倒角平滑"参数组主要用来控制在对面片进行倒角时，在开始和结束位置的平滑方式。主要有"平滑"、"线性"和"无"3 种平滑方式。

提示： "曲面"参数组和"杂项"参数组的操作方法以及作用在这里不再详细介绍，与前面介绍的完全相同。读者可参考前面的介绍。

4）"曲面属性"参数卷展栏

在面片编辑模式下，"曲面属性"参数卷展栏中的可用参数如图 2.4.42 所示。具体介绍如下。

(1) **翻转** 。单击该按钮，即可对选择的面片法线进行翻转操作。

(2) **统一** 。单击该按钮，将所选择的不同法线面片统一到一个方向。

(3) **翻转法线模式** 。单击该按钮，用户即可在视图中对面片法线进行单个编辑。

(4) **设置 ID:** 。主要用来设置所选面片的材质 ID 号。

(5) **选择 ID** 。主要用来控制选择相同 ID 号的面片。

(6) **平滑组**。"平滑组"参数组主要用来设置面片的平滑通道。

(7) **按平滑组选择** 。单击该按钮，弹出"按平滑组选择"对话框，如图 2.4.43 所示，在对话框中选择需要选择的平滑组数值，单击 确定 按钮即可。

(8) **清除全部** 。选择面片，单击该按钮，即可将选择面片用户设置的平滑组清除，恢复系统默认值。

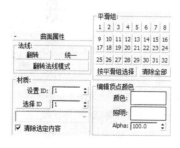

图 2.4.42　　　　　　　　　　　图 2.4.43

提示： "编辑定点颜色"参数组，在这里不再介绍，可参考前面的介绍。

5. 面片对象的元素编辑

在场景中单选面片对象，再在"修改"浮动面板中单击**元素**选项，或在"选择"卷展栏中单击 (元素)按钮，此时，在参数卷展栏中显示的是元素子对象的参数设置。参数的具体介绍如下。

1)"选择"参数卷展栏

在元素编辑模式下，"选择"参数卷展栏中的可用参数如图 2.4.44 所示。

"选择"参数卷展栏中的参数设置和作用与其他子层级下的"选择"参数卷展栏相同，这里不再详细介绍。不同之处是这里的参数都是针对元素子对象的。

2)"软选择"参数卷展栏

在元素编辑模式下，"软选择"参数卷展栏中的可用参数如图 2.4.45 所示。

"软选择"参数卷展栏中的参数设置和作用与其他子层级下的"选择"参数卷展栏相同。这里就不再详细介绍。不同之处这里的参数都是针对元素子对象的。

3)"几何体"参数卷展栏

在元素编辑模式下，"几何体"参数卷展栏中的可用参数如图 2.4.46 所示。具体介绍如下。

(1) **细分** 。单击该按钮，即可对选定的元素进行细分处理，如图 2.4.47 所示。如果在单击 **细分** 按钮之前，勾选了 **传播** 选项，则对与选择元素相关联的元素也进行细化处理。

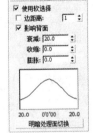

图 2.4.44　　　　图 2.4.45　　　　　　图 2.4.46　　　　　　图 2.4.47

(2) **拓扑**。"拓扑"参数组中的相关参数与前面面片编辑模式下的参数设置和作用相同，这里就不再详细介绍，读者可以参考前面的详细介绍。

(3) **挤出** 。单击该按钮，在视图中单击需要挤出的面片元素。鼠标变成 形态。按住鼠标左键进行拖曳，即可对选择元素进行挤出，如图 2.4.48 所示。

(4) **倒角** 。单击该按钮，再在视图中单击需要进行倒角的元素，鼠标变成 形态，按住鼠标拖曳，确定倒角挤出的高度。按住鼠标继续移动，确定倒角的轮廓大小；再次单击，则结束倒角操作，如图 2.4.49 所示。

(5) **挤出**：0.0 。直接在该输入框中输入数值来确定选择元素的挤出高度。

(6) **轮廓**：0.0 。直接在该输入框中输入数值来确定挤出元素的轮廓大小。

(7) **曲面**。"曲面"参数组中的相关参数与前面面片编辑模式下的参数设置和作用相同，这里就不再详细介绍，读者可以参考前面的详细介绍。

(8) **面片平滑** 。单击该按钮，即可对选择的面片对象元素进行平滑处理，如图 2.4.50 所示。

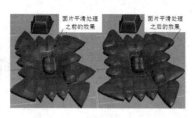
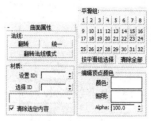

图 2.4.48　　　　　图 2.4.49　　　　　　　图 2.4.50　　　　　　　图 2.4.51

4)"曲面属性"参数卷展栏

在元素编辑模式下,"曲面属性"参数卷展栏中的可用参数如图 2.4.51 所示。

"曲面属性"参数卷展栏中的参数设置和作用与其他子层级下的"曲面属性"参数卷展栏相同,这里就不再详细介绍。不同之处是这里的参数都是针对元素子对象的。

6. 面片对象的控制柄编辑

在场景中选择面片对象,再在"修改"浮动面板中单击 控制柄 选项,或在"选择"卷展栏中单击 (控制柄)按钮,此时,在参数卷展栏中显示的是控制柄的参数设置。控制柄的所有参数与前面相关子对象的参数设置和作用基本相同,这里就不再详细介绍。不同之处是这里的参数都是针对控制柄的。

视频播放:任务二的详细讲解,可观看配套视频"任务二:了解面片模型的基本编辑"。

任务三:使用面片建模技术制作毡帽模型

在本任务中主要使用面片建模基础知识,制作如图 2.4.52 所示的毡帽模型。具体制作步骤如下。

步骤 1:在视图中创建一个如图 2.4.53 所示的圆柱体。

步骤 2:将圆柱体转换为可编辑面片,如图 2.4.54 所示。

步骤 3:切换到面片编辑模式。选择需要删除的面片,将其删除,如图 2.4.55 所示。

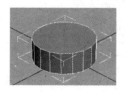
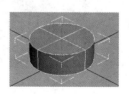
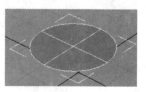

图 2.4.52　　　　　　　图 2.4.53　　　　　　　图 2.4.54　　　　　　　图 2.4.55

步骤 4:选择所有面片,单击 按钮,对选择的面片进行倒角处理,效果如图 2.4.56 所示。

步骤 5:选择如图 2.4.56 所示的面片,单击 倒角 按钮,对选择的面片再进行倒角处理。最终效果如图 2.4.57 所示。

步骤 6:使用"细分"命令进行细分处理。最终效果如图 2.4.58 所示。

步骤7：使用"细分"命令结合"传播"选项，再进行一次细分处理，效果如图 2.4.29 所示。

图 2.4.56   图 2.4.57   图 2.4.58   图 2.4.59

步骤8：切换到顶点编辑模式。根据任务要求对顶点进行位置和控制柄的调节。最终效果如图 2.4.60 所示。

步骤9：在顶点编辑模式下，启用"软选择"参数，"软选择"参数的具体设置如图 2.4.61 所示。对毡帽顶面的造型进行调节。最终效果如图 2.4.62 所示。

步骤10：使用"挤出"命令对毡帽挤出一定的厚度，如图 2.4.63 所示。

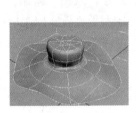

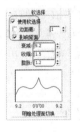
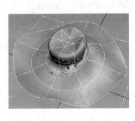
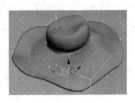

图 2.4.60   图 2.4.61   图 2.4.62   图 2.4.63

步骤11：给制作好的模型添加"涡轮平滑"命令。"涡轮平滑"参数具体设置如图 2.4.64 所示。最终效果如图 2.4.65 所示。

步骤12：根据任务要求给毡帽添加材质，最终效果如图 2.4.66 所示。

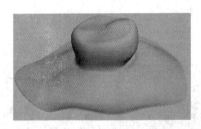

图 2.4.64   图 2.4.65   图 2.4.66

视频播放：任务三的详细讲解，可观看配套视频"任务三：使用面片建模技术制作毡帽模型"。

四、项目拓展训练

根据本项目所学知识，创建如图 2.4.67 所示的面片模型。

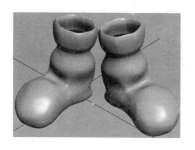

图 2.4.67

项目 5：修改建模技术

一、项目效果

二、项目制作流程(步骤)分析

任务一：了解修改命令的分类 → 任务二：了解修改命令面板和修改命令的使用方法 → 任务三：选择修改命令组的作用和使用方法

任务六：细分曲面 ← 任务五：网格编辑 ← 任务四：面片和样条线的编辑

任务七：自由形式变形 → 任务八：参数化修改器 → 任务九：转化修改器

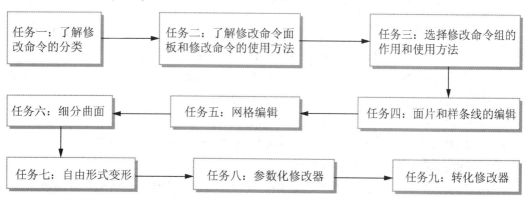

三、项目操作步骤

在 3ds Max 2011 中，修改建模是一种比较特殊的建模方式。熟练掌握修改建模命令的作用和使用方法是提高建模效率的有效途径。在"修改"浮动面板中为用户提供了大量的修改命令，用户可以使用这些命令对模型进行各种修改，而且这些修改是以堆栈方式记录在修改堆栈中的，在没有对命令进行塌陷之前，用户可以随时返回上一层修改命令进行参数调节操作。由于修改命令比较多，在这里只讲解与建模有关的修改命令，其他修改命令可以参考本书其他章节的知识。

任务一：了解修改命令的分类

在 3ds Max 2011 中，系统为了方便用户对修改命令进行管理和操作，将修改命令进行了分类，主要分为如下 17 类。

(1) 选择修改器。主要为用户提供传递子对象选择，主要包括网格选择、面片选择、多变形选择和体积选择 4 个修改命令。

(2) 面片/样条线编辑。用于深入所有面片对象的子对象级别进行编辑修改，主要包括编辑面片和删除面片两个修改命令。

(3) 网格编辑。用于对多边形类型的网格对象进行编辑和修改，主要包括删除网格、编辑网格、编辑多边形、面挤出、法线修改器、平滑、细化、STL 检查、补洞、顶点绘制、优化、MultiRes、顶点焊接、对称、编辑法线、ProOPtimizer 和四面形网格化 17 个修改命令。

(4) 动画修改器。用于修改和编辑动画，主要包括蒙皮、变形器、柔体、熔化、链接变换、面片变形、路径变形、曲面变形、面片变形(WSM)、路径变形(WSM)、曲面变形(WSM)、蒙皮变形、蒙皮包裹和蒙皮包裹面片 14 个修改命令。

(5) UV 座标修改器。用于进行贴图坐标的修改(主要针对材质的制作)，主要包括 UVW 贴图、UVW 展开、UVW 变换、贴图缩放器、贴图缩放器(WSM)、摄影机贴图、摄影机贴图(WSM)、曲面贴图(WSM)、投影、UVW 贴图添加、UVW 贴图清除和按通道选择 12 个修改命令。

(6) 细分曲面。用于针对细分曲面对象进行编辑和修改，主要包括 HSDS 修改器、网格平滑和涡轮平滑 3 个修改命令。

(7) 自由形式变形器。主要是对模型进行晶格变形操作，主要包括 FFD2×2×2、FFD3×3×3、FFD4×4×4、FFD(长方体)和 FFD(圆柱体)5 个修改命令。

(8) 参数化修改器。主要是对模型进行各种形态的修改，主要包括弯曲、锥化、扭曲、躁波、拉伸、挤压、推力、松弛、涟漪、波浪、倾斜、切片、球形化、影响区域、晶格、镜像、置换、X 变换、替换、保留和壳 21 个修改命令。

(9) 曲面修改器。主要用来修改对象材质 ID 号的分配，主要包括材质、按元素分配材质、置换近似和置换网格(WSM)4 个修改命令。

(10) 转化修改器。主要在模型类型之间进行相互转换，主要包括转化为多边形、转化为面片和转化为网格 3 个修改命令。

(11) 光能传递修改器。主要为用户创建 3ds Max 光能传递的网格对象，包括细分(WSM)和细分两个修改命令。

(12) Cloth 修改器。主要为对象指定布料和碰撞属性，只有一个 Cloth 修改命令。

(13) 变形。主要将蒙皮对象附加到骨骼结构上，只有一个 Physique 修改命令。

(14) Havok Dynamics。主要将几何体对象转换为变形网格，只有一个 Reactor Cloth 修改命令。

(15) Reactor。主要用来模拟绳索、头发、锁链等对象，只有一个 Reactor 软体修改命令。

(16) MAX 附加。主要将修改器和子对象动画存储到记录定点位置改变的磁盘文件中，主要包括点缓存(WSM)和点缓存两个修改命令。

(17) 3ds Max Hair。主要为对象生成毛发，只有一个 Hair 和 Hair(WSM)修改命令。

视频播放：任务一的详细讲解，可观看配套视频"任务一：了解修改命令的分类"。

任务二：了解修改命令面板和修改命令的使用方法

1. 修改命令面板

在 3ds Max 中，大部分建模工作要通过修改命令面板来完成。它是 3ds Max 的核心功能之一。

修改命令面板如图 2.5.1 所示。它主要包括 4 个部分。

(1) 第一部分主要显示当前选择对象的名称，也可以对对象名称进行修改。

(2) 第二部分主要为用户添加修改命令。

(3) 第三部分主要为用户提供修改命令或修改命令子层级之间的切换，对列表中的修改命令和当前选择对象进行相关操作。

(4) 第四部分主要用于对修改列表窗口中的修改命令、当前选择对象和修改面板进行相关操作。

(5) 第五部分显示了在当前修改列表窗口中选择的修改命令或对象的参数。

图 2.5.1

2. 修改命令面板的使用方法

修改命令面板的具体使用方法如下。

步骤 1：在场景中选择需要添加修改器的对象(可以同时选择多个对象)。

步骤 2：在浮动面板中单击 (修改)选项，切换到"修改"浮动面板。

步骤 3：在 修改器列表 下拉列表框中选择需要添加的修改命令(在这里选择"锥化"命令)。

步骤 4：根据任务要求调节修改命令的参数。具体调节如图 2.5.2 所示。最终效果如图 2.5.3 所示。

3. 修改命令面板的其他使用方法

步骤 1：在修改列表窗口中，单击左侧的 ▦ 图标，即可展开修改器子对象操作级，如

图 2.5.4 所示。此时，用户可以选择子对象，进入子对象级别进行操作。

步骤 2：在中间插入修改命令。在修改列表窗口中选择相应的修改器，如图 2.5.5 所示。在 修改器列表 下拉列表框中选择需要添加的修改命令(在这里选择"扭曲"命令)。调节参数，如图 2.5.6 所示。最终效果如图 2.5.7 所示。

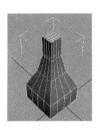

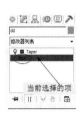

图 2.5.2　　　　　图 2.5.3　　　　　图 2.5.4　　　　　图 2.5.5　　　　　图 2.5.6

提示：在修改列表窗口中，修改命令按顺序排列，最上方的最后发生作用，上面的修改命令作用于下面的修改命令。

步骤 3：调节修改命令的堆栈顺序。将鼠标移到需要调节顺序的修改命令上，按住鼠标左键拖曳到需要的位置，出现一条蓝色的横线，如图 2.5.8 所示。松开鼠标左键即可，如图 2.5.9 所示。

步骤 4：进行修改复制。将鼠标移到需要进行修改复制的修改命令上，按住鼠标左键不放，拖曳到场景的对象上松开鼠标左键即可完成修改复制。

步骤 5：关闭或开启修改命令。单击修改命令左侧的💡图标，该图标变成💡形态，表示该修改命令已关闭。再单击💡图标，图标又变成💡形态，表示该修改命令开启。

提示：在修改命令上右击，弹出快捷菜单，如图 2.5.10 所示。通过该快捷菜单，用户可以对修改命令进行重命名、删除、剪切、复制、粘贴和塌陷等操作。修改器列表窗口的底部功能按钮大部分与在修改命令上右击弹出的快捷菜单中的命令相同。

图 2.5.7　　　　　图 2.5.8　　　　　图 2.5.9　　　　　图 2.5.10

步骤 6：对修改命令进行塌陷操作。在修改命令上右击，弹出快捷菜单，在弹出的快捷菜单中单击 塌陷到 或 塌陷全部 命令，弹出如图 2.5.11 所示的"警告：塌陷到"或"警告：塌陷全部"对话框。单击 是(V) 按钮，即可完成塌陷操作，如图 2.5.12 所示。

图 2.5.11

图 2.5.12

提示：用户在对修改命令进行塌陷操作时，系统会根据当前对象的类型决定塌陷的结果。在 3ds Max 2011 中，为用户提供了可编辑网格、可编辑多变形、可编辑面片和 NURBS 曲面 4 种塌陷类型。

视频播放：任务二的详细讲解，可观看配套视频"任务二：了解修改命令面板和修改命令的使用方法"。

任务三：选择修改命令组的作用和使用方法

在 3ds Max 中，选择修改命令组主要有网格选择、面片选择、多边形选择、样条线选择、体积选择、FFD 选择和 NURBS 曲面选择 7 个选择修改命令。

选择修改命令组的主要作用是为用户提供对各种类型对象的子对象选择，并将选择的子对象以修改命令的形式添加到修改堆栈中，将选择的子对象向上传递。

提示：选择修改命令组中的各个选择修改命令只为用户提供选择功能，不能对选择的子对象进行编辑。在添加了修改选择命令之后，主工具栏中的移动、旋转、缩放等工具都呈灰色显示，表示不可用。如果要为选择的子对象添加动画，可以通过变换或连接变换修改命令来实现。

将选择修改命令在修改浮动面板中以按钮方式显示出来。

步骤 1：在浮动面板中单击 (修改)选项，切换到"修改"浮动面板。

步骤 2：在修改面板 修改器列表 的▼按钮上右击，弹出快捷菜单，在弹出的快捷菜单中分别勾选 显示按钮 和 显示列表中的所有集 两项，并选择 选择修改器 命令，如图 2.5.13 所示。修改浮动面板如图 2.5.14 所示。

1. 网格选择命令

网格选择命令主要用来选择多边形类型的子对象(顶点、边、面、多边形和元素)，以配合其他修改命令对对象局部进行编辑。

1) 网格选择命令的使用方法

下面通过一个小案例来讲解它的使用方法和选择子对象的传递过程。

步骤 1：打开一个场景，在透视图中选择如图 2.5.15 所示的挤出对象。

步骤 2： 在修改浮动面板中的 修改器列表 下拉列表框中选择 **网格选择** 选项，打开堆栈中的"网格选择"命令的子层级。在子层级中单击**顶点**选项，或在"网格选择参数"卷展栏中单击 ∵(顶点)按钮，如图 2.5.16 所示。

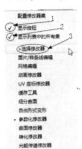

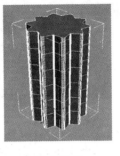

图 2.5.13　　　　　图 2.5.14　　　　　图 2.5.15　　　　　图 2.5.16

步骤 3： 在视图中选择需要进行操作的顶点，如图 2.5.17 所示。

步骤 4： 添加锥化修改器。在 修改器列表 下拉列表框中选择 **锥化** 选项，设置"锥化"修改命令的参数，具体设置如图 2.5.18 所示。效果如图 2.5.19 所示。

图 2.5.17　　　　　图 2.5.18　　　　　图 2.5.19

步骤 5： 方法同上。再添加一个"扭曲"修改命令，设置"扭曲"修改命令的参数，具体设置如图 2.5.20 所示。最终效果如图 2.5.21 所示。

提示： 从上面的案例可以看出，场景中的对象是一个挤出对象。要对挤出对象的某一部分添加修改器无法实现，因为用户无法选择挤出对象的某一部分顶点、边或面。所以，如果要对挤出对象的部分添加修改器命令，首先要添加选择修改器来选择需要操作的挤出对象的部分子对象，再添加修改器命令即可。

2) 网格选择命令的参数说明

网格选择命令的参数如图 2.5.22 所示，具体介绍如下。

(1) ∵。单击该按钮，即可选择对象的顶点。

(2) ◁。单击该按钮，即可选择对象的边。

(3) ◀。单击该按钮，即可选择对象的面。

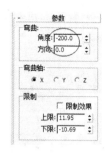

图 2.5.20

图 2.5.21

图 2.5.22

(4) ■。单击该按钮，即可选择对象的多边形面。

(5) ◆。单击该按钮，即可选择对象的元素。

(6) 按顶点。勾选此项，单击对象的某一个顶点，即可选中与该顶点相连的边、面或多边形。

(7) 忽略背面。勾选此项，在框选时，背面的子对象不会被选中。

(8) 忽略可见边。勾选此项，用户在选择多边形面时，其他与选择面的平面阈值小于设置的"平面阈值"时将被选中。

(9) 平面阈值 45.0 。主要用于设置阈值大小。

提示：阈值是指两个面法线之间的夹角。

(10) 获取顶点选择。单击该按钮，将在顶点子对象下选择的顶点转换为当前选择子对象的选择。

(11) 获取面选择 。单击该按钮，将在面子对象下选择的面转换为当前选择子对象的选择。

(12) 获取边选择 。单击该按钮，将在边子对象下选择的边转换为当前选择子对象的选择。

(13) 按材质 ID 选择。"按材质 ID 选择"参数组根据 ID 号选择子对象(在面、多边形和元素子层级起作用)。在 ID: 1 中设置 ID 号。单击 选择 按钮，所有具有用户设置的 ID 号的子对象将被选中。

(14) 命名选择集。通过"复制"和"粘贴"两个按钮为用户在不同对象之间传递命名选择信息。

在不同对象之间传递信息的具体操作方法如下。

步骤 1：打开一个场景文件。在该场景中包括了一个立方体和一个球体，而且这两个对象都添加了"网格选择"命令。

步骤 2：在立方体的面子对象层级选择如图 2.5.23 所示的面。在 创建选择集 ▼ 文本框中输入"面选择"，按回车键结束输入。

步骤 3：单击 复制 按钮，弹出"复制命名选择"对话框，在该对话框中选择"面选择"选项，如图 2.5.24 所示。单击 确定 按钮，结束复制。

步骤 4：退出立方体的子对象选择层级。选择球体对象并进入球体对象的面选择子层级。单击 粘贴 按钮，即可将复制的选择集传递到球体对象中，如图 2.5.25 所示。

(15) 选择开放边。单击该按钮，即可将对象所有不闭合的边选中。

提示："软选择"卷展栏参数面板如图 2.5.26 所示。"软选择"参数的作用和使用方法与前面介绍的面片编辑中的"软选择"参数的作用和使用方法完全相同，在这里就不再详细介绍。读者可参考前面的介绍或观看配套教学视频。

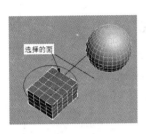
图 2.5.23

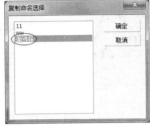
图 2.5.24

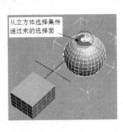
图 2.5.25

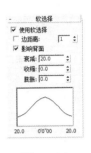
图 2.5.26

2. 面片选择命令

面片选择命令主要用来选择面片类型的子对象(顶点、控制柄、边、面片和元素)，以配合其他修改命令对对象局部进行编辑。

1) 面片选择命令的使用方法

下面通过一个小案例来讲解它的使用方法和选择子对象的传递过程。

步骤 1：打开 3ds Max 软件。在场景中创建一个几何球体。

步骤 2：在修改浮动面板中的 修改器列表 下拉列表框中选择 面片选择 命令，打开堆栈中的"面片选择"命令的子层级，在子层级中单击**面片**选项，或在"面片选择参数"卷展栏中单击◆(面皮)按钮，如图 2.5.27 所示。

步骤 3：在场景中选择球体上半部分的面片，如图 2.5.28 所示。

步骤 4：添加挤压修改器。在 修改器列表 下拉列表框中选择 挤压 命令。设置"挤压"修改命令的参数，具体设置如图 2.5.29 所示。效果如图 2.5.30 所示。

图 2.5.27

图 2.5.28

图 2.5.29

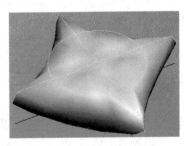
图 2.5.30

2) 面片选择命令的参数说明

面片选择命令的参数如图 2.5.31 所示。具体介绍如下。

(1) ∴。单击该按钮，即可选择对象的顶点，如图 2.5.32 所示。

(2) ╲。单击该按钮，即可选择对象的控制柄，如图 2.5.33 所示。

(3) ◇。单击该按钮，即可选择对象的边，如图 2.5.34 所示。

(4) ◆。单击该按钮，即可选择对象的面片，如图 2.5.35 所示。

(5) ◼。单击该按钮。即可选择对象的元素，如图 2.5.36 所示。

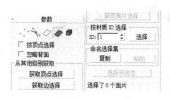

图 2.5.31　　　　图 2.5.32　　　图 2.5.33　　　图 2.5.34　　　图 2.5.35　　　图 2.5.36

提示：其他参数的作用和使用方法与网格选择命令中的参数的作用和使用方法基本相同，在这里就不再详细介绍。读者可参考网格选择命令中的参数说明。

3. 多边形选择命令

多边形选择命令主要用来选择多边形类型的子对象(顶点、边、边界、多边形和元素)，以配合其他修改命令对对象局部进行编辑。

1) 面片选择命令的使用方法

下面通过一个小案例来讲解它的使用方法和选择子对象的传递过程。

步骤 1：打开 3ds Max 软件，在场景中创建一个几何球体。

步骤 2：在修改浮动面板中的 `修改器列表` 下拉列表框中选择 `多边形选择` 命令，打开堆栈中的"多边形选择"命令的子层级。在子层级中单击 `多边形` 选项，或在"多边形选择参数"卷展栏中单击 ◼ (多边形)按钮，如图 2.5.37 所示。

步骤 3：在场景中选择球体的上半部分，如图 2.5.38 所示。

步骤 4：添加挤压修改器。在 `修改器列表` 下拉列表框中选择 `FFD 3x3x3` 命令。使用移动工具和缩放工具对球体进行缩放和移动操作。最终效果如图 2.5.39 所示。

2) 多边形选择命令的参数说明

多边形选择命令的参数如图 2.5.40 所示，具体介绍如下。

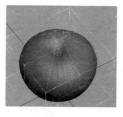

图 2.5.37　　　　图 2.5.38　　　　图 2.5.39　　　　　图 2.5.40

(1) `收缩`。单击该按钮，将当前选择的子对象集进行外围方向的收缩操作。连续单击 `收缩` 按钮两次，如图 2.5.41 所示。

(2) 扩大 。单击该按钮，将当前选择的子对象集进行外围方向的扩展操作，如图 2.5.42 所示。

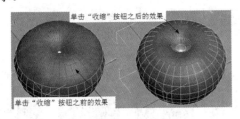

图 2.5.41

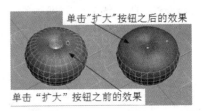

图 2.5.42

(3) 环形 。单击该按钮，将所有与当前选择边平行的边选中，如图 2.5.43 所示。

提示：用户可以通过单击 环形 按钮右边的 和 按钮对选择的边进行平行移动。 环形 按钮只在边或边界子层级下起作用。

(4) 循环 。单击该按钮，将所有与当前选择边对齐的边选中，如图 2.5.44 所示。

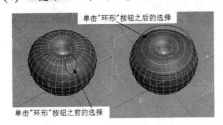

图 2.5.43

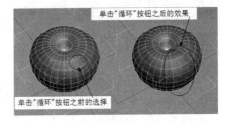

图 2.5.44

提示：用户可以通过 循环 按钮右边的 和 按钮对选择的边进行循环移动。 循环 按钮只在边或边界子层级下起作用。

提示：其他参数的作用和使用方法与网格选择命令中的参数的作用和使用方法基本相同，在这里就不再详细介绍。读者可参考网格选择命令中的参数说明。

4. 样条线选择命令

样条线选择命令主要用来选择样条线类型的子对象(顶点、分段和样条线)，以配合其他修改命令对对象局部进行编辑。

1) 样条线选择命令的使用方法

下面通过一个小案例来讲解它的使用方法和选择子对象的传递过程。

步骤 1：打开 3ds Max 软件，在场景中创建一个文本对象。

步骤 2：在修改浮动面板中的 修改器列表 下拉列表框中选择 样条线选择 命令，打开堆栈中的 "样条线选择" 命令的子层级，在子层级中单击 顶点 选项，如图 2.5.45 所示。

步骤 3：在场景中选择样条线的顶点，如图 2.5.46 所示。

步骤 4：添加挤压修改器。在 修改器列表 下拉列表框中选择 FFD 3x3x3 命令。使用移动工具和缩放工具对球体进行缩放和移动操作。最终效果如图 2.5.47 所示。

步骤 5：添加挤压修改器。在 修改器列表 ▾ 下拉列表框中选择 倒角 命令。"倒角"的具体参数设置如图 2.5.48 所示。最终效果如图 2.5.49 所示。

   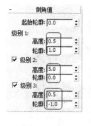

图 2.5.45　　　　　图 2.5.46　　　　　图 2.5.47　　　　　图 2.5.48　　　　　图 2.5.49

2) 样条线选择命令的参数说明

样条线选择命令中的参数使用方法和作用与网格选择命令中的参数使用方法和作用类似，在这里就不再详细介绍。读者可参考前面网格选择命令中的参数说明。

5. 体积选择命令

体积选择命令主要用来选择体积类型的子对象(顶点、边和面)，以配合其他修改命令对对象局部进行编辑。

1) 体积选择命令的使用方法

下面通过一个小案例来讲解它的使用方法和选择子对象的传递过程。

步骤 1：启动 3ds Max 软件，在场景中创建一个立方体和一个球体。

步骤 2：将立方体转换为可编辑网格，在立方体上右击，在弹出的快捷菜单中选择"转换为"→"转换为可编辑网格"命令即可，如图 2.5.50 所示。

步骤 3：单选立方体。在修改浮动面板中的 修改器列表 ▾ 下拉列表框中选择 体积选择 命令，在"体积选择"命令参数面板中单击 网格对象 选项，如图 2.5.51 所示。

步骤 4：在"体积选择"命令参数面板中单击 None 按钮，在场景中单击"球体"，以"球体"作为"网格对象"。设置"体积选择"参数，具体参数设置如图 2.5.52 所示。最终效果如图 2.5.53 所示。

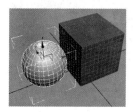 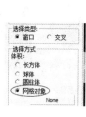 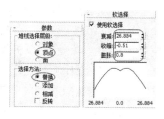 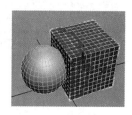

图 2.5.50　　　　　图 2.5.51　　　　　　图 2.5.52　　　　　　图 2.5.53

步骤 5：给转换为可编辑网格的立方体添加"球形化"命令。在修改浮动面板中的 修改器列表 ▾ 下拉列表框中选择 球形化 命令即可，效果如图 2.5.54 所示。

步骤 6：使用移动工具，将球体移到可编辑立方体的中心位置。最终效果如图 2.5.55 所示。

2) 体积选择命令的参数说明

体积选择命令的参数面板如图 2.5.56 所示，具体介绍如下。

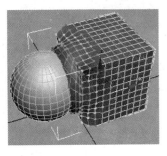
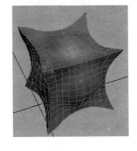
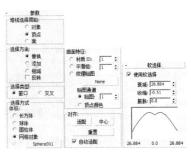

图 2.5.54   图 2.5.55   图 2.5.56

(1) **堆栈选择层级**。主要用来选择对象子层级。主要包括如下 3 个单选项。

① **对象**。单选此项，体积选择修改器作用于整个对象层级。

② **顶点**。单选此项，体积选择修改器只作用于对象的顶点层级。

③ **面**。单选此项，体积选择修改器只作用于对象的面层级。

(2) **选择方法**。主要用来确定体积的选择方法。主要在对同一个对象添加了两个"体积选择"修改器的情况下使用。图 2.5.57 所示是两个"体积选择"命令单独选择的效果。选择方式主要涉及如下 4 个参数设置。

① **替换**。单选此项，每次添加体积选择修改器时，将取消选择堆栈下面的体积选择修改器选择的子对象。使用该体积修改器的选择如图 2.5.58 所示。

② **添加**。单选此项，每次添加体积选择修改器时，保留堆栈下面的体积选择修改器选择的子对象并加入该体积修改器的选择，如图 2.5.59 所示。

③ **相减**。单选此项，每次添加体积选择修改器时，将该体积修改器选择的子对象范围减去堆栈下面的体积选择修改器范围，而得到新的选择范围，如图 2.5.60 所示。

④ **反转**。选中此项，将所有选择内容进行颠倒选择，如图 2.5.61 所示。

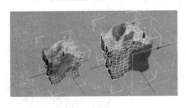

图 2.5.57   图 2.5.58   图 2.5.59   图 2.5.60   图 2.5.61

(3) **选择类型**。主要用来确定框选方式。主要有如下两种。

① **窗口**。单选此项，要完全框选对象的点、线或面才能被选中。

② **交叉**。单选此项，只要选择框碰到线、面或元素都将被选中。

(4) **选择方式**。主要有"体积"和"曲面特征"两种选择方式。

"体积"主要用来确定体积选择修改器的 Gizmo 形态，主要有如下 4 种形态。

① **长方体**。单选此项，Gizmo 为长方体形状，如图 2.5.62 所示。

② **球体**。单选此项，Gizmo 为球体形状，如图 2.5.63 所示。

③ ⦿ **圆柱体**。单选此项，Gizmo 为圆柱体形状，如图 2.5.64 所示。

④ **网格对象**。单选此项，Gizmo 为用户在场景单选的网格对象形状。

(5) ⦿ **材质 ID:** ⬚ ⬆⬇。单选此项，按当前 ID 号，将所有与此 ID 相同的表面选中。

(6) ⦿ **平滑组:** ⬚ ⬆⬇。单选此项，将所有与此平滑组号的表面选中。

(7) ⦿ **纹理贴图**。单选此项，通过 ⬚None 按钮，选择贴图纹理。将所有有当前贴图的表面选中。

(8) ⦿ **顶点颜色**。单选此项，将指定的顶点颜色通道表面选中。

(9) **对齐**。主要包括如下 4 种对齐方式。

① **适配**。单击该按钮，自动缩放 Gizmo 容器对象，使 Gizmo 正好包围对象。

② **中心**。单击该按钮，将 Gizmo 容器放置到对象的中心位置。

③ **重置**。单击该按钮，将 Gizmo 容器恢复到对象的原始状态。

④ ☑ **自动适配**。勾选此项，系统将根据当前选择的范围自动调整 Gizmo 容器的大小。

6. FFD 选择命令

FFD 选择命令主要用来选择自由变形类型的子对象控制点，将选择的控制点向上传递，以配合其他修改命令对控制点局部进行编辑。

1) FFD 选择命令的使用方法

下面通过一个小案例来讲解它的使用方法和选择子对象的传递过程。

步骤 1：打开一个场景文件。在该场景文件中包括一个可编辑网格对象，如图 2.5.65 所示。

步骤 2：创建 FFD(圆柱体)变换器。在浮动面板中单击 ✿(创建)→ ≋(空间扭曲)按钮，切换到"空间扭曲"浮动面板。

步骤 3：在"空间扭曲"浮动面板中的 ⬚基于修改器 ▼下拉列表框中，如图 2.5.66 所示，选择 几何/可变形 命令。

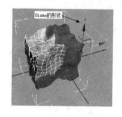
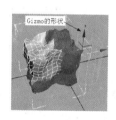
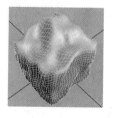

图 2.5.62　　　　图 2.5.63　　　　图 2.5.64　　　　图 2.5.65　　　　图 2.5.66

步骤 4：单击 FFD(圆柱体) 按钮，在视图中创建一个 FFD(圆柱体)，设置 FFD(圆柱体)参数，具体设置如图 2.5.67 所示。

步骤 5：使用选择并移动工具和选择并均匀缩放工具对 FFD(圆柱体)进行调解。最终效果如图 2.5.68 所示。

步骤 6：在工具栏中单击 ≋(绑定到空间扭曲)按钮，在视图中单击可编辑网格对象，按住鼠标左键不放的同时拖曳到 FFD(圆柱体)控制器上松开鼠标，即可得到如图 2.5.69 所示的效果。

步骤 7：添加 FFD 选择修改器。在修改浮动面板中的 `修改器列表▼` 下拉列表框中选择 `FFD选择` 命令即可。设置 FFD 选择修改器参数，具体设置如图 2.5.70 所示。

步骤 8：在视图中选择控制点，具体选择如图 2.5.71 所示。

步骤 9：添加"连接变换"修改器。在修改浮动面板中的 `修改器列表▼` 下拉列表框中选择 `链接变换` 命令，在"参数"卷展栏中单击 `拾取控制对象` 按钮。在视图中单击"虚拟控制点"即可将选择的控制点连接到"虚拟控制点"上。

步骤 10：现在只要移动"虚拟控制点"即可改变所有在"FFD 选择"修改器中选择的控制点，如图 2.5.72 所示。

     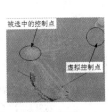

图 2.5.67　　　图 2.5.68　　　图 2.5.69　　　图 2.5.70　　　图 2.5.71　　　图 2.5.72

2) FFD 选择命令参数说明

FFD 选择命令中只有 `全部X`、`全部Y` 和 `全部Z` 3 个按钮，主要用来控制 X 轴、Y 轴和 Z 轴这 3 个轴向上的控制点是否一起被选中。

7. NURBS 曲面选择命令

NURBS 曲面选择命令主要用来控制 NURBS 曲面的子对象(曲面或曲面 CV)操作，将选择的 NURBS 曲面子对象向上传递，以配合其他修改命令对 NURBS 曲面子对象局部进行编辑。

1) NURBS 曲面选择命令的使用方法

下面通过一个小案例来讲解它的使用方法和选择子对象的传递过程。

步骤 1：打开一个场景文件，如图 2.5.73 所示，只有一个 NURBS 对象。

步骤 2：添加 NURBS 曲面选择修改器。在修改浮动面板中的 `修改器列表▼` 下拉列表框中选择 `NURBS 曲面选择` 命令即可。

步骤 3：在浮动面板中单击 `NURBS 曲面选择` 子层级下的 `曲面CV` 选项，或"参数"卷展栏中的 `(单个 CV)` 按钮，如图 2.5.74 所示。在视图中选择如图 2.5.75 所示的曲面 CV 点。

步骤 4：添加 `锥化` 修改器。在修改浮动面板中的 `修改器列表▼` 下拉列表框中选择 `锥化` 命令即可。

步骤 5：设置"锥化"参数，具体设置如图 2.5.76 所示。最终效果如图 2.5.77 所示。

步骤 6：方法同上，添加一个 `拉伸` 修改器。设置"拉伸"修改器的参数，具体设置如图 2.5.78 所示。最终效果如图 2.5.79 所示。

步骤 7：方法同上。添加一个 `壳` 修改器，设置"壳"修改器的参数，具体设置如图 2.5.80 所示。最终效果如图 2.5.81 所示。

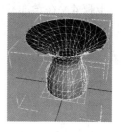

图 2.5.73　　　　图 2.5.74　　　　图 2.5.75　　　　图 2.5.76　　　　图 2.5.77

2) NURBS 曲面选择命令参数说明

NURBS 曲面选择命令参数面板如图 2.5.82 所示。

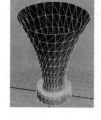

图 2.5.78　　　　　图 2.5.79　　　　　图 2.5.80　　　　　图 2.5.81　　　　　图 2.5.82

(1) ⊞ 。单击该按钮，即可选择单个 CV 点。或者框选 CV 点。

(2) ⊞ 。单击该按钮，在视图中单击某一个 CV 点，即可选中与该 CV 点相连的一行 CV 点。

(3) ⊞ 。单击该按钮，在视图中单击某一个 CV 点，即可选中与该 CV 点相连的一列 CV 点。

(4) ⊞ 。单击该按钮，在视图中单击某一个 CV 点，即可选中与该 CV 点相连的一行和一列 CV 点。

(5) ⊞ 。单击该按钮，在视图中单击某一个 CV 点，将选中该元素的所有 CV 点。

　　视频播放：任务三的详细讲解，可观看配套视频"任务三：选择修改命令组的作用和使用方法"。

　　任务四：面片和样条线的编辑

在本任务中主要介绍面片和样条线的相关知识点。具体介绍如下。

1. 创建样条线

在讲解样条线的编辑之前，下面先介绍创建样条线的方法和技巧。具体操作步骤如下。

步骤 1：打开 3ds Max 软件。在浮动面板中选择 ✚ (创建)→ 🏵 (图形)按钮，切换到"样条线"创建面板，如图 2.5.83 所示。

步骤 2：在该面板中单击相应的按钮，即可在视图中创建样条线。

步骤 3：选择 样条线 ▾ 下拉列表框中选择 **扩展样条线** 命令，切换到"扩展样条线"创建面板，如图 2.5.84 所示。

步骤 4：在该面板中单击相应的按钮，即可在视图中创建扩展样条线。

提示：样条线和扩展样条线的具体创建方法可参考本章项目 1 中的详细介绍，在这里就不再重复。

图 2.5.83   图 2.5.84

2. 编辑样条线

可编辑样条线主要包括"渲染"参数卷展栏、"插值"参数卷展栏、"选择"参数卷展栏、"软选择"参数卷展栏和"几何体"参数卷展栏，如图 2.5.85 所示。各个卷展栏的参数具体介绍如下。

1)"渲染"参数卷展栏

(1) 在渲染中启用。样条线在默认情况下不被渲染。只有勾选了"在渲染中启用"选项，才能被渲染。

(2) 在视口中启用。样条线在默认情况下在视口中只以线条方式显示，只有勾选了"在视口中启用"选项，才能在视口中按用户的设置进行显示。

(3) 使用视口设置。勾选该项，用户可以设置样条线在视口中的显示样式，否则在视口中的显示与渲染显示的效果一样。

(4) 生成贴图坐标。勾选该项，系统生成贴图坐标，真实世界贴图大小选项呈现为可用状态。如果勾选真实世界贴图大小选项，样条线将生成真实世界贴图坐标。

(5) 渲染。"渲染"参数组主要用来设置样条线渲染时的形态，具体设置如图 2.5.86 所示。效果如图 2.5.87 所示。再重新设置参数，如图 2.5.88 所示。效果如图 2.5.89 所示。

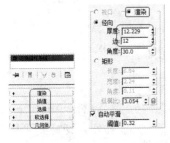

图 2.5.85   图 2.5.86   图 2.5.87   图 2.5.88   图 2.5.89

2)"插值"参数卷展栏

(1) 步数：6 。"步数"是指样条线中两个点之间的段数。该值越大，样条线越平滑。

(2) **优化**。勾选此项，系统会根据样条线的形态确定步数值的大小。也就是说，系统根据样条线的弯曲程度确定插入步数值。在拐弯处插入的步数值比较多。

(3) **自适应**。勾选此项，"步数"和"优化"两个参数将失效，系统自动调节样条线的平滑程度。

3) "选择"参数卷展栏

(1) ·:·。单选此项，即可在视图中选择样条线的顶点，如图 2.5.90 所示。

(2) ╱。单选此项，即可在视图中选择样条线的线段，如图 2.5.91 所示。

(3) ⌄。单选此项，即可在视图中选择整条样条线，如图 2.5.92 所示。

(4) **命名选择**。"命名选择"参数组主要用来对子对象集进行复制和粘贴。包括 **复制** 和 **粘贴** 两个按钮。具体操作如下。

步骤 1：打开一个场景文件，在场景中包括两个文字的两条可编辑样条线，如图 2.5.93 所示。

步骤 2：单选对象为"三"的可编辑样条线，进入顶点级别，选择如图 2.5.94 所示的顶点。

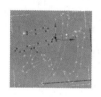
图 2.5.90　　　　图 2.5.91　　　　图 2.5.92　　　　图 2.5.93　　　　图 2.5.94

步骤 3：在工具栏中 ✎(编辑命名选择集)右边的 ▭创建选择集▭ 文本框中输入"选择集 01"，按回车键即可创建一个名为"选择集 01"的选择集。

步骤 4：在"选择"参数卷展栏中单击 **复制** 按钮，弹出"复制命名选择"对话框，在该对话框中选择需要进行复制的选择集，如图 2.5.95 所示。单击 **确定** 按钮，即可将选择的选择集复制到剪切板中。

步骤 5：退出该对象的子对象选择集。单击文字为"维"的样条线并进入该样条线顶点子层级，如图 2.5.96 所示。

步骤 6：在"选择"参数卷展栏中单击 **粘贴** 按钮，即可将剪切板中的子对象选择集粘贴到该样条线子对象中，如图 2.5.97 所示。

提示：可以创建顶点选择集、线段选择集和样条线选择集，并对这些选择集进行复制和粘贴。需要注意的是，在复制和粘贴选择集时，要在同样的子对象层级下才能进行操作。

(5) **锁定控制柄**。勾选此项，在调节 Bezier(贝兹)或 Bezier Corner(贝兹角点)样条线中某一个顶点的手柄时，其他被选中顶点的曲度也跟着改变。如果不勾选，只影响被调节顶点的曲度。在调节时，用户可以选择 **相似** 或 **全部** 方式进行调节。

(6) **区域选择**。用户在选择某一个顶点时，系统会根据用户设置的区域大小，将区域范围内的所有顶点选中。设置区域范围大小为 10。在视图中单击需要选择的顶点，设置范围内的所有顶点都将被选中，如图 2.5.98 所示。

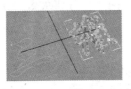

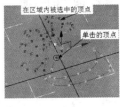

图 2.5.95 　　　　图 2.5.96 　　　　图 2.5.97 　　　　图 2.5.98

(7) 分段端点。勾选此项，单击样条线的某一线段时，该线段的端点将被选中，如图 2.5.99 所示。

(8) 选择方式…。单击该按钮，弹出"选择方式"对话框，如图 2.5.100 所示。单击相应按钮即可在线段与样条线两种选择模式之间进行切换。

(9) 显示顶点编号。勾选此项，显示样条线的顶点编号，如图 2.5.101 所示。

(10) 仅选定。勾选此项，只显示被选中的顶点编号，如图 2.5.102 所示。

4) "软选择"参数卷展栏

"软选择"参数卷展栏如图 2.5.103 所示。"软选择"参数的使用方法和相关参数说明在这里就不再详细介绍，可参考前面"软选择"参数的详细介绍。

5) "几何体"参数卷展栏

(1) 新顶点类型。"新顶点类型"参数组的主要作用是确定在使用 Shift 键复制线段或样条线时，复制出来的线段或样条线的顶点切线类型。顶点类型主要有如图 2.5.104 所示的 4 种切线类型。

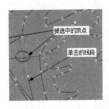

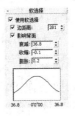

图 2.5.99 　　图 2.5.100 　　图 2.5.101 　　图 2.5.102 　　图 2.5.103 　　图 2.5.104

(2) 创建线。单击该按钮，即可在视图中绘制曲线，绘制的曲线与当前样条线为同一个对象。

(3) 断开。单击该按钮，即可将选择的样条线顶点分离成两个顶点，使样条线从选择顶点位置断开。

(4) 附加。单击该按钮。将鼠标移到需要附加的样条线上，鼠标变成 形状，单击即可将样条线附加到当前样条线中。

(5) 附加多个。单击该按钮，弹出"附加多个"对话框，在该对话框中列出了所有可以附加的样条线。选择需要附加的样条线，如图 2.5.105 所示，单击 附加 即可。

提示：在使用"附加"和"附加多个"功能之前，如果勾选了 重定向选项，新加入的样条线将移动到原样条线位置处。

（6）　横截面　。主要作用是创建图形横截面的外形框架。具体操作方法如下。

步骤 1：打开一个场景文件，在该场景中只包括一个对象，如图 2.5.106 所示。

步骤 2：选择样条线对象。在"几何体"参数卷展栏中单击 横截面 按钮，将鼠标移到第一条样条线上，鼠标变成 形状，单击。

步骤 3：拖曳到另一条样条线上，鼠标也变成 形状，单击创建图形界面，再右击，结束截面的创建，如图 2.5.107 所示。

步骤 4：给截面图形添加一个"壳"修改器。在 修改器列表 下拉列表框中选择 壳 命令。"壳"修改器的具体参数设置如图 2.5.108 所示。最终效果如图 2.5.109 所示。

　　图 2.5.105　　　　　图 2.5.106　　　　图 2.5.107　　　　图 2.5.108　　　图 2.5.109

（7）　优化　。单击该按钮，将鼠标移到当前样条线上，此时鼠标变成 形状，单击即可给当前样条线添加一个新的顶点。使用该命令只给样条线添加顶点，但不改变样条线形状。该功能主要是对样条线的局部进行平滑处理。

提示：如果在进行优化之前勾选了 连接 选项，新增加的顶点将通过一条复制样条线连接在一起，如图 2.5.110 所示。如果勾选了 线性 选项，新增加的顶点将以角点方式连接，否则以平滑方式连接，如图 2.5.111 所示。如果勾选了 闭合 选项，新增加的顶点将通过一条复制样条线连接成闭合样条线，如图 2.5.112 所示。如果勾选了 绑定首点 选项，将新创建的第 1 个顶点约束在当前的样条线上。如果勾选了 绑定末点 选项，将新创建的最后 1 个顶点约束在当前的样条线上。

（8）连接。勾选此项，在复制线段或样条线时将启用连接功能，如图 2.5.113 所示。

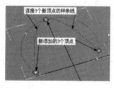
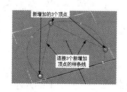
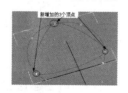
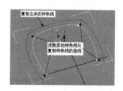

　　图 2.5.110　　　　　图 2.5.111　　　　　图 2.5.112　　　　　图 2.5.113

（9）阈值距离。主要用来确定连接复制的距离范围。

（10）端点自动焊接。"端点自动焊接"参数组主要包括如下两个选项。

① 自动焊接。勾选此项，如果两个端点属于同一曲线，且在设定的阈值范围内，将自动焊接成一个顶点。

② 阈值距离。主要用来设置自动焊接的范围大小。

(11) **焊接**。单击该按钮，将同一样条线的两个端点或相邻点焊接成一个顶点。

提示：被焊接的顶点必须在焊接的设定范围之内才能被焊接。

(12) **连接**。单击该按钮。将鼠标移到第1个端点上，鼠标变成 ✛ 形状。按住鼠标左键不放的同时拖曳到第2个端点上，鼠标变成 形状。松开鼠标即可将这两个端点连接起来，如图2.5.114所示。

(13) **插入**。单击该按钮，将鼠标移到曲线上，鼠标变成 形状，单击鼠标左键拖曳鼠标确定插入顶点的位置。再单击鼠标左键即可插入一个顶点，如图2.5.115所示。如果还需要插入顶点，继续移动鼠标单击即可。最后右击结束插入。

(14) **设为首顶点**。单击该按钮，将选定的顶点设为曲线的起始点。

(15) **熔合**。单击该按钮，将选择的顶点放置到它们的平均中心位置处，只是重合不连接。

(16) **反转**。单击该按钮，颠倒所有选样条线的方向，即顶点序号的顺序。

(17) **循环**。单击该按钮，按顶点序号顺序逐个循环选择顶点。单击一次，向前移动一个顶点。

(18) **相交**。单击该按钮，将鼠标移到两条交叉曲线的位置处，鼠标变成 形状，单击即可在交叉处分别为每条曲线创建一个交叉点，如图2.5.116所示。

提示：两条交叉曲线必须属于同一个对象，才能创建交叉点。

(19) **圆角**。单击该按钮，在视图中单选或框选需要进行圆角处理的顶点。将鼠标移到需要进行圆角处理的顶点上，鼠标变成 形状，按住鼠标左键进行拖曳，即可对选择的顶点进行圆角处理，如图2.5.117所示。

  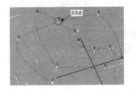 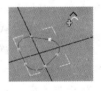

图2.5.114   图2.5.115   图2.5.116   图2.5.117

(20) **切角**。单击该按钮，在视图中单选或框选需要进行切角处理的顶点。将鼠标移到需要进行圆角处理的顶点上，鼠标变成 形状，按住鼠标左键进行拖曳，即可对选择的顶点进行切角处理，如图2.5.118所示。

(21) **轮廓**。单击该按钮，在视图中选择样条线，将鼠标移到样条线上，鼠标变成 形状，按住鼠标左键进行拖曳，即可创建轮廓线，如图2.5.119所示。

(22) **布尔**。对两条样条线进行并集、差集或交集运算，得到新的图形。具体操作步骤如下。

步骤1：打开一个场景文件，如图2.5.120所示。

步骤2：在浮动面板中单击**样条线**选项，或单击 ⌃（样条线）按钮，进入样条线编辑模式。

步骤3：单击第1条样条线，单击**布尔**按钮，再单击布尔运算方式(◈、◈ 或 ◈)按钮。

步骤4：单击第2条样条线，即可得到新的布尔运算图形，如图2.5.121所示。

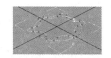 

图 2.5.118　　　图 2.5.119　　　　图 2.5.120　　　　　　　　　图 2.5.121

(23)　镜像。主要用来对选择样条线进行水平、垂直或双向镜像操作。具体操作步骤如下。

步骤 1： 选择需要镜像操作的样条线。

步骤 2： 单击镜像方式(▮◣、☱或✦)按钮。

步骤 3： 单击 镜像 按钮即可。

提示： 在单击 镜像 按钮之前，如果勾选了 复制 选项，则会产生一个镜像复制品；如果勾选了 以轴为中心 选项，则以样条线对象的中心为镜像中心；不勾选 以轴为中心 选项，则以样条线的几何中心进行镜像。

(24)　修剪。主要用来对复杂交叉曲线进行打掉处理，被打掉线段的交叉处自动重新闭合。具体操作步骤如下。

步骤 1： 打开一个场景文件，如图 2.5.122 所示。

步骤 2： 进入对象的样条线编辑模式。在参数面板中单击 修剪 按钮。

步骤 3： 将鼠标移到视图中需要打掉的交叉线段上单击。

步骤 4： 方法同上。依次单击需要打掉的线段。最终效果如图 2.5.123 所示。

步骤 5： 添加一个"倒角"修改器。在 修改器列表 ▼ 下拉列表框中选择 倒角 选项，"倒角"修改器的具体参数设置如图 2.5.124 所示。最终效果如图 2.5.125 所示。

(25)　延伸 。主要用来重新连接交叉点。具体操作步骤如下。

步骤 1： 打开一个场景文件，进入对象的样条线编辑模式，如图 2.5.125 所示。

步骤 2： 在参数面板中单击 延伸 按钮，在视图中单击需要延伸的曲线即可，如图 2.5.126 所示。

    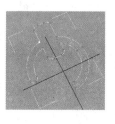 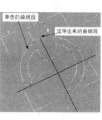

图 2.5.122　　　图 2.5.123　　　图 2.5.124　　　图 2.5.125　　　图 2.5.126　　　图 2.5.127

(26)　无限边界 。勾选此项，在进行修剪时，以无限远为界限进行修剪扩展运算。

(27)　切线。"切线"参数组的主要作用是复制和粘贴样条线顶点的切线曲度。具体操作方法如下。

步骤 1： 单击 复制 按钮，当前选择的样条线的所有顶点控制柄被显示出来，将鼠标移到需要复制的控制柄上，此时鼠标变成 形状，如图 2.5.128 所示。

步骤 2： 单击鼠标左键，即可将该顶点的切线复制到剪切板中。

步骤3：单击 粘贴 按钮，将鼠标移到需要粘贴的控制柄上，如图 2.5.129 所示。

步骤4：单击鼠标左键即可完成粘贴操作，如图 2.5.130 所示。

提示：在进行粘贴之前，勾选 粘贴长度 选项，手柄的长度也被复制和粘贴。

(28) 隐藏 。单击该按钮，隐藏选定的顶点、线段或样条线子对象。

(29) 全部取消隐藏 。单击该按钮，将所有隐藏的样条线子对象显示出来。

(30) 绑定 。单击该按钮，将鼠标移到样条线末端的顶点上，鼠标变成 ✚ 形状，按住鼠标左键拖曳到需要绑定的线段处，松开鼠标即可。

(31) 取消绑定 。选择绑定的顶点，单击该按钮即可取消绑定。

(32) 删除 。单击该按钮，删除当前选择的样条线子对象。

(33) 关闭 。单击该按钮，将开放的样条线连接闭合，如图 2.5.131 所示。

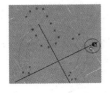 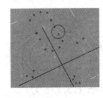 

| 图 2.5.128 | 图 2.5.129 | 图 2.5.130 | 图 2.5.131 |

(34) 拆分 。主要用来为选定线段添加指定的顶点数。方法是选择线段，设定拆分的段数值，单击该按钮即可。

(35) 分离 。单击该按钮，将当前选择的线段或样条线分离出来，成为一个独立的曲线对象。

提示：在单击 分离 按钮之前，如果勾选了 同一图形 选项，分离出来的线段与当前选择的样条线为同一个对象，而且 同一图形 选项只在线段编辑模式下起作用；如果勾选了 重定向 选项，分离出来的线段或样条线将作为独立的曲线被重新放置；如果勾选了 复制 选项，将保留原始线段或样条线，分离出来的只是选择的线段或样条线的复制品。

(36) 炸开 。单击该按钮，将选择的样条线打散为线段。

提示：在单击 炸开 按钮之前，如果选择 样条线 选项，打散的线段为同一个对象；如果选择 对象 选项，打散的线段成为各自独立的样条线对象。

(37) 显示选定线段 。勾选此项，在线段子对象模式下选择线段时，显示选择的线段。

6）"曲面属性"参数卷展栏

(1) 设置ID 。在 设置ID 右边的文本输入框中输入数值，按回车键，即可为单前选择的表面设置输入数值的 ID 号。

(2) 选择ID 。在 选择ID 右边的文本输入框中输入数值，按回车键，即可选择与文本输入框中相同数值的 ID 号曲面。

(3) 清除选定内容 。勾选此项，如果用户选择新的 ID 或材质名称，将取消以前选择的所有面片或元素。

3. "横截面" 修改器命令

"横截面" 修改器命令的主要作用是将多个三维曲线的顶点连成一个三维线框。

1) "横截面" 修改器命令的使用方法

步骤 1：打开一个场景文件，如图 2.5.132 所示。

步骤 2：在 "修改" 命令面板中，在 修改器列表 下拉列表框中选择 **横截面** 命令即可，如图 2.5.133 所示。

2) "横截面" 修改器参数说明

"横截面" 修改器参数面板如图 2.5.134 所示。具体介绍如下。

(1) **线性**。单选此项，三维曲线之间的顶点将以直线连接。

(2) **平滑**。单选此项，三维曲线之间的顶点将以平滑曲线连接。

(3) Bezier。单选此项，三维曲线之间的顶点将以 Bezier 曲线连接。

(4) Bezier **角点**。单选此项，三维曲线之间的顶点将以 Bezier 角点曲线连接。

提示：为了介绍方便，在后面的叙述中，添加某修改器是指在 "修改" 命令面板中的 修改器列表 下拉列表框中选择某修改器命令。

4. "曲面" 修改器命令

"曲面" 修改器命令的主要作用是使用准确、简炼的线条构建模型的空间网格。

1) "曲面" 修改器命令的使用方法

步骤 1：打开前面使用 "横截面" 修改器制作的模型文件。

步骤 2：给模型添加 "曲面" 修改器。设置参数，具体设置如图 2.5.135 所示。最终效果如图 2.5.136 所示。

图 2.5.132

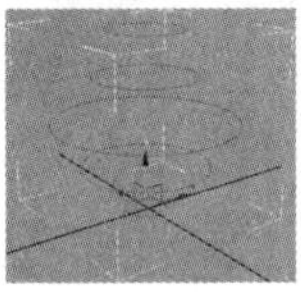

图 2.5.133

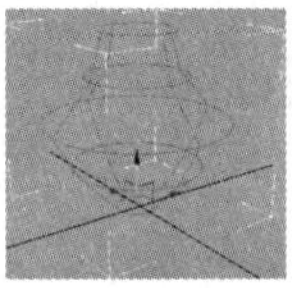

图 2.5.134

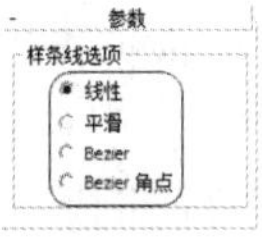

图 2.5.135

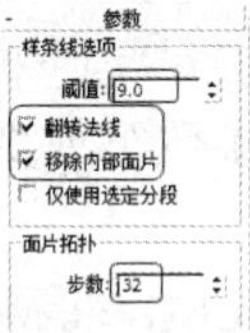

图 2.5.136

2) "曲面" 修改器参数说明

(1) **阈值**。主要用来设置焊接顶点的距离范围。

(2) **翻转法线**。勾选此项，将面片表面的法线进行翻转。

(3) **移除内部面片**。勾选此项，将内部看不到的多余面片删除。

(4) 仅使用选定分段。勾选此项，只显示在子对象级别中选择线段上的面片。

(5) **步数**。主要用来控制曲线的平滑程度。步数值越大，在两个点之间的曲线越平滑。

5. "删除面片/样条线" 修改器命令

"删除面片" 修改器的主要作用是将在修改堆栈中选择的面片子对象集合删除。使用该命令删除的面片不是真正意义上的删除。如果要恢复删除，只需将该修改器删除，或回到堆栈中的面片子对象层级中，将选择的面片取消选择即可。

"样条线"修改器的主要作用是将在修改堆栈中选择的样条线子对象集合删除。使用该命令删除的样条线不是真正意义上的删除。如果要恢复删除，只需将该修改器删除，或回到堆栈中的样条线子对象层级中，将选择的样条线取消选择即可。

6. "车削"修改器命令

"车削"修改器命令的主要作用是将选择的二维图形通过旋转生成三维造型。

1) "车削"修改器命令的使用方法

步骤 1：打开一个场景文件，如图 2.5.137 所示。

步骤 2：给样条线添加"车削"修改器命令。设置参数，具体参数设置如图 2.5.138 所示。最终效果如图 2.5.139 所示。

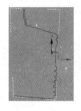
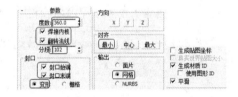

图 2.5.137　　　　　　　　　　　　图 2.5.138　　　　　　　　　　　　图 2.5.139

2) "车削"修改器命令参数说明

(1) 度数。主要用来设置二维图形的旋转角度。设置范围为 0°～360°。

(2) 焊接内核。勾选此项，将轴心重合的顶点进行焊接操作。

(3) 翻转法线。勾选此项，对旋转生成的模型表面法线进行反向操作。

(4) 分段。主要用来设置二维图形旋转圆周上的分段数。数值越大，模型表面越平滑。

(5) 封口。"封口"参数组主要用来确定顶部和底部以什么方式进行封口处理。主要有如下 4 个参数。

① 封口始端。勾选此项，将得到一个顶部封口的旋转模型。

② 封口末端。勾选此项，将得到一个底部封口的旋转模型。

③ 变形。单选此项，不对旋转模型进行面的精简计算。用户可以对旋转模型进行变形动画的制作。

④ 栅格。单选此项，对旋转模型进行面的精简计算。用户不能对旋转模型进行动画的制作。

(6) 方向。主要用来确定二维图形旋转中心轴的方向，主要有 X、Y 和 Z 这 3 个旋转中心轴。

(7) 对齐。主要用来确定二维图形与旋转中心轴的对齐方式，主要有"最小"、"中心"和"最大" 3 种对齐方式。

(8) 输出。主要用来确定车削生成模型的类型，主要有"面片"、"网格"和 NURBS 3 类模型。

(9) **生成贴图坐标**。勾选此项，系统自动为车削模型生成贴图坐标。

(10) **真实世界贴图大小**。勾选此项，贴图系统将使用实际"宽度"和"高度"值将贴图应用于模型。否则，贴图系统将根据 UV 值将贴图应用于模型。

(11) **生成材质 ID**。勾选此项，贴图系统将为模型指定材质 ID。旋转模型的两端面指定为 ID1 和 ID2，侧面指定为 ID3。

(12) **使用图形 ID**。勾选此项，模型将继承旋转模型生成的材质 ID 号。

(13) **平滑**。勾选此项，系统对旋转模型表面进行自动平滑处理。

7. "规格化样条线"修改器命令

"规格化样条线"修改器命令的主要作用是根据参数设置重新对选择曲线的顶点进行均匀分布调整。

1) "规格化样条线"修改器命令的使用方法

步骤 1：在场景中选择曲线，如图 2.5.140 所示。

步骤 2：给选择曲线添加"规格化样条线"修改器。设置参数，具体设置如图 2.5.141 所示。最终效果如图 2.5.142 所示。

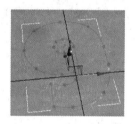 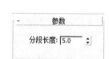 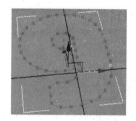

图 2.5.140   图 2.5.141   图 2.5.142

2) "规格化样条线"修改器命令参数说明

该修改器只有一个"分段长度"参数。"分段长度"值越大，顶点就越少，顶点与顶点之间的距离就越大，曲线就越粗糙。"分段长度"值越小，顶点就越多，顶点与顶点之间的距离就越小，曲线就越平滑。系统默认值为 20。

8. "圆角/切角"修改器命令

"圆角/切角"修改器命令的主要作用是对当前选择曲线折角处的顶点通过添加顶点进行圆角或切角处理。

1) "圆角/切角"修改器命令的使用方法

步骤 1：选择需要进行圆角/切角处理的二维图形或样条线，如图 2.5.143 所示。

步骤 2：给选择的二维图形添加"圆角/切角"修改器命令。在视图中选择星形外角点。设置"圆角/切角"修改器命令参数，具体设置如图 2.5.144 所示。单击 **应用** 按钮。即可得到如图 2.5.145 所示的效果。

步骤 3：方法同上。选择星形内角点。设置"圆角/切角"修改器命令参数中的"切角"参数，单击 **应用** 按钮，即可得到如图 2.5.146 所示的效果。

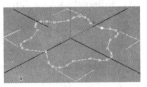

图 2.5.143　　　图 2.5.144　　　图 2.5.145　　　图 2.5.146

2)"圆角/切角"修改器命令的参数说明

"圆角/切角"修改器命令的参数比较简单，主要有圆角的"半径"和切角的"距离"两个参数，主要用来设置圆角的半径和切角的距离。

9."修剪/延伸"修改器命令

"修剪/延伸"修改器命令的主要作用是打掉交叉或重新连接交点。被打掉交叉的断点处自动重新闭合。

1)"修剪/延伸"修改器命令的使用方法

步骤 1：打开一个场景文件，在场景中选择图形对象，如图 2.5.147 所示。

步骤 2：给选中的图形对象添加"修剪/延伸"修改器。采用默认参数设置，在参数面板中单击 拾取位置 按钮，将鼠标移到需要删除的交叉线段上，鼠标变成 形状，单击鼠标左键即可将该交叉线段删除。

步骤 3：方法同上，依次将不需要的线段删除。最终效果如图 2.5.148 所示。

步骤 4：给修剪好的二维图形添加一个"编辑样条线"。进入顶点子层级，选中二维图形的所有顶点，如图 2.5.149 所示。在"编辑样条线"参数面板中单击 焊接 按钮，对断开的顶点进行焊接。

步骤 5：添加一个"挤出"修改器。具体参数设置如图 2.5.150 所示。最终效果如图 2.5.151 所示。

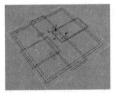
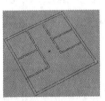

图 2.5.147　　　图 2.5.148　　　图 2.5.149　　　图 2.5.150　　　图 2.5.151

2)"修剪/延伸"修改器命令的参数说明

(1) 拾取位置 。单击该按钮，将鼠标移到需要打掉的交叉线段上，单击鼠标左键即可将交叉线打掉。

(2) 操作。"操作"参数组主要包括如下 4 个参数。

① 自动。单选此项，系统自动进行判断，能修剪的进行修剪，能延伸的进行延伸。

② 仅修剪。单选此项，只进行修剪操作。

③ 仅延伸。单选此项，只进行延伸操作。

④ 无限边界。勾选此项，系统将以无限远作为界限进行修剪。

(3) 相交投影。"相交投影"参数组主要包括如下 3 个参数。

① 视图。单选此项，只对当前视图显示的交叉曲线进行修剪。

② 构造平面。单选此项，只对构造平面上的交叉曲线进行修剪。

③ 无(3D)。单选此项，只对三维空间中真正交叉的曲线进行修剪。

10. "可渲染样条线"修改器命令

"可渲染样条线"修改器命令的主要作用是直接对样条线进行可渲染属性设置。特别适合对导入的 AutoCAD 样条线进行可渲染属性设置。

1)"可渲染样条线"修改器命令的使用方法

步骤 1：打开一个场景文件，在该场景中只包括一个文字二维图形，如图 2.5.152 所示。

步骤 2：选择文字二维图形，添加"可渲染样条线"修改器。设置参数，具体设置如图 2.5.153 所示。效果如图 2.5.154 所示。

步骤 3：重新调节"可渲染样条线"修改器的参数，具体调节如图 2.5.155 所示。最终效果如图 2.5.156 所示。

图 2.5.152　　　图 2.5.153　　　图 2.5.154　　　图 2.5.155　　　图 2.5.156

2)"可渲染样条线"修改器命令的参数说明

"可渲染样条线"修改器命令的参数作用和调节方法与编辑样条中"渲染"卷展栏参数的作用和调节方法完全一样，在这里就不再详细介绍，读者可参考前面的详细介绍。

11. "扫描"修改器命令

"扫描"修改器命令的主要作用是将二维图形沿着样条线或 NURBS 曲线挤压出截面对象。

1)"扫描"修改器命令的使用方法

步骤 1：打开一个场景文件，如图 2.5.157 所示。在该场景中包括一条样条线和一个二维文字图形。

步骤 2：在场景中选择样条线，添加一个"扫描"修改器命令。在"扫描"修改器命令参数面板中单击 抬取 按钮。在场景中单击二维文字图形，即可得到如图 2.5.158 所示的效果。

2)"扫描"修改器命令的参数说明

"扫描"修改器命令参数面板如图 2.5.159 所示，它主要包括 "截面类型"和"扫描参数"两大类。

"截面类型"卷展栏参数的具体介绍如下。

(1) 使用内置截面。勾选此项，样条线采用内部截面进行扫描。内置截面主要有如图 2.5.160 所示的 10 种类型。效果如图 2.5.161 所示。同时还增加了"插值"和"参数"卷展栏。

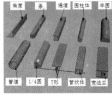

图 2.5.157　　　　图 2.5.158　　　　图 2.5.159　　　　图 2.5.160　　　图 2.5.161

(2) 使用定制截面。勾选此项，用户可以通过"拾取"、"拾取图形"或"提取"方法使用自己定义的截面图形。

(3) 合并自文件…。单击该按钮，弹出"文件合并"对话框，在该对话框中选择另一个 Max 文件，单击 打开 按钮，弹出"合并"对话框，在"合并"对话框中选择需要的扫描图形，单击 确定 按钮即可。

提示：在拾取截面图形时有"移动"、"实例"、"复制"和"参考"4 种方式。在拾取截面之前，如果单选移动项，扫描后作为截面的图形将消失；如果单选实例选项，扫描后对原始截面图形进行修改时，扫描对象也将跟着改变；如果单选复制选项，原始截面图形只将自己的复制品参与扫描，原始截面图形保持独立，对原始截面图形的修改不影响扫描对象；如果单选参考选项，扫描后对原始截面图形进行修改，扫面对象也跟着改变，对扫面对象进行修改，原始截面图形不受影响。

"插值"参数卷展栏主要包括如下 3 个参数。

① 步数：6。主要用来控制截面图形的步数，该值越大，扫描对象的表面越光滑。

② 优化。勾选此项，系统将自动删除直线截面上多余的步数来达到优化的效果。

③ 自适应。勾选此项，系统将自动对截面进行优化处理，同时"步数"和"优化"失效。

提示："参数"卷展栏中的参数根据所选择的内置截面图形不同而有所不同。该参数比较简单，在这里就不再详细介绍。详细介绍可观看教学视频。

"扫描参数"卷展栏参数的具体介绍如下。

(1) XZ 平面上的镜像。勾选此项，将截面图形沿着 XZ 轴进行镜像操作。

(2) XY 平面上的镜像。勾选此项，将截面图形沿着 XY 轴进行镜像操作。

(3) X 偏移里：0.0。主要用来控制相对于曲线移动截面的水平位置。

(4) Y 偏移里：0.0。主要用来控制相对于曲线移动截面的垂直位置。

(5) 平滑截面。勾选此项，在生成扫描对象时，自动圆滑扫描对象的截面表面。

(6) 平滑路径。勾选此项，在生成扫描对象时，自动圆滑扫描对象的路径表面。

(7) 轴对齐。"轴对齐"参数组主要用来确定截面图形与样条线路径对齐的 2D 栅格。用鼠标单击 9 个黑点按钮之一，即可确定对齐轴。

(8) 倾斜。勾选此项，如果路径弯曲并改变其局部 Z 轴的高度，截面图形便围绕样条路径旋转。

(9) 并集交集。如果生成扫描的样条曲线自身存在相互交叉的线段，勾选此项，生成扫描对象时，交叉线段的公共部分将生成新面。

(10) 生成贴图坐标。勾选此项，在生成扫描对象时自动生成贴图坐标。

(11) 真实世界贴图大小。勾选此项，主要用来控制扫描对象应用材质纹理贴图的缩放方式。

(12) 生成材质 ID。勾选此项，在扫描时自动生成材质 ID。

(13) 使用截面 ID。单选此项，扫描生成对象使用截面 ID。

(14) 使用路径 ID。单选此项，扫描生成对象使用路径 ID。

视频播放：任务四的详细讲解，可观看配套视频"任务四：面片和样条线的编辑"。

任务五：网格编辑

在 3ds Max 中，网格编辑修改器主要包括删除网格、编辑网格、编辑多边形、挤出、面挤出、法线、平滑、倒角、倒角剖面、细化、STL 检查、补洞、顶点绘制、优化、多分辨率、顶点焊接、对称、编辑法线、四边形网格化和 ProOPtimizer 等修改器。各个修改器的作用、操作方法和参数说明的详细介绍如下。

1. "删除网格"修改器命令

"删除网格"修改器命令主要用来删除在修改堆栈中选择的子对象(点、边、面、多变形、边界、元素和对象)集合。

提示：使用"删除网格"修改器删除子对象与使用键盘上的 Delete 键删除子对象的效果一样，但删除方式不同。如果使用"删除网格"修改器删除子对象，用户很容易控制删除子对象，因为它是一个变动修改器，没有真正的将选择的子对象集合删除，当用户需要恢复被删除的子对象时，只要将该修改器命令关闭或删除即可。如果直接使用 Delete 键删除子对象，是真正的将选择的子对象删除，当需要恢复被删除的子对象时，必须将堆栈之后的所有操作也恢复才行，如果操作步骤超出系统最大的保存步骤时，就不能恢复删除。

"删除网格"修改器命令的使用方法如下。

步骤 1：打开一个场景文件。场景只包括一个立体文字的可编辑网格对象，如图 2.5.162 所示。

步骤 2：进入该对象的"多边形"子层级。选择需要删除的多边形，如图 2.5.163 所示。

步骤 3：添加一个"删除网格"修改器，效果如图 2.5.164 所示。修改面板如图 2.5.165 所示。

步骤 4：如果需要恢复删除的多边形子对象，在浮动面板的堆栈中选择"删除网格"修改器，单击 (从堆栈中移除修改器)按钮即可。

  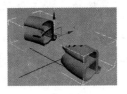

图 2.5.162　　　　　　图 2.5.163　　　　　　图 2.5.164　　　　图 2.5.165

2. "编辑网格"修改器命令

"编辑网格"修改器命令的主要作用是针对网格对象的不同子层级结构进行编辑。

在介绍编辑网格命令的使用方法、各个参数的作用和使用方法之前，下面先介绍创建"网格对象"的几种主要方法。

1）将其他对象直接转换为网格对象

步骤 1：在场景中，选择需要转换的对象(几何体、NURBS、多变形或二维图形)。

步骤 2：在选择的对象上右击，在弹出的快捷菜单中选择"转换为"→"转换为可编辑网格"命令即可。

2）通过塌陷的方法获取网格对象

步骤 1：在浮动面板中单击 (工具)选项，将浮动面板切换到"工具"浮动面板。在"工具"浮动面板中单击 塌陷 按钮。在"塌陷"参数面板中设置"输出类型"为"网格"，如图 2.5.166 所示。

步骤 2：在场景中选择需要转换的对象(几何体、NURBS、多变形或二维图形)。

步骤 3：在"工具"浮动面板中单击 塌陷选定对象 按钮，即可将选定的对象转换为网格对象。

3）通过添加"编辑网格"修改器获取网格对象

步骤 1：在场景中选择需要转换的对象(几何体、NURBS、多变形或二维图形)。

步骤 2：给选定的对象添加"编辑网格"修改器。添加修改器之后，"修改"浮动面板如图 2.5.167 所示。

4）"编辑网格"参数

A．"选择"参数卷展栏。具体参数介绍如下。

(1) 子层级切换按钮。在"选择"卷展栏中主要包括 (顶点)、 (边)、 (面)、 (多边形)和 (元素)5 个按钮，用户也可以按键盘上 1、2、3、4 和 5 来切换子层级。

(2) **按顶点**。勾选此项，在选择某一个顶点时，与该顶点相连的边、面或多边形将被一起选中。

(3) **忽略背面**。勾选此项，在进行框选时，看不到顶点、边、面或多边形的子对象将不被选中。

(4) **忽略可见边**。勾选此项，在选择多边形面时，将所有平滑阈值在设定的平滑阈值内的多边形边选中。

(5) **显示法线**。勾选此项，将显示选择面、多边形或元素的法线，如图 2.5.168 所示。法线的长度由 比例：12.5 决定。

(6) **删除孤立顶点**。勾选此项，在删除子对象(顶点子对象除外)时，孤立的顶点也将被删除。

（7）**隐藏/全部取消隐藏**。单击 **隐藏** 按钮，将选定的子对象隐藏。单击 **全部取消隐藏** 按钮将所有隐藏的子对象显示出来。

（8）**命名选择**。"命名选择"参数集主要用来复制和粘贴子对象选择集。具体操作方法如下。

步骤 1：选择子对象集(顶点、边、面或多边形)。在这里以选择多边形子对象集为例，如图 2.5.169 所示。在 新建选择集 中输入子对象选择集的名称"xzm"，按回车键。

步骤 2：单击 **复制** 按钮，弹出"复制命名选择"对话框，选择需要复制的选择集名称，如图 2.5.170 所示。单击"确定"按钮即可将选择集复制到剪切板中。

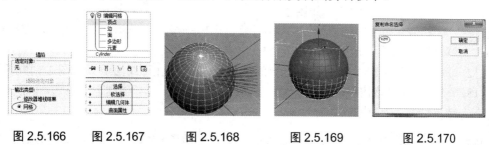

图 2.5.166　　图 2.5.167　　图 2.5.168　　图 2.5.169　　图 2.5.170

步骤 3：退出该对象的子对象层级。选择另一个网格对象。进入该对象多边形子层级，单击 **粘贴** 按钮，即可将剪切板中的子对象选择集复制给当前对象，如图 2.5.171 所示。

提示："软选择"参数卷展栏在这里就不再介绍，可查阅前面项目中"软选择"参数的使用和参数说明，也可以观看配套教学视频。

B．"编辑几何体"参数卷展栏。具体参数介绍如下。

（1）**创建**。单击该按钮，用户即可在视图中创建新的顶点、面、多边形或元素。

（2）**删除**。单击该按钮，即可将选择的子对象删除。

（3）**附加**。单击该按钮，在场景中单击需要附加的对象，即可将单击的对象添加到该对象中。添加的对象可以是任何类型(例如样条线、面片或 NURBS 对象等)的。

（4）**分离**。单击该按钮，将选择的子对象从该对象中分离出去成为一个新对象。

（5）**拆分**。单击该按钮，将鼠标移到对象的表面上单击，即可将该表面进行拆分处理。

（6）**改向**。单击该按钮，再单击边，即可改变该边的方向。

（7）**挤出**。单击该按钮，将鼠标移到需要进行挤出的子对象(顶点子对象除外)上，此时鼠标变成 形态，按住鼠标左键不放，往上进行拖曳增加子对象的厚度凸出。往下拖曳增加子对象的厚度往内凹入。

（8）**切角**。单击该按钮，将鼠标移到需要进行切角处理的顶点上鼠标变成 形态，移到需要进行切角处理的边上，鼠标变成 形态，按住鼠标左键不放进行拖曳，即可对选择的顶点或边进行切角处理，如图 2.5.172 所示。

（9）**倒角**。单击该按钮，将鼠标移到需进行倒角的面上，此时，鼠标变成 形态，按住鼠标左键不放进行拖曳，往上移动对选择的面向内挤出成形，往上移动对选择的面向外挤出成形。确定挤出的厚度，松开鼠标，再移动鼠标，确定倒角的大小，如图 2.5.173 所示。

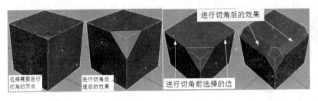

图 2.5.171　　　　　　　图 2.5.172　　　　　　　　图 2.5.173

(10) 法线。"法线"参数组主要用来确定是对选择的面片组平均法线挤出或倒角，还是以面自身法线进行挤出或倒角，如图 2.5.174 所示。

(11) 切片平面。单击该按钮，在选择对象上出现一个正方形的平面。用户可以对切片平面进行移动、旋转或缩放操作，如图 2.5.175 所示。

(12) 切片。单击该按钮，即可对选择的平面沿切平面进行切割操作，如图 2.5.176 所示。

(13) 切割。单击该按钮，将鼠标移到需要细分的边上单击，移到下一条边，依次单击，最后右击结束切割，如图 2.5.177 所示。

提示：如果在进行切片、切割或剪切操作之前勾选了分割选项，则在细分的边上创建双重顶点。用户可以使用移动工具对顶点进行位移操作形成破洞。

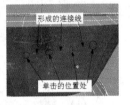

图 2.5.174　　　　　　　图 2.5.175　　　　　图 2.5.176　　　　　图 2.5.177

(14) 优化端点。勾选此项，对相连的面进行平滑处理。

(15) 焊接。"焊接"参数组主要包括如下两个按钮。

① 选定项。单击该按钮，将选定的顶点且在设置范围值内的顶点合并成一个顶点。

② 目标。单击该按钮。将鼠标移到顶点上，按住鼠标左键不放的同时，移到目标顶点上，松开鼠标左键即可将该顶点与目标顶点合并成一个顶点。

(16) 细化。单击该按钮，系统将根据用户的设置，对选择的表面进行分裂复制，分裂出更多的面。

提示：对选择的表面进行细化时有两种细化方式。按"边"方式进行细化，即根据选择面的边进行分裂复制，如图 2.5.178 所示。按"面中心"方式进行细化，即根据选择面的中心进行分裂复制，如图 2.5.179 所示。

(17) 炸开。将当前选择的面打散后分离当前对象，成为独立的新对象或新元素。具体操作方法如下。

步骤 1：在场景中选择需要炸开操作的面。在 炸开 按钮右边的输入框中输入数值。

步骤 2：单击 炸开 按钮，弹出"炸开"对话框，如图 2.5.180 所示，在"炸开"对话框中输入炸开后的新对象的名称。单击 确定 按钮即可。

提示：在单击 炸开 按钮之前，如果单选 对象 选项，将选择的面分离出当前选择的对象，形成新的独立对象。如果单选 元素 选项，则将选择的面分离成元素，还属于当前选择对象。

(18) 移除孤立顶点 。单击该按钮，将当前选择对象中所有孤立的顶点删除。

(19) 选择开放边 。单击该按钮，将当前选择对象中所有开放的边选中，如图 2.5.181 所示。

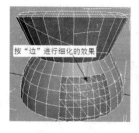
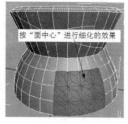

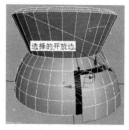

图 2.5.178　　　　　图 2.5.179　　　　　图 2.5.180　　　　　图 2.5.181

(20) 由边创建图形 。在视图中选择如图 2.5.182 所示的边。单击"由边创建图形"按钮，弹出"创建图形"对话框，如图 2.5.183 所示，根据任务要求设置参数，单击 确定 按钮即可创建新的曲线对象，如图 2.5.184 所示。

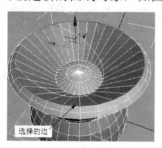

图 2.5.182　　　　　　　图 2.5.183　　　　　　　图 2.5.184

(21) 视图对齐 。单击该按钮，将选择的顶点或子对象对齐到同一个平面中，且该平面与选择视图平行。

(22) 栅格对齐 。单击该按钮，将选择的顶点或子对象对齐到同一个平面，且该平面与活动视图中的栅格平面平行。

(23) 平面化 。单击该按钮，将所有选择的顶点或子对象压制成一个平面，如图 2.5.186 所示。

(24) 塌陷 。单击该按钮，将选择的所有子对象合并成一个顶点，如图 2.5.187 所示。
"曲面属性"参数卷展栏的介绍如下。

"曲面属性"参数卷展栏只有在网格子对象层级下才出现，而其在不同子对象层级下，参数也有所不同。

A．在顶点子层级模式下的"曲面属性"参数卷展栏。如图 2.5.187 所示，具体介绍如下。

图 2.5.185

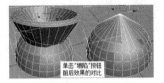

图 2.5.186

图 2.5.187

(1) 权重：$\boxed{1.0}$。主要用来控制顶点的权重大小。

(2) 编辑顶点颜色。"编辑顶点颜色"参数组主要包括如下几个参数。

① 颜色。主要用来设置选择顶点的颜色。

② 照明。主要用来调节选择顶点的明暗度。

③ Alpha：$\boxed{100.0}$。主要用来设置选择顶点的透明度。

(3) 顶点选择方式。"顶点选择方式"参数组主要用来确定顶点的选择方式。主要有如下 3 种选择方式。

① 颜色。单选此项，按顶点的颜色选择顶点。

② 照明。单选此项，按顶点的明暗度选择顶点。

③ 范围。单选此项，按顶点颜色近似范围选择顶点。

B．在边子层级模式下的"曲面属性"参数卷展栏。如图 2.5.188 所示，具体介绍如下。

(1) 可见 。单击该按钮，将选择的不可见边变成可见边。

(2) 不可见 。单击该按钮，将选择的可见边变成不可见边。

(3) 自动边。"自动边"参数组主要用来控制边的显示方法。主要通过自动比较共线面之间的夹角或阈值大小来决定选择边的可见性。

C．在面、多边形和元素子层级模式下的"曲面属性"参数卷展栏。如图图 2.5.189 所示，具体介绍如下。

图 2.5.188

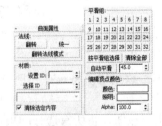

图 2.5.189

(1) 法线。"法线"参数组主要用来控制选择面的法线。主要包括如下 3 个参数。

① 翻转 。单击该按钮，将选择面的法线进行反向操作。

② 统一 。单击该按钮，将选择面的法线进行方向统一，在一般情况下法线统一向外。

③ 翻转法线模式 。单击该按钮，在视图中单击对象的子对象，子对象法线反向。

(2) 材质。"材质"参数组主要有如下两个参数。

① 设置 ID。主要用来设置选择表面的材质 ID 号。

② 选择 ID 。单击该按钮，将所有与该 ID 号相同的表面子对象选中。

(3) 平滑组。"平滑组"参数组主要有如下三个参数。

① 按平滑组选择 。单击该按钮，将所有具有当前平滑组号的表面选中。

② 清除全部 。单击该按钮，将选择表面的平滑组号取消。

③ 自动平滑。单击该按钮，根据该按钮右边设置的阈值大小进行自动平滑处理。

(4) 编辑顶点颜色。"编辑顶点颜色"参数组可参考前面介绍。

3．"编辑多边形"修改器命令

"编辑多边形"修改器命令的主要作用是针对多边形对象的不同子层级结构进行编辑。

在介绍编辑多边形命令的使用方法、各个参数的作用和使用方法之前，先介绍创建"多边形对象"的几种主要方法。

1) 将其他对象直接转换为多边形对象

步骤 1：在场景中，选择需要转换的对象(几何体、NURBS、网格对象或二维图形)。

步骤 2：在选择的对象上右击，在弹出的快捷菜单中选择"转换为"→"转换为可编辑多边形"命令即可。

2) 通过添加"编辑网格"修改器获取网格对象

步骤 1：在场景中选择需要转换的对象(几何体、NURBS、多变形或二维图形)。

步骤 2：给选定的对象添加"编辑多边形"修改器。添加修改器之后，"修改"浮动面板如图 2.5.190 所示。

3) "编辑多边形"参数

A．"编辑多边形模式"参数卷展栏。具体参数如图 2.5.191 所示，具体介绍如下。

(1) 模型 。单选此项，当前多边形对象使用模型编辑模式。在该模式下，用户不能设置动画。

(2) 动画 。单选此项，当前多边形对象使用动画编辑模式。在该模式下，用户可以对多边形子对象中的一些参数进行动画编辑。例如，挤出、切角等参数。

"选择"参数卷展栏具体参数如图 2.5.192 所示。在这里不再详细介绍，读者可参考前面的"多边形选择"修改器中的介绍或观看配套教学视频。

图 2.5.190　　　　　图 2.5.191　　　　　图 2.5.192

"软选择"参数卷展栏在这里也不再详细介绍，读者可参考前面的介绍或观看配套教学视频。

"编辑顶点"参数卷展栏具体参数如图 2.5.193 所示，具体介绍如下。

(1) 移除 。单击该按钮，将当前选择的顶点从当前对象中删除。

提示：使用 移除 命令，只使将选择的顶点从当前选择的对象中删除，不会破坏表面；而使用键盘上的 Delete 键删除顶点，会对表面进行破坏，形成破洞，如图 2.5.194 所示。

(2) 断开 。单击该按钮，将当前选择的顶点分离成更多的顶点，与该顶点连接的面将不再共点，如图 2.5.195 所示。

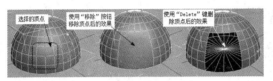

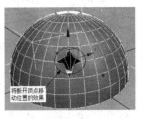

图 2.5.193　　　　　　　　　图 2.5.194　　　　　　　　　图 2.5.195

(3) 挤出 □ 。选择需要挤出的顶点，单击 挤出 □ 右边的 □ 按钮，弹出挤出设置面板，具体设置如图 2.5.196 所示，设置完毕，单击 ✓ 按钮即可得到如图 2.5.197 所示的效果。

(4) 焊接 □ 。选择需要焊接的顶点，单击 焊接 □ 右边的 □ 按钮，弹出焊接设置面板，具体设置如图 2.5.198 所示，设置完毕，单击 ✓ 按钮即可得到如图 2.5.199 所示的效果。

  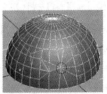

图 2.5.196　　　　图 2.5.197　　　　图 2.5.198　　　　图 2.5.199

(5) 切角 □ 。选择需要进行切角的顶点，单击 切角 □ 右边的 □ 按钮，弹出切角设置面板，具体设置如图 2.5.200 所示，设置完毕，单击 ✓ 按钮即可得到如图 2.5.201 所示的效果。

(6) 目标焊接 。单击该按钮，单击焊接顶点，此时，焊接顶点与鼠标之间出现一条虚线。将鼠标移到目标顶点上单击即可将这两个顶点焊接在一起。

(7) 连接 。单击该按钮，系统将选择的顶点用线段串联在一起，如图 2.5.202 所示。

(8) 移除孤立顶点 。单击该按钮，将所有孤立顶点进行移除操作。

(9) 移除未使用的贴图顶点 。单击该按钮，将所有没用的贴图顶点进行删除。

B. "编辑边"参数卷展栏。具体参数如图 2.5.203 所示，具体介绍如下。

  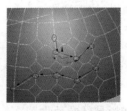 

图 2.5.200　　　　图 2.5.201　　　　图 2.5.202　　　　图 2.5.203

(1) **插入顶点**。单击该按钮，将鼠标移到当前对象的边上，鼠标变成 ✛ 形状，单击即可为该边添加一个新顶点。

(2) **移除**。单击该按钮，将选择的边删除。

提示：使用"移除"命令将选择的边删除，只是将该边删除，不会形成破洞。而使用键盘上的 Delete 键将选择的边删除，会将与该边相连的面也删除，形成破洞，如图 2.5.204 所示。

(3) **分割**。单击该按钮，将沿选择的边分离多边形。使用该命令不能直接查看效果。使用移动工具移动分割的边可即刻看到效果，如图 2.5.205 所示。

(4) **挤出** □。选择需要进行挤出的边，单击 **挤出** □ 右边的 □ 按钮，弹出"挤出边"设置面板，具体设置如图 2.5.206 所示。单击 ✓ 按钮即可得到如图 2.5.207 所示的效果。

   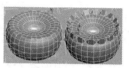

图 2.5.204　　　　图 2.5.205　　　图 2.5.206　　　　图 2.5.207

(5) **焊接** □。单击 **焊接** 按钮，将选择的且在阈值范围内的边界边合并成一条边。

(6) **桥** □。选择需要桥接的边界边，如图 2.5.208 所示。单击 **桥** □ 右边的 □ 按钮，弹出"桥"设置面板，具体设置如图 2.5.209 所示。单击 ✓ 按钮即可得到如图 2.5.210 所示的效果。

(7) **切角** □。选择需要进行切角处理的边，如图 2.5.211 所示。单击 **切角** □ 右边的 □ 按钮，弹出"切角"设置面板，具体设置如图 2.5.212 所示。单击 ✓ 按钮即可得到如图 2.5.213 所示的效果。

     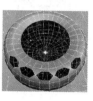

图 2.5.208　　　图 2.5.209　　　图 2.5.210　　　图 2.5.211　　图 2.5.212　　　图 2.5.213

(8) **连接** □。选择需要进行连接的边，如图 2.5.214 所示。单击 **连接** □ 右边的 □ 按钮，弹出"连接边"设置面板，具体设置如图 2.5.215 所示。单击 ✓ 按钮即可得到如图 2.5.216 所示的效果。

(9) **目标焊接**。单击该按钮，将鼠标移到需要焊接的边界边上单击，移动鼠标到目标边界边上单击，即可将这两条边合并成一条边。

(10) **创建图形**。单击该按钮，将选择的边复制出复制品并作为独立的图形对象。

(11) **编辑三角剖分**。单击该按钮，显示出对象的三角面，如图 2.5.217 所示。用鼠标分别单击四边面对角顶点，即可将三角面改向，如图 2.5.218 所示。

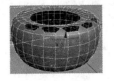
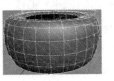
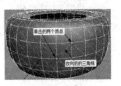

图 2.5.214   图 2.5.215   图 2.5.216   图 2.5.217   图 2.5.218

（12）旋转。单击该按钮，在视图中单击"多边形"面对角虚线，即可改变面的三角线方向。

"编辑边界"参数卷展栏具体参数如图 2.5.219 所示。选择边界边，如图 2.5.220 所示，单击 封口 按钮，即可将选择的闭合边界边进行封口。使用移动工具对封口面进行操作，如图 2.5.221 所示。

提示：其他"边界边"参数卷展栏中的参数在这里就不再详细介绍，可参考"边"参数卷展栏参数说明或观看配套视频教学。

C. "编辑多边形"参数卷展栏。具体参数如图 2.5.222 所示，具体介绍如下。

（1）插入顶点。单击该按钮，在表面上单击，即可插入一个顶点，且该顶点与表面的对角顶点连接，如图 2.5.223 所示。

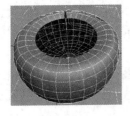

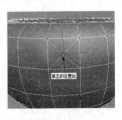

图 2.5.219   图 2.5.220   图 2.5.221   图 2.5.222   图 2.5.223

（2）挤出。选择需要进行挤出操作的面，如图 2.5.224 所示。单击 挤出 右边的 按钮，弹出"挤出"设置面板，具体设置如图 2.5.225 所示，单击 按钮即可得到如图 2.5.226 所示的效果。

（3）轮廓。选择需要进行轮廓操作的面，如图 2.5.227 所示。单击 轮廓 右边的 按钮，弹出"轮廓"设置面板，具体设置如图 2.5.228 所示。单击 按钮即可得到如图 2.5.229 所示的效果。

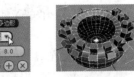

图 2.5.224   图 2.5.225   图 2.5.226   图 2.5.227   图 2.5.228   图 2.5.229

（4）倒角。选择需要进行倒角操作的面，如图 2.5.230 所示。单击 倒角 右边的 按钮，弹出"倒角"设置面板，具体设置如图 2.5.231 所示。单击 按钮即可得到如图 2.5.232 所示的效果。

(5) 插入 ☐。选择需要进行插入操作的面，如图 2.5.233 所示。单击 插入 ☐右边的☐按钮，弹出"插入"设置面板，具体设置如图 2.5.234 所示。单击☑按钮即可得到如图 2.5.235 所示的效果。

   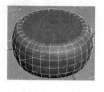

图 2.5.230　　图 2.5.231　　图 2.5.232　　　图 2.5.233　　　图 2.5.234　　　图 2.5.235

(6) 桥 ☐。选择需要进行桥接操作的面，如图 2.5.236 所示。单击 桥 ☐右边的☐按钮，弹出"桥"设置面板，具体设置如图 2.5.237 所示。单击☑按钮即可得到如图 2.5.238 所示的效果。

(7) 翻转。单击该按钮，即可将选择面的法线进行反向操作。

(8) 从边旋转 ☐。选择如图 2.5.239 所示的面。单击从边旋转 ☐右边的☐按钮，弹出"从边旋转"设置面板，在该面板中单击☐图标，在视图中单击需要的边，设置"从边旋转"面板，具体设置如图 2.5.240 所示。单击☑按钮即可得到如图 2.5.241 所示的效果。

图 2.5.236　　　　图 2.5.237　　　　图 2.5.238　　　　图 2.5.239　　　图 2.5.240　　　图 2.5.241

(9) 沿样条线挤出 ☐。选择如图 2.5.242 所示的面。单击 沿样条线挤出 ☐右边的☐按钮，弹出"沿样条线挤出"设置面板，在该面板中单击☐图标，在视图中单击样条线，设置"沿样条线挤出"设置面板，具体设置如图 2.5.243 所示。单击☑按钮即可得到如图 2.5.244 所示的效果。

(10) 编辑三角剖分。单击该按钮，显示出对象的三角面。用鼠标分别单击四边面对角顶点，即可将三角面改向。

(11) 重复三角算法。单击该按钮，系统自动重新分布多边形内部三角面，生成更为合理的三角面。

(12) 旋转。单击该按钮，在视图中单击"多边形"面对角虚线，即可改变面的三角线方向。

D．"编辑元素"参数卷展栏。具体参数如图 2.5.245 所示，在这里就不再详细介绍，可参考"编辑多边形"参数卷展栏的详细介绍或配套视频教学。

E．"编辑几何体"参数卷展栏。具体参数如图 2.5.246 所示，具体介绍如下。

 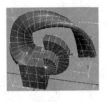 

图 2.5.242　　　　图 2.5.243　　　　图 2.5.244　　　　图 2.5.245　　　　图 2.5.246

(1) 重复上一个。单击该按钮或按键盘上的【;】键，重复上一次的操作。

(2) 约束。"约束"参数组的主要作用是在进行变换操作时，将约束在指定的子对象上移动。如果单选边选项，选择的顶点只能沿着边进行移动；如果单选面选项，只能沿着多边形的表面进行移动；如果单选法线选项，只能沿着多边形面法线方向移动。

(3) 保持UV。选中此项，在编辑对象的多边形或元素时，对象的 UV 贴图不受影响。

(4) 创建。单击该按钮，即可为当前对象创建单个顶点、面、多边形或元素子对象。

(5) 塌陷。单击该按钮，将当前选择的顶点、线、面、多边形或元素合并成一个点与周围的面进行连接。

(6) 附加。单击该按钮，在场景中单击其他对象，即可将单击对象附加到当前对象中。

(7) 分离。单击该按钮，将选择的子对象从该对象中分离出去成为一个新对象。

(8) 切片平面。单击该按钮，在选择对象上出现一个正方形的平面。用户可以对切片平面进行移动、旋转或缩放操作，如图 2.5.247 所示。

(9) 切片。单击该按钮，即可对选择的平面沿切平面进行切割操作，如图 2.5.248 所示。

(10) 切割。单击该按钮，将鼠标移到需要细分的边上单击，移到下一条边，依次单击，最后右击结束切割，如图 2.5.249 所示。

提示： 如果在进行切片、切割或剪切操作之前勾选了分割选项，则在细分的边上创建双重顶点。用户可以使用移动工具对顶点进行位移操作形成破洞。

(11) 重置平面。单击该按钮，将切平面恢复到初始状态。

(12) 快速切片。单击该按钮，在场景中单击，确定切割的旋转顶点。移动鼠标确定切割线的方向，如图 2.5.250 所示，单击鼠标左键即可创建一条剪切线。

 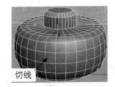 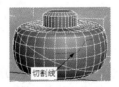 

图 2.5.247　　　　图 2.5.248　　　　图 2.5.249　　　　图 2.5.250

(13) 网格平滑。单击该按钮，根据当前的平滑设置对选择的子对象进行平滑处理。

(14) 细化。单击该按钮，根据当前的细化设置对选择的子对象进行细化处理。

(15) 平面化。单击该按钮，使选择的子对象沿 X、Y 或 Z 轴进行对齐操作。

（16） 视图对齐 。单击该按钮，使选择的子对象与当前视图对齐，且所选子对象被挤压成一个平面。

（17） 栅格对齐 。单击该按钮，使选择的子对象与当前视图中的活动栅格对齐，且所选子对象被挤压成一个平面。

（18） 松弛 。单击该按钮，对选择的子对象进行规格化网格空间的操作。

（19） 隐藏选定对象 。单击该按钮，将所有选择的子对象进行隐藏。

（20） 全部取消隐藏 。单击该按钮，将所有隐藏的子对象显示出来。

（21） 隐藏未选定对象 。单击该按钮，将当前对象中未被选定的子对象进行隐藏。

（22） 命名选择 。"命名选择"参数组主要用来对子对象选择集进行复制和粘贴操作。

（23） 删除孤立顶点 。勾选此项，在删除选择子对象(顶点子对象除外)时，孤立的顶点也被删除。

提示："多边形：材质 ID"参数卷展栏和"多边形：平滑组"参数卷展栏的参数介绍可参考前面介绍的"网格编辑"参数的说明或配套视频教学。

F．"绘制变形"参数卷展栏。具体参数如图 2.5.251 所示，具体介绍如下。

（1） 推/拉 。单击该按钮，在当前选择对象的表面按住鼠标左键不放进行拖曳，即可将对象的表面向外拉，如图 2.5.252 所示。如果按住键盘上 Alt 键和鼠标左键不放进行拖曳，则将对象的表面向内推，如图 2.5.253 所示。

（2） 松弛 。单击该按钮，在当前对象表面按住鼠标左键不放进行拖曳，系统将通过改变对象中顶点的位置来实现对象表面平滑过渡，如图 2.5.254 所示。

  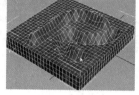 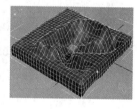

图 2.5.251　　　　图 2.5.252　　　　图 2.5.253　　　　图 2.5.254

（3） 复原 。单击该按钮，在进行了"推/拉"或"松弛"操作的表面上，按住鼠标左键不放的同时进行涂抹，可以将对象表面恢复到原始状态。

（4） 推/拉方向。"推/拉方向"参数组主要用来控制"推/拉"或"松弛"操作的方向。如果单选原始法线选项，被推/拉的顶点将沿着曲面变形之前的法线方向进行移动；如果单选变形法线选项，被推/拉的顶点将沿着当前的法线方向进行移动；如果单选 X、Y 或 Z 选项，被推/拉的顶点将沿着 X、Y 或 Z 轴方向移动。

（5） 推/拉值。主要用来控制推/拉操作的方向和最大范围。当值为正时，将顶点拉出曲面，值为负时，将顶点推进曲面。

（6） 笔刷大小。主要用来控制推/拉笔刷的半径大小。

（7） 笔刷强度。主要用来控制推/拉笔刷操作的速度，该值越大，达到完全值的速度越快。笔刷强度的最小值为 0，最大值为 1。

(8) 笔刷选项。单击该按钮，弹出"绘制选项"对话框，如图 2.5.255 所示。在该对话框中，用户可以自定义笔刷的形状、镜像和敏压等相关属性。

(9) 提交。单击该按钮之后，进行"推/拉"操作的结果将替换原始对象，且结果不能通过单击 复原 按钮进行恢复。

(10) 取消。单击该按钮，撤销所有没有提交的"推/拉"操作。

4. "挤出"修改器命令

"挤出"修改器命令的主要作用是将二维图形挤出成三维实体模型，且可以将挤出的三维实体模型输出成面片对象、网格对象和 NURBS 对象中的任意一种类型。

1) "挤出"修改器命令的使用方法

步骤 1：打开一个场景文件，如图 2.5.256 所示。

步骤 2：选择该二维图形对象，给该对象添加一个"挤出"修改器。

步骤 3：设置"挤出"修改器的参数，具体设置如图 2.5.257 所示。最终效果如图 2.5.258 所示。

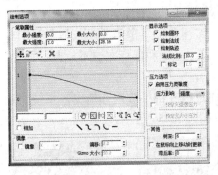
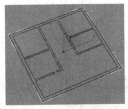

图 2.5.255　　　　　　图 2.5.256　　　　图 2.5.257　　　　图 2.5.258

2) "挤出"修改器命令的参数说明

(1) 数量。主要用来控制挤出的高度大小。

(2) 分段。主要用来控制挤出高度上的片段划分数。

(3) 封口。主要用来控制挤出对象两端有无封口面和封口面的类型。主要有如下 4 个参数选项。

① 封口始端。勾选此项，则挤出对象的开始端添加封口面。

② 封口末端。勾选此项，则挤出对象的末端添加封口面。

③ 变形。单选此项，添加的封口面可以用于变形动画的制作，保证点面数恒定不变。

④ 栅格。单选此项，系统对添加的封口面的边界线进行重新分布，以最精简的点面数来获取优秀的造型。

(4) 输出。"输出"参数组主要用来控制挤出对象的类型。主要有如下 3 个参数选项。

① 面片。单选此项，挤出的对象为面片模型。

② 网格。单选此项，挤出的对象为网格模型。

③ NURBS 单选此项，挤出的对象为 NURBS 模型。

(5) 生成贴图坐标。勾选此项，系统将贴图坐标应用到挤出对象中。

(6) 真实世界贴图大小。勾选此项，对指定的对象应用材质纹理贴图时，以贴图真实大小进行贴图。

(7) 生成材质 ID 。勾选此项，对顶端封口面指定 ID 为 1，对起始段封口面指定 ID 为 2，对挤出的侧面指定 ID 为 3。

(8) 使用图形 ID 。勾选此项，则挤出对象的材质由挤出图形的 ID 决定。

(9) 平滑。勾选此项，对挤出的表面进行平滑处理。

5. "面挤出"修改器命令

"面挤出"修改器命令的主要作用是对堆栈中下层选择的面集合进行挤出，使原始对象表面挤出或凹陷。

1) "面挤出"修改器命令的使用方法

步骤 1：打开一个场景文件，在该对象中只包括一个多边形对象。

步骤 2：进入该对象的"多边形"子层级对象中，选择如图 2.5.259 所示的面。

步骤 3：给该对象添加一个"面挤出"修改器，设置"面挤出"修改器的参数，具体设置如图 2.5.260 所示。最终效果如图 2.5.261 所示。

图 2.5.259　　　　　　　　图 2.5.260　　　　　　　　图 2.5.261

2) "面挤出"修改器命令的参数说明

(1) 数量。主要用来控制面挤出的数量，当数值为正时，向选择面的外面挤出；当数值为负数时，向选择面的里面凹陷。

(2) 比例。主要用来控制挤出的缩放大小。

(3) 从中心挤出。勾选此项，将以对象中心点向外以放射性方式挤出选择面。

6. "法线"修改器命令

"法线"修改器命令的主要作用是对对象的表面法线进行编辑。

1) "法线"修改器命令的使用方法

步骤 1：打开一个场景文件，如图 2.5.262 所示。只包括一个网格模型。

步骤 2：该模型中有几个面的法线出了问题，法线向内，表面出现黑色区域，用户可以通过"法线"修改器来解决，给该模型添加"法线"修改器。

步骤 3：设置"法线"修改器的参数，具体设置如图 2.5.263 所示，最终效果如图 2.5.264 所示。

2) "法线"修改器命令的参数说明

(1) 统一法线。勾选此项，将所有表面法线都转向同一个方向，一般情况向外，以得到正确的渲染结果。

(2) **翻转法线**。勾选此项，将对象表面的法线反向。

图 2.5.262   图 2.5.263   图 2.5.264

7. "平滑"修改器命令

"平滑"修改器命令的主要作用是为整个对象或对象表面的部分集合指定不同的平滑组，产生不同的表面平滑效果。

1)"平滑"修改器命令的使用方法

步骤 1：打开一个场景文件，如图 2.5.265 所示。

步骤 2：给该对象添加一个"平滑"修改器，设置"平滑"修改器的参数。具体设置如图 2.5.266 所示。最终效果如图 2.5.267 所示。

2)"平滑"修改器命令的参数说明

(1) **自动平滑**。勾选此项，系统将根据用户设置的阈值大小来调节对象表面的平滑效果。

(2) **禁止间接平滑**。勾选此项，系统自动避免自动平滑产生的漏洞。

(3) **阈值:│12.0 │**。主要用来设置面与面之间能产生平滑的最大夹角度数。

(4) **平滑组**。包括 32 个平滑组，在相同平滑组内的面之间产生平滑过渡。

8. "倒角"修改器命令

"倒角"修改器命令的主要作用是将二维图形挤出成型，并且在边界上形成直线或圆形倒角效果。

1)"倒角"修改器命令的使用方法

步骤 1：打开一个场景文件，在场景文件中创建一个如图 2.5.268 所示的文字图形。

图 2.5.265   图 2.5.266   图 2.5.267   图 2.5.268

步骤 2：给文字图形添加一个"倒角"修改器命令，设置"倒角"参数，具体设置如图 2.5.269 所示。最终效果如图 2.5.270 所示。

2) "倒角"修改器命令的参数说明

(1) **封口**。"封口"参数组，主要用来对挤出造型的两端进行加盖控制。如果勾选 **始端**和**末端**两个选项，则给倒角对象始端和末端添加封盖。

(2) **封口类型**。"封口类型"参数组主要用来控制倒角对象的封口类型。如果单选 **变形**选项，对封口不进行处理，用户可以进行变形操作和制作变形动画；如果单选 **栅格** 选项，封口表面为网格表面。

(3) **曲面**。"曲面"参数组主要用来调节侧面的曲率、平滑度和指定贴图坐标等。主要有如下 6 个调节参数。

① **线性侧面**。勾选此项，倒角表面以直线方式形成，如图 2.5.271 所示。

② **曲线侧面**。勾选此项，倒角表面以弧形方式形成，如图 2.5.272 所示。

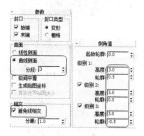   

图 2.5.269　　　　图 2.5.270　　　　图 2.5.271　　　　图 2.5.272

③ **分段**。主要用来设置倒角轮廓的分段数。

④ **级间平滑**。勾选此项，对倒角进行平滑处理，但不对封口进行平滑处理。

⑤ **生成贴图坐标**。勾选此项，倒角成型的同时，给倒角对象指定贴图坐标。

⑥ **真实世界贴图大小**。勾选此项，贴图大小由贴图的绝对尺寸决定，与对象的相对尺寸无关。

(4) **相交**。"相交"参数组，主要用来避免尖锐折角产生突出变形，主要有如下两个参数。

① **避免线相交**。勾选此项，避免尖锐折角产生突出变形。

② **分离**。主要用来设置两个边界线之间保持的间隔距离。

(5) **起始轮廓**。主要用来设置原始图形的外轮廓大小。

(6) **级别 1/ 级别 2/ 级别 3**。主要用来控制 3 个级别的高度和轮廓的大小。

9. "倒角剖面"修改器命令

"倒角剖面"修改器命令的主要作用是使用轮廓线对二维图形进行倒角成型。

1) "倒角剖面"修改器命令的使用方法

步骤 1：打开一个场景文件，如图 2.5.273 所示，包括一个文字图形和一条轮廓线。

步骤 2：选择文字图形，给文字图形添加一个"倒角剖面"。在参数面板中单击 **拾取剖面** 按钮，再在视图中单击轮廓线。设置参数，具体设置如图 2.5.274 所示。最终效果如图 2.5.275 所示。

2) "倒角剖面"修改器命令的参数说明

"倒角剖面"修改器命令的参数说明可参考"倒角"修改器命令的参数说明，这里就不再介绍。

10. "细化"修改器命令

"细化"修改器命令的主要作用是对当前对象或当前子对象选择集的表面进行细分处理。

1)"细化"修改器命令的使用方法

步骤 1:打开一个场景文件,在该场景中只包括一个网格对象,如图 2.5.276 所示。

图 2.5.273　　　　　　图 2.5.274　　　　　　图 2.5.275　　　　　　图 2.5.276

步骤 2:在场景中选择网格对象,添加一个"细化"修改器。设置参数,具体设置如图 2.5.277 所示。最终效果如图 2.5.278 所示。

2)"细化"修改器命令的参数说明

(1) **操作于**。"操作于"参数组主要用来控制对象表面的细分方式。如果单击◁(面)按钮,则以面进行细分;如果单击□(多边形)按钮,则以多边形面进行细分,如图 2.5.279 所示。

(2) **边 / 面中心**。如果单选 **边** 选项,则从每一条边的中心处开始细分面;单选 **面中心** 选项,则从每一个面的中心处开始细分面,如图 2.5.280 所示。

图 2.5.277　　　　　　图 2.5.278　　　　　　图 2.5.279　　　　　　图 2.5.280

(3) **张力**。主要用来控制细化处理后对象表面的平、凹陷或凸出效果。如果张力值为正,则表面向外凸出;如果张力值为 0,则表面保持平整;如果张力值为负,则表面凹陷。

(4) **迭代次数**。主要用来控制对象表面细分的次数,次数越多,细分出来的面就越多。

(5) **更新选项**。主要用来控制细分对象的更新显示方式。如果单选 **始终** 选项,则实时更新当前的显示;如果单选 **渲染时** 选项,在进行渲染时,才进行更新显示;如果单选 **手动** 选项,则单击 **更新** 按钮时才进行更新。

11. "STL 检查"修改器命令

"STL 检查"修改器命令的主要作用是检查对象在输出成 STL 文件时是否正确。

1)"STL 检查"修改器命令的使用方法

步骤 1:在场景中选择需要进行 STL 检查的对象。

步骤 2:给选择的对象添加"STL 检查"修改器命令。根据任务要求在参数面板中单选检查错误的类型和单选"选择"的类型。

步骤 3:勾选 **检查** 选项,即可在 **状态** 中显示检查的结果。

2) "STL 检查"修改器命令的参数说明

"STL 检查"修改器命令的参数面板如图 2.5.281 所示，具体介绍如下。

(1) **错误**。"错误"参数组主要用来选择检查错误的类型，包括"开放边"、"双面"、"钉形"、"多重边"和"全部"。在这里用户只能单选检查类型。

(2) **选择**。"选择"参数组主要用来确定检查出来的错误是否在视图中显示，主要有如下 3 个选项。

① **不选择**。单选此项，视图对象上不显示检查结果。

② **选择边**。单选此项，检查出的错误边会在视图对象上标记出来。

③ **选择面**。单选此项，检查的错误面会在视图对象上标记出来。

(3) **更改材质 ID** ‖2 ⬦。勾选此项，为错误的面指定 ID 号。

(4) **检查**。勾选此项，系统将根据用户的设置进行检查。

(5) **状态**。显示检查的最终结果。

12. "补洞"修改器命令

"补洞"修改器命令的主要作用是给对象表面破碎穿孔的地方加盖进行补漏处理，使对象成为封闭的实体。该修改器也可以结合"切片"修改器制作伸展动画。

1) "补洞"修改器命令的使用方法

步骤 1：打开一个场景文件，只有一个可编辑多边形对象，如图 2.5.282 所示。

步骤 2：选择该对象，添加一个"补洞"修改器。根据任务要求设置"补洞"修改器的参数，具体设置如图 2.5.283 所示。最终效果如图 2.5.284 所示。

2) "补洞"修改器命令的参数说明

(1) **平滑新面**。勾选此项，为所有新添加的表面指定一个平滑组。

(2) **与旧面保持平滑**。勾选此项，为裂口边缘的原始表面指定一个平滑组，在一般情况下"平滑新面"与"与旧面保持平滑"两个选项都勾选，以获得理想的效果。

(3) **三角化封口**。勾选此项，新增表面的所有边都会显示出来，如图 2.5.285 所示。

图 2.5.281　　　图 2.5.282　　　图 2.5.283　　　图 2.5.284　　　图 2.5.285

13. "顶点绘制"修改器命令

"顶点绘制"修改器命令的主要作用是在对象上喷绘顶点颜色。

在制作游戏模型时，过大的纹理贴图会浪费系统资源，使用顶点绘制工具可以直接为每个顶点绘制颜色，相邻点之间的不同颜色可进行插值计算来显示其面的颜色，直接绘制的优点是大大节省系统资源，文件小，效率高，缺点是绘制出的颜色效果不够精细。

1)"顶点绘制"修改器命令的使用方法

步骤 1：新建立一个场景文件，在场景中创建一个几何球体，如图 2.5.286 所示。

步骤 2：给该球添加一个"顶点绘制"修改器。选中如图 2.5.287 所示的顶点，在"顶点绘制"浮动面板中，将绘制颜色设置为黄色，单击 (全部绘制)按钮，即可将选择的顶点的颜色绘制成黄色，如图 2.5.288 所示。

步骤 3：在"顶点绘制"浮动面板中单击 (新建图层)按钮，新建一个图层，设置画笔大小和颜色(设置为红色)，在选择的顶点上绘制即可，如图 2.5.289 所示。

步骤 4：在"顶点绘制"浮动面板中将 层 的混合模式设置为"强光"，效果如图 2.5.290 所示。

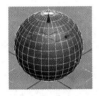

图 2.5.286　　　　图 2.5.287　　　　图 2.5.288　　　　图 2.5.289　　　　图 2.5.290

2)"顶点绘制"修改器命令的参数说明

A."顶点绘制"修改器命令参数。其面板如图 2.5.291 所示。

(1) 选择。"选择"参数组主要用来选择对象的子层级，主要包括 (顶点)、 (面)和 (元素)3 个子层级。

提示：在"选择"参数组中勾选 忽略背面 选项，在选择子对象时，背面的顶点或面将不被选中。单击 软选择... 按钮，会弹出如图 2.5.292 所示的"软选择"对话框，用户可以像前面编辑多边形中的软选择选项一样使用该软选择选择子对象。

(2) 通道。"通道"参数组，主要包括如下 4 个参数选项。

① 顶点颜色。单选此项，只能对顶点颜色通道进行绘制。

② 顶点照明。单选此项，只能对顶点的照明通道进行绘制。

③ 顶点 Alpha。单选此项，只能对顶点的 Alpha 通道进行绘制。

④ 贴图通道。单选此项，只能对指定的贴图通道进行绘制。

(3) 忽略基本色。勾选此项，在绘制顶点时，将忽略从堆栈下方继承的顶点颜色信息。

(4) 保留层。勾选此项，当用户在执行压缩层命令的时候，保留当前层不被压缩。

(5) 编辑...。单击该按钮，弹出如图 2.5.293 所示的"顶点绘制"浮动面板。用户通过"顶点绘制"浮动面板可以完成大部分绘制操作。

提示：　"指定顶点颜色"参数卷展栏主要用来获得关于场景照明的信息并将其烘焙到顶点通道系统中。关于各个参数的具体介绍可配套教学视频。

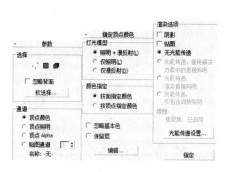

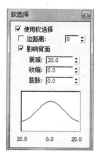

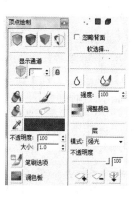

图 2.5.291　　　　　　　　　　　图 2.5.292　　　　　　　图 2.5.293

B．"顶点绘制"浮动面板参数。对其介绍如下。

(1) （顶点颜色显示－无明暗处理)。单击该按钮，在顶点颜色(无明暗处理)显示模式下显示当前对象。

(2) （顶点颜色显示－明暗处理)。单击该按钮，在顶点颜色(明暗处理)显示模式下显示当前对象。

(3) （禁用顶点颜色显示)。单击该按钮，在不显示顶点颜色模式下显示当前对象。

(4) （切换纹理显示开/关)。单击该按钮，显示或隐藏当前对象的纹理。

(5) ：主要用来选择要绘制的贴图通道。将鼠标放到按钮上，按住鼠标左键不放，弹出快捷菜单，供用户选择通道。它主要包括（顶点颜色)、（顶点照明)、（顶点 Alpha)和（贴图通道)4 个按钮，作用与通道中介绍的作用相同。

(6) （将显示通道锁定到绘制通道)。单击该按钮，锁定选定通道。

(7) （全部绘制)。单击该按钮，将针对选择的子对象或对象进行绘制操作。如果选择了软选择，将基于软选择进行操作。

(8) （绘制)。单击该按钮，用户即可在对象表面对选择的子对象进行绘制。

(9) （全部擦除)。单击该按钮，对选择的子对象或对象进行擦除操作。

(10) （擦除)。单击该按钮，用户即可在对象表面对选择的子对象进行擦除。

(11) （从对象拾取颜色)。单击该按钮，在场景中的其他对象上单击，即可将该处的颜色显示在（从对象拾取颜色)右边的颜色框中。用户也可以通过单击颜色框来设置颜色。

(12) 不透明度/ 大小。主要通过右边的输入框设置笔刷的不透明度/大小。

(13) （笔刷选项)。单击该按钮，弹出如图 2.5.294 所示的"绘制选项"对话框，在该对话中可以设置笔刷的大小、强度、绘制属性等参数。

(14) （颜色剪贴板)。单击该按钮，弹出如图 2.5.295 所示的颜色对话框，用户可以通过该对话框来选择颜色。

(15) （模糊全部)。单击该按钮，可以对当前选择的对象或子对象进行模糊处理。

(16) （模糊笔刷)。单击该按钮，可以在对象表面通过涂抹的方式进行模糊处理。

(17) 强度: 100 。主要用来控制模糊操作的强度大小。

(18) （调整颜色)。单击该按钮，弹出"调整颜色"设置对话框，如图 2.5.296 所示，用户可以通过该对话框对绘制的颜色进行调节。

(19) 模式。主要用来设置绘制层的叠加模式。用户可根据任务需要在如图 2.5.297 所示的"模式"下拉列表框中选择叠加模式。

(20) 不透明度。用户可以通过下面的滑块来调节叠加层的不透明度。

(21) ✦ ✤ ✦ (层操作)。单击 ✦ (新建层)按钮，创建新的顶点绘制层；单击 ✤ (删除层)按钮，删除当前绘制层；单击 ✦ (压缩到单个层)按钮，将多个层压缩到单个层。

提示：如果在单击 ✦ (压缩到单个层)按钮之前勾选了"保留层"选项，则将当前绘制层保留。

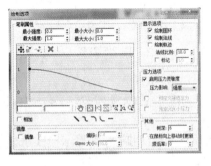

图 2.5.294　　　　　　图 2.5.295　　　　　　图 2.5.296　　　　　　图 2.5.297

14. "优化"修改器命令

"优化"修改器命令的主要作用是减少对象的顶点和面的数量。也就是说，在保持相似平滑效果的前提下尽可能降低几何体的复杂度，以加快渲染速度。

1) "优化"修改器命令的使用方法

步骤 1：打开一个场景文件，如图 2.5.298 所示。在该场景中只包括一个人体模型。

步骤 2：选中人体模型。添加一个"优化"修改器，设置"优化"修改器的参数，具体设置如图 2.5.299 所示。最终效果如图 2.5.300 所示。

图 2.5.298　　　　　　　　图 2.5.299　　　　　　　　图 2.5.300

2) "优化"修改器命令的参数说明

(1) 详细信息级别。"详细信息级别"参数组主要用来设置渲染和视图显示的优化级别。

(2) 优化。"优化"参数组主要用来设置优化参数，主要有如下 5 个参数选项。

① 面阈值：4.0。设置面的优化程度，数值越大，优化越多，造型变得越简单。

② 边阈值：2.0。设置边的优化程度，数值越大，优化越多。

③ 偏移：0.1。主要用来优化时移除小的和无用的三角面，使渲染效果更优质。该值越大，得到的面就越多。

④ 最大边长度：0.0。主要用来控制优化时最长的边的大小。

⑤ 自动边。勾选此项，在优化过程中自动关闭所有法线在面阈值范围内的边。

3) "保留"参数组

主要用来设置保留边界的类型。如果勾选 材质边界 选项，在塌陷面之后，材质边界保持不变；如果勾选 平滑边界 选项，在优化对象时保留原来的平滑组分配。

4) "更新"参数组

主要用来控制更新方式，如果勾选 手动更新 选项，用户要单击 更新 按钮，才能进行更新，否则系统自动进行更新。

5) "上次优化状态"参考组

主要显示优化前后的点面数的数量。

15. "多分辨率"修改器命令

"多分辨率"修改器命令的主要作用是优化模型的表面精度，被优化部分将最大限度地减少表面顶点和多边形的数量，并尽可能保持对象的外形不变。主要用于三维游戏的开发和三维模型的网络传输。

1) "多分辨率"修改器命令的使用方法

步骤 1：打开一个场景文件，如图 2.5.301 所示。

步骤 2：选择人体头部模型，添加一个"多分辨率"修改器。在参数面板中单击 生成 按钮，对选择模型进行初始化处理。

步骤 3：设置"多分辨率"参数面板的参数，具体设置如图 2.5.302 所示。最终效果如图 2.5.303 所示。

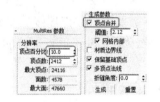
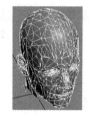

图 2.5.301　　　　　　　图 2.5.302　　　　　　　图 2.5.303

2) "多分辨率"修改器命令的参数说明

(1) 分辨率。"分辨率"参数组主要包括如下 5 个参数。

① 顶点百分比。主要用来控制模型的顶点数相对于原始模型顶点数的百分比。比例越低，精简程度越大，所得模型的表面数越少。

② 顶点数。显示精简模型后的顶点数。用户可以直接在 顶点数 输入框中输入控制输出网格的最大顶点数。

③ 最大顶点。显示原始模型的顶点数。

④ 面数。显示模型当前状态的面数。

⑤ 最大面。显示模型的面数。

(2) **生成参数**。主要包括如下 9 个参数选项。

① **顶点合并**。勾选此项，允许在不同的元素间合并顶点。

② **阈值**：`0.0`。主要用来控制被合并顶点之间的最大距离。在该距离内的顶点(这里的顶点是指在不同元素之间的顶点)将被焊接在一起，使模型更加简化。

③ **网格内部**。勾选此项，在同一元素之间的相邻顶点和线之间也进行合并。

④ **材质边界线**。勾选此项，在进行多分辨率处理时，系统记录模型的 ID 号的分配，模型被优化之后，根据记录的 ID 号进行材质划分。

⑤ **保留基础顶点**。勾选此项，则只对子对象层级中没有被选中的顶点进行优化处理。

⑥ **多顶点法线**。勾选此项，在进行多精度处理过程中，每个顶点具有多重法线。在默认状态下，每个顶点只有一条法线。

⑦ **折缝角度**：`75.0`。主要用来控制法线平面之间的夹角。最小值为 0，最大值为 180。数值越大，模型表面的角点越明显。数值越小，模型表面就越平滑。

⑧ **生成**。单击该按钮，开始对模型进行初始化操作。

⑨ **重置**。单击该按钮，取消上一次进行生成操作的设置。

16. "顶点焊接"修改器命令

"顶点焊接"修改器命令的主要作用是对顶点进行焊接。它主要通过阈值大小来控制焊接的子对象范围。

提示：　"顶点焊接"修改器的功能与"可编辑网格"和"可编辑面片"的顶点焊接功能完全相同，在这里只是把它单独独立出来以方便操作。

1) "顶点焊接"修改器命令的操作方法

步骤 1：打开场景文件，选择需要进行顶点焊接的对象。

步骤 2：添加"顶点焊接"修改器。设置顶点焊接的阈值范围，即可将在阈值范围内的所有顶点焊接在一起。

2) "顶点焊接"修改器命令的参数说明

"顶点焊接"修改器命令的参数只有一个，即**阈值**：`3.72`，主要用来控制顶点焊接的最大范围。

17. "对称"修改器命令

"对称"修改器命令的主要作用是将当前模型进行对称复制，并对接缝进行融合操作。该修改器主要用在对称模型建模中。

1) "对称"修改器命令的操作方法

步骤 1：打开一个场景文件，如图 2.5.304 所示。

步骤 2：选择该对象，添加一个"对称"修改器，根据任务要求设置参数，具体设置如图 2.5.305 所示。最终效果如图 2.5.306 所示。

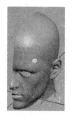

图 2.5.304　　　　　图 2.5.305　　　　　图 2.5.306

2)"对称"修改器命令的参数说明

(1) **镜像轴**。"镜像轴"参数组主要用来控制对称的轴向。可以沿 X、Y 和 Z 轴进行镜像操作。如果勾选 **翻转** 选项，则沿着对称轴的反方向进行对称操作。

(2) **沿镜像轴切片**。勾选此项，则沿着镜像平面对模型进行切片处理。

(3) **焊接缝**。勾选此项，系统将根据设置的阈值范围，对在阈值范围内的顶点进行自动焊接处理。

18. "编辑法线"修改器命令

"编辑法线"修改器命令的主要作用是针对游戏制作，对对象每个顶点的法线进行直接或交互的编辑。在 3ds Max 中渲染不支持该修改器命令，只能在视图中观看调节的效果。

关于该修改器命令的使用方法和参数说明可观看教学视频。

19. "四边形网格化"修改器命令

"四边形网格化"修改器命令的主要作用是将对象表面转换为相对大小的四边形。该命令经常与"网格平滑"或"涡轮平滑"修改器命令结合使用。

1)"四边形网格化"修改器命令的使用方法

步骤 1：打开一个场景文件，如图 2.5.307 所示，只包括一个立体文字效果。

步骤 2：选择立体文字，添加一个"四边形网格化"修改器。根据任务要求设置参数，具体设置如图 2.5.308 所示。最终效果如图 2.5.309 所示。

步骤 3：添加一个"涡轮平滑"修改器。根据任务要求设置参数，具体设置如图 2.5.310 所示。最终效果如图 2.5.311 所示。

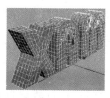

图 2.5.307　　　图 2.5.308　　　图 2.5.309　　　图 2.5.310　　　图 2.5.311

2)"四边形网格化"修改器命令的参数说明

"四边形网格化"修改器命令的参数只有一个，即 四边形大小 %: ⌈3.0⌉ ，该值越小，产生的四边面形越多，四边形面就越小。

20. ProOptimizer 修改器命令

ProOptimizer 修改器命令的主要作用是通过减少顶点的方式来精简模型的面数。

ProOptimizer 修改器命令也称为"超级优化器。ProOptimizer 修改器比"优化"和"多分辨率"修改器的功能强大、运行更稳定，也能达到更好的优化效果。

1) "ProOptimizer"修改器命令的使用方法

步骤 1：打开一个场景文件，如图 2.5.312 所示。

步骤 2：选择对象，添加一个 ProOptimizer 修改器，设置参数，具体参数设置如图 2.5.313 所示。

步骤 3：单击 计算 按钮，设置顶点 % 参数，最终效果如图 2.5.314 所示。

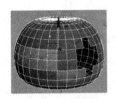

图 2.5.312

图 2.5.313

图 2.5.314

2) ProOptimizer 修改器命令的参数说明

"优化级别"卷展栏参数主要用来控制对象的优化程度。在给对象添加了 ProOptimizer 修改器之后，根据任务要求，设置优化参数，单击 计算 按钮。在顶点 % 的左边输入优化的百分比数值即可对对象进行优化处理。该值越小，优化的程度就越大。该值的取值范围为 0%～100%。也可以在顶点数输入框中输入数值来控制优化程度。顶点 % 和顶点数两个选项是一个关联参数。只要修改其中的一个参数，另一个参数也会相应改变。

A."优化选项"卷展栏。具体参数介绍如下。

(1) 优化模式。"优化模式"参数组主要用来控制模型边界的处理方式，主要包括如下 3 个参数。

① 压碎边界(C)。单选此项，在对模型进行优化处理时，模型边界边缘不受保护，原有外观有可能被破坏。

② 保护边界(P)。单选此项，在对模型进行优化处理时，模型边界边缘的面将受保护。

提示：单选此项，如果优化程度过大，顶点数减少过多，也有可能移除部分边界面，使边界发生扭曲变形。如果对相连对象进行优化，在相连处也有可能会出现缝隙。

③ 排除边界(E)。单选此项，在对模型进行优化处理时，模型边界边缘的面将不被移除，在最大程度上保护模型外观不受破坏，而且在处理多个相连对象时不会出现缝隙。

(2) 材质和 UV。"材质和 UV"参数组主要包括如下 4 个选项。

① 保持材质边界。勾选此项，处于不同材质面上的顶点将被冻结，在优化过程中不被移除，在最大程度上保留材质边界。

② 保持纹理。勾选此项，在进行优化处理时，保留纹理贴图的坐标。

③ 保持 UV 边界。勾选此项，在进行优化处理时，根据 [0.0 ⊕] 公差参数的大小，控制 UV 贴图通道的边界。

④ [0.0 ⊕] 公差。主要用来控制保留 UV 边界的程度，值为 1 时，贴图边界上的面将不受保护。值为 0.1 时，大部分 UV 边界被保护，且允许用户在最大程度上对模型进行优化处理。

(3) 顶点颜色。"顶点颜色"参数组主要用来控制顶点颜色的边界在优化处理时不受破坏。该选项只有在为模型添加了"顶点绘制"修改器之后才起作用，主要有如下 3 个参数选项。

① 保持顶点颜色。勾选此项，在进行优化处时，保留顶点颜色数据。

② 保持顶点颜色边界。勾选此项，在进行优化处理时，保留顶点颜色边缘上的面。

③ [⊕] 公差。主要用来控制顶点颜色边界相邻的面的顶点移除程度。该值的取值范围为 0～255。当值为 0 时，所有与顶点颜色边界相邻的面上的顶点将被保留。当值为 255 时，所有与顶点颜色边界相邻的面上的顶点将不受保护，可以移除任意顶点。

(4) 法线。"法线"参数组主要用来控制几何体的面法线，主要有如下 5 个参数。

① 保留法线。勾选此项，在进行优化处理时，采用法线来控制优化处理。

② 压碎法线(C)。单选此项，在进行优化处理时，将忽略法线的作用，但进行优化处理之后，依然保留模型的法线显示。

③ 保护法线(P)。单选此项，在进行优化处理时，系统将根据阈值角度的大小来保护法线。当两个法线之间的角度大于设置的阈值角度时，则保留这些面。进行优化处理之后，也会保留显示法线。

④ 排除法线(E)。单选此项，在进行优化处理时，当两个面的法线之间的角度大于设置的法线阈值角度时，两个面将永久保留，进行优化处理之后，也会保留显示法线。

⑤ [10.0 ⊕] 阈值角度。主要用来控制优化处理阈值角度大小。

(5) 合并工具。"合并工具"参数组的主要作用是在进行优化前，对模型上的顶点和面进行评估，如果存在顶点断开或共面的情况，先合并阈值范围内的顶点或平面，再进行优化处理，以防止模型撕裂的现象发生。它主要包括如下 4 个参数。

① 合并顶点。选中此项，在进行优化前，将所有阈值范围内的顶点合并。

② [0.0 ⊕] 阈值。主要用来设置合并顶点的最大距离。该阈值为百分比近似值，当将该值设置为 0 时，将距离边框大小 0.0001%内的顶点合并；当将该值设置为 100 时，将距离边框大小 5%内的顶点合并。默认值为 0。

③ 合并面。勾选此项，在进行优化前，将所有阈值范围内的共面或接近共面的面合并。

④ [0.0 ⊕] 阈值角度。主要用来控制合并面的面法线角度范围。范围为 0～10。

(6) 子对象选择。"子对象选择"参数组的主要作用是在进行优化处理之前，指定保留顶点。主要有如下两个参数。

① 保留顶点。勾选此项，在进行优化处理时，保留在堆栈下方命令中选择的顶点。

② 反转。勾选此项，在进行优化处理时，保留在堆栈下方命令中没有被选择的顶点。

B．"对称选项"卷展栏。具体参数如下。

该卷展栏中的参数主要用来控制模型对称优化的对称平面。

在进行优化处理之前，如果单选无对称选项，不进行对称优化处理；如果单选 XY对称选项，将围绕 XY 平面进行对称优化处理；如果单选 YZ对称 选项，将围绕 YZ 平面进行对称优化处理；如果单选 XZ对称 选项，将围绕 XZ 平面进行对称优化处理。

<u>0.0</u> 公差：主要用来设置检测对称的范围值。

提示：ProOptimizer 修改器命令在对模型进行优化处理时，会根据用户设置的对称平面自动寻找对称平面另一侧的对应顶点进行优化处理。如果原始模型不是对称模型，即使设置了对称平面，对称平面也不起作用。

C.“高级选项”卷展栏。具体参数主要有如下两个选项。

(1) 收藏精简面。勾选此项，在进行优化过程中，自动验证移除一个面后，其余面是否为尖锐的三角面，如果是，则不移除该面。

(2) 防止翻转的法线。勾选此项，在进行优化处理时，自动检测移除一个顶点之后，是否导致法线反转，如果反转，则保留该顶点。

视频播放：任务五的详细讲解，可观看配套视频“任务五：网格编辑”。

任务六：细分曲面

在本任务中主要介绍“涡轮平滑”、“网格平滑”和 HSDS 3 个修改命令的使用方法和参数，具体介绍如下。

1．“涡轮平滑”修改器命令

“涡轮平滑”修改器命令的主要作用是对模型进行平滑处理。

“涡轮平滑”修改器命令是基于“网格平滑”的一种新型平滑修改器，是在 3ds Max 7.0 时才新增加进来的一个优秀修改器。与“网格平滑”相比，它显得更加简洁快速，因为它优化了“网格平滑”中的常用功能且使用了更快速的计算方式。

1)“涡轮平滑”修改器命令的使用方法

步骤 1：打开一个场景文件，如图 2.5.315 所示。

步骤 2：给该场景中的对象添加一个“涡轮平滑”修改器，具体参数设置如图 2.5.316 所示，最终效果如图 2.5.317 所示。

2)“涡轮平滑”修改器命令的参数说明

(1) 主体。“主体”参数组主要包括如下 4 个参数。

① 迭代次数。主要用来控制模型表面面的细分次数。该参数的取值范围为 0~10，默认为 1。建议用户在使用“涡轮平滑”修改器时，迭代次数最好不要超过 3。

② 渲染迭代次数。主要用来控制模型表面再渲染输出的细分次数。该值可以设置高一点。

③ 等值线显示。勾选此项，对模型进行细分之后，也只显示细分模型之前的原始边，这样方便用户进行编辑和观察，如图 2.5.318 所示。

④ 明确的法线。勾选此项，在进行涡轮平滑处理时进行法线计算。

(2) 曲面参数。主要包括如下参数。

① 平滑结果。勾选此项，对模型的所有表面使用同一个平滑组。

② 分隔方式。“分隔方式”参数组主要用来控制平滑方式。如果勾选 材质 选项，防止在

不共享材质 ID 的面之间的边上创建新面。如果勾选 **平滑组** 选项，则防止在不共享至少一个平滑组的面之间的边上创建新曲面。

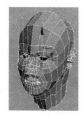

图 2.5.315　　　　　　图 2.5.316　　　　　图 2.5.317　　　图 2.5.318

(3) 更新选项。主要用来控制更新参数设置的方式。主要有如下 3 个参数。

① 始终。单选此项，时时显示参数调节结果。

② 渲染时。单选此项，在渲染时才更新调节结果。

③ 手动。单选此项，只有在单击 更新 按钮时，才能更新调节结果。

2.“网格平滑”修改器命令

“网格平滑”修改器命令的主要作用是对模型的整体或局部表面进行平滑处理。

1)“网格平滑”修改器命令的使用方法

步骤 1：打开一个场景文件，如图 2.5.319 所示。

步骤 2：在场景中单选需要进行网格平滑处理的对象。添加“网格平滑”修改器，设置参数，具体设置如图 2.5.320 所示。最终效果如图 2.5.321 所示。

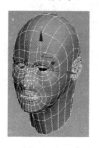

图 2.5.319　　　　图 2.5.320　　　　图 2.5.321

2)“网格平滑”修改器命令的参数说明

“网格平滑”修改器命令的参数面板如图 2.5.322 所示。各个参数的具体介绍如下。

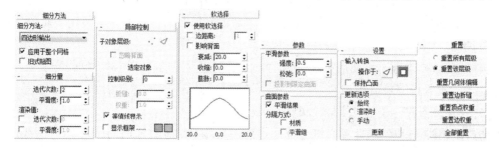

图 2.5.322

A. "细分方法"参数卷展栏。具体参数介绍如下。

(1) 细分方法。主要包括 "经典"、"四边形输出"和 NURBS 3 种细分方法。3 种细分方法的效果如图 2.5.323 所示。具体介绍如下。

① 经典。采用"经典"细分方式，生成标准的三边面或四边面细分。

② 四边形输出。采用"四边形输出"细分方式，只产生四边形的细分。

③ NURMS。采用 NURMS 细分方式，产生非均匀有理类型的平滑网格模型，没有平滑度参数可调，非常近似于 NRUBS 曲面，用户可以调节每个控制点的权重大小。

(2) 应用于整个网格。勾选此项，在进行网格平滑处理时，将忽略从下层向上传递来的子对象选择，将网格平滑应用于整个模型表面。

(3) 旧式贴图。勾选此项，应用 3ds Max 3.0 中计算贴图的方法处理平滑后的贴图坐标，往往会在创建新面时扭曲下面的贴图坐标。

B. "细分量"参数卷。具体展栏参数介绍如下。

(1) 迭代次数。主要用来控制模型表面重复细分的次数。数值越高，平滑效果越明显，但占用的内存空间就多。3 个级别的迭代效果如图 2.5.324 所示。

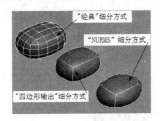

图 2.5.323

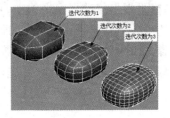

图 2.5.324

(2) 平滑度：[1.0]。主要用来控制新增表面与原表面折角的平滑度。当值为 0 时，在原表面不创建任何新面。当值为 1 时，即使原表面为平面也会增加平滑表面。

(3) 渲染值。"渲染值"参数组的主要作用是控制渲染的迭代次数和平滑度。

C. "局部控制"参数卷展栏。具体参数介绍如下。

(1) 子对象层级。主要用来控制是否对子对象层级进行网格平滑处理。如果单击 (顶点)按钮，则对顶点子对象进行网格平滑处理。如果单击 (边)按钮，则对边子对象进行网格平滑处理。如果两个都不单击，则对整个对象进行网格平滑处理。

(2) 忽略背面。勾选此项，则在与法线相反方向或背面看不到的顶点或边将不被选中。

(3) 控制级别。主要用来在进行多次迭代之后查看控制网格，并对该级别子对象顶点或边进行编辑。

(4) 折缝：[0.0]。主要用来在平滑的表面上创建尖锐的转折过渡。操作方法是，选择边子对象，设置折缝数值。

(5) 权重：[1.0]。主要用来控制顶点或边的权重。

(6) 等值线显示。勾选此项，细分曲面之后，只显示细分对象前的原始边(等值线)。

(7) 显示框架⋯⋯ ▢▢。勾选此项，显示细分前的多边形边界。第 1 个色块为"顶点"

子对象层级未选定的边的颜色。第 2 个色块为"边"子对象层级未选定的边的颜色。

D. "软选择"参数卷展栏。具体参数在这里就不再详细介绍，可参考前面的介绍或观看配套教学视频。

E. "参数"参数卷展栏。具体参数介绍如下。

(1) **强度**。主要用来控制增加面的大小范围。只在"经典"和"四边形输出"两种细分方式下起作用。图 2.5.325 所示为不同强度值的效果。

(2) **松弛**。主要用来控制平滑顶点的松弛大小。它的取值范围为-1~1。当该值为负数时，对顶点进行缩放。当该值为正数时，对顶点进行膨胀。

(3) **投影到限定曲面**。勾选此项，在平滑结果中将所有的顶点放到"限定表面"中。

(4) **曲面参数**。参考"涡轮平滑"参数说明中的"曲面参数"介绍。

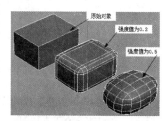

图 2.5.325

F. "设置"参数卷展栏。具体参数介绍如下。

(1) **操作于**。"操作于"参数组主要用来控制输出的平滑处理方式，主要有如下两个按钮。

① ◁(三角形)。单击 ◁(三角形)按钮，则对每个三角面进行平滑处理，包括不可见的三角面的边。使用该方式对细节处理得很清晰。

② □(多边形)。单击□(多边形)按钮，则只对可见的多边形面进行平滑处理，使用该方式整体平滑度较好，细节不明显，如图 2.5.326 所示。

图 2.5.326

(2) **保持凸面**。勾选此项，将使所有的多边形保持凸起，防止产生折缝。

(3) **更新选项**。"更新选项"参数组在这里就不再详细介绍，可参考"涡轮平滑"参数说明中的"更新选项"参数介绍。

G. "重置"参数卷展栏。具体参数介绍如下。

(1) **重置所有层级**。单选此项，下面的重置操作将对所有子对象层级起作用。

(2) **重置该层级**。单选此项，下面的重置操作只对当前子对象层级起作用。

(3) **重置几何体编辑**。单击该按钮，将顶点或边的变换恢复为默认状态。

(4) **重置边折缝**。单击该按钮，将边的折缝恢复为默认值。

(5) **重置顶点权重**。单击该按钮，将顶点的权重值恢复为默认值。

(6) **重置边权重**。单击该按钮，将边的权重值恢复为默认值。

(7) **全部重置**。单击该按钮，将所有设置恢复为默认值。

3. HSDS 修改器命令

HSDS 修改器命令的主要作用是对模型进行局部细分、分级细分或适应细分处理。

1) HSDS 修改器命令的操作方法

步骤 1：打开一个场景文件，在该场景中只有一个吹筒初模，如图 2.5.327 所示。

步骤 2：给吹筒模型添加一个 HSDS 修改器。在 HSDS 参数面板中单击 ▥(元素)按钮，单击两次 细分 按钮，即可得到如图 2.5.328 所示的效果。HSDS 参数面板如图 2.5.329 所示。

步骤 3：在 HSDS 参数面板中单击"级别 1"选项，退回到级别 1。单击 (顶点)按钮，选择如图 2.5.330 所示的顶点。

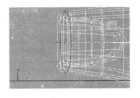

图 2.5.327   图 2.5.328   图 2.5.329   图 2.5.330

步骤 4：使用 (选择并均匀缩放)工具，在透视图中对选择的顶点进行适当的缩放，效果如图 2.5.331 所示。

步骤 5：单击"级别 2"，退回级别 2 中，在场景中选择吹筒口的几排顶点，如图 2.5.332 所示。单击 细分 按钮即可进行第 3 次细分，进行第 3 次细分的效果如图 2.5.333 所示。

步骤 6：单击"级别 2"，退回级别 2 中，在场景中选择如图 2.5.334 所示的顶点。使用 (选择并移动)工具调节顶点的位置，如图 2.5.335 所示。

步骤 7：单击 细分 按钮，即可得到如图 2.5.336 所示的效果。

图 2.5.331   图 2.5.332   图 2.5.333   图 2.5.334   图 2.5.335   图 2.5.336

步骤 8：单击 自适应细分 按钮，弹出"自适应细分"对话框，具体设置如图 2.5.337 所示。单击 确定 按钮，即可得到如图 2.5.338 所示的最终效果。参数面板如图 2.5.339 所示。

2) HSDS 修改器命令的参数说明

HSDS 修改器命令的参数面板如图 2.5.340 所示。具体介绍如下。

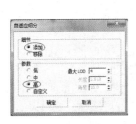

图 2.5.337   图 2.5.338   图 2.5.339   图 2.5.340

(1) 。单击该按钮，以选择的点为中心进行细分处理。

(2) 。单击该按钮，以每一条边的中心进行细分处理。

(3) 。单击该按钮，以多边形面进行细分处理。

(4) 。单击该按钮，以元素进行细分处理。

(5) **忽略背面** 。勾选此项，在选择子对象时，背面的子对象和看不到的子对象将不被选中。

(6) **仅显示当前级别** 。勾选此项，只显示当前级别的子对象。

(7) **细分** 。单击该按钮，对选择的子对象进行细化处理。

(8) **顶点插值** 。"顶点插值"参数组只在顶点子对象层级下起作用，主要用来控制选择顶点的细分方式。如果单选"标准"或"圆锥"选项，进行细化后的结构比较接近原对象的表面；如果单选"尖锐"和"角点"选项，进行细化后的结构相对于原表面会产生较大的偏移。

提示： "角点"选项只对不封闭对象边界线上的顶点选择起作用。

(9) **边折缝** 。该参数只对边子对象起作用。边折缝的数值主要用来控制细分表面的尖锐程度。边折缝值越高，细分之后的表面产生的边越生硬。边折缝值越低，细分之后的表面越平滑。

(10) **强制四边形** 。勾选此项，细分之后的表面全部为四边形面。

(11) **平滑结果** 。勾选此项，对细分之后的表面进行平滑处理。

(12) **材质ID** 。主要用来显示当前选择的多边形或元素的 ID 号。

(13) **隐藏** 。单击该按钮，隐藏选择的多边形。

(14) **全部取消隐藏** 。单击该按钮，显示隐藏的多边形。

(15) **删除多边形** 。单击该按钮，将当前选择的多边形删除。在细分表面形成破洞。

(16) **自适应细分** 。单击该按钮，弹出"自适应细分"对话框，用户可以根据任务要求进行设置，单击 **确定** 按钮，系统就会根据用户的设置对模型自动进行细分处理。

视频播放： 任务六的详细讲解，可观看配套视频"任务六：细分曲面"。

任务七：自由形式变形

在本任务中主要介绍 FFD 2×2×2、FFD 3×3×3、FFD 4×4×4、FFD(长方体)和 FFD(圆柱体)5 个修改命令的使用方法和参数说明，由于这些修改器的使用方法和基本参数完全相同，在这里就以 FFD 3×3×3 修改器为例进行具体介绍。

1. FFD 3×3×3 修改器命令的使用方法

使用 FFD 3×3×3 修改器和"对称"修改器制作卡通人物头部的粗模。具体操作步骤如下。

步骤 1： 新建一个场景文件，在场景中创建一个正立方体，如图 2.5.341 所示。

步骤 2： 给正立方体添加一个"涡轮平滑"修改器，迭代次数设置为 2。最终效果如图 2.5.342 所示。

步骤 3： 添加一个 FFD 3×3×3 修改器，在浮动面板中选择 FFD 3×3×3 的"控制点"子层级。在前视图中框选最底下的 9 个控制点，如图 2.5.343 所示。

步骤 4： 使用 (选择并均匀缩放)工具对顶点在 X 轴向进行缩放操作，效果如图 2.5.344 所示。

图 2.5.341

图 2.5.342

图 2.5.343

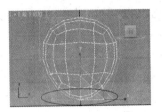
图 2.5.344

步骤 5：方法同上。对其他控制点进行调节，如图 2.5.345 所示。

步骤 6：在左视图中，框选需要调节的控制点，使用 (选择并移动)工具进行位置调节，最终效果如图 2.5.346 所示。在透视图中效果如图 2.5.347 所示。

步骤 7：在透视图的模型上右击，在弹出的快捷菜单中选择"转化为:"→"转换为可可编辑多边形"命令，即可将该模型转换为可编辑多边形。

步骤 8：进入模型的"多边形"子层级，框选模型右侧的一半面，将其删除，最终效果如图 2.5.348 所示。

图 2.5.345

图 2.5.346

图 2.5.347

图 2.5.348

步骤 9：给剩下的一半模型添加一个"对称"修改器，最终效果如图 2.5.349 所示。

2. FFD 3×3×3 修改器命令的参数说明

FFD 3×3×3 修改器命令的参数面板如图 2.5.350 所示。

(1) **显示**。主要用来控制在视图中自由变形盒的显示状态，主要有如下两个选项。

① **晶格**。勾选此项，显示自由变形盒的结构线框。

② **源体积**。勾选此项，显示初始线框体积。

(2) **变形**。参数组主要用来控制控制点的移动对对象的变形影响，主要有如下两个选项。

① **仅在体内**。单选此项，模型在结构线框内部的部分受到变形影响。

② **所有顶点**。单选此项，模型的全部顶点都受到变形影响，无论它们是否在结构线内部，还是远离结构线。越远离源晶格的点，其变形越严重。

(3) **控制点**。"控制点"参数组主要有如下 6 个参数。

① **重置**。单击该按钮，将所有调节过的控制点恢复到初始位置。

② **全部动画化**。单击该按钮，为所有控制点指定 Point3 动画控制器，使它们的项目出现在轨迹视图的右侧窗口中。

③ **与图形一致**。单击该按钮，系统将自动移动变形晶格的控制点，尽量使其与模型表面匹配，使 FFD 晶格线框更接近模型的形状。

④ **内部点**。勾选此项，只对位于模型里的控制点执行包裹操作。

⑤ **外部点**。勾选此项，只对位于模型外面的控制点执行包裹操作。

⑥ 偏移：0.05 。主要用来设置控制包裹到模型的距离。

(4) About 。单击该按钮，弹出 About FFD 对话框，如图 2.5.351 所示。

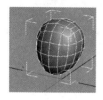　　　　　　

图 2.5.349　　　　　　　　图 2.5.350　　　　　　　　　　图 2.5.351

视频播放：任务七的详细讲解，可观看配套视频"任务七：自由形式变形"。

任务八：参数化修改器

参数化修改器主要包括"弯曲"、"锥化"、"扭曲"、"噪波"、"拉伸"、"挤压"、"推力"、"松弛"、"涟漪"、"波浪"、"倾斜"、"切片"、"球形化"、"影响区域"、"晶格"、"镜像"、"置换"、"X 变换"、"替换"、"保留"和"壳"21 个修改器。具体操作方法和参数说明如下。

1．"弯曲"修改器

"弯曲"修改器的主要作用是对模型进行弯曲处理。

用户可以根据任务要求调节弯曲的角度、方向、弯曲依据的坐标方向和限制在一定区域内的弯曲操作。

1）"弯曲"修改器的操作方法

步骤 1：打开一个场景文件，如图 2.5.352 所示，在该场景中只包括一个管状体模型。

步骤 2：选择该模型，为该模型添加一个"弯曲"修改器。在"浮动"面板中单击 Gizmo 子对象。在场景中将 Gizmo 对象向上移动一段距离，如图 2.5.353 所示。

步骤 3：设置"弯曲"修改器参数，具体设置如图 2.5.354 所示。最终效果如图 2.5.355 所示。

　　　　　　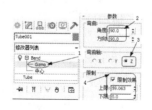　　　　

图 2.5.352　　　图 2.5.353　　　　　　图 2.5.354　　　　　　　图 2.5.355

2）"弯曲"修改器的参数说明

(1) 角度：90.0 。主要用来控制弯曲的角度大小，取值范围为-999999～999999。

(2) 方向：90.0 。主要用来控制弯曲相对于水平面的方向，取值范围为-999999～999999。

(3) 弯曲轴。主要用来控制弯曲的坐标方向。在默认情况下为 Z 轴。

(4) **限制效果**。勾选此项，对对象指定限定影响，影响区域主要由上限或下限决定。

(5) **上限**：59.063。主要用来控制弯曲的上限，在上限以上的区域将不会受到弯曲影响，默认值为 0，上限范围为 0~9999999。

(6) **下限**：0.0。主要用来控制弯曲的下限，在下限以上的区域将受到弯曲的影响。默认值为 0，下限范围为-999999~0。

2. "锥化"修改器

"锥化"修改器的主要作用是通过对模型的两端进行缩放操作，使模型产生锥形轮廓，并在中央位置产生曲线弯曲变形。

用户可以设置锥化的倾斜度、曲线轮廓的曲度和限制局部锥化的效果。

1) "锥化"修改器的操作方法

步骤 1：打开一个场景文件，在场景中包括一个如图 2.5.356 所示的对象。

步骤 2：在场景中选择该对象，给该对象添加一个"锥化"修改器，设置修改的参数，具体设置如图 2.5.357 所示。最终效果如图 2.5.358 所示。

图 2.5.356

图 2.5.357

图 2.5.358

2) "锥化"修改器的参数说明

(1) **数量**。主要用来控制锥化倾斜的程度，主要是对模型末端进行缩放扩展。最大值为 10，该值为一个相对值。

(2) **曲线**。主要用来控制曲线的弯曲程度，该值为正值时，沿着锥化侧面产生向外的曲线，为负值时，则沿着锥化侧面产生向内的曲线。

(3) **锥化轴**。主要用来控制锥化依据的坐标轴向，主要有如下 3 个参数。

① **主轴**。主要用来设置基本依据轴向。

② **效果**。主要用来设置影响效果的轴向。

③ **对称**。勾选此项，则产生对象的镜像效果。

提示：参数化修改器命令参数中的"限制"参数组的作用和调节方法基本相同，在下面介绍参数化修改器时，不再介绍"限制"参数组。

3. "扭曲"修改器

"扭曲"修改器的主要作用是沿指定轴向扭曲对象表面的顶点，从而产生扭曲表面的效果。

用户可以对对象局部进行扭曲操作。

1)"扭曲"修改器的具体操作方法

步骤 1：打开一个场景文件，该场景中只包括一个模型，如图 2.5.359 所示。

步骤 2：给该模型添加一个"扭曲"修改器，在"浮动"面板中单击 Gizmo 子对象，在场景中将 Gizmo 对象向上移动一段距离，如图 2.5.360 所示。

步骤 3：设置"扭曲"修改器参数，具体设置如图 2.5.361 所示。最终效果如图 2.5.362 所示。

　　图 2.5.359　　　图 2.5.360　　　　图 2.5.361　　　图 2.5.362

2)"扭曲"修改器的参数说明

(1) **角度**。主要用来控制扭曲的角度。

(2) **偏移**。主要用来控制扭曲向上或向下的偏向度。

(3) **扭曲轴**。主要用来控制扭曲依据的坐标轴向。

4. "噪波"修改器

"噪波"修改器的主要作用是对对象表面的顶点进行随机移动，使表面形成起伏而不规则的效果。

"噪波"修改器经常用来制作比较复杂的地形、地面、石块、云团和皱褶等效果。

1) "噪波"修改器的具体操作方法

步骤 1：打开一个场景文件，如图 2.5.363 所示。

步骤 2：在场景中选择如图 2.5.364 所示的顶点。

步骤 3：添加一个"噪波"修改器，设置"噪波"修改器参数，具体设置如图 2.5.365 所示。最终效果如图 2.5.366 所示。

　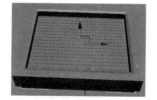　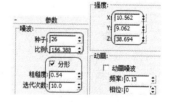

　　图 2.5.363　　　　　　图 2.5.364　　　　　　图 2.5.365

2)"噪波"修改器的参数说明

(1) **噪波**。"噪波"参数组主要包括如下 5 个参数选项。

① **种子**：26　。主要用来控制噪波随机效果。在相同参数下，不同的种子数会产生不同的效果。

② **比例**：156.388　。主要用来控制噪波影响的大小。值越大，产生的影响越平缓；值越

小，产生的影响越尖锐。

③ 分形。勾选此项，噪波将变得无序而复杂，比较适合制作地形。

④ 粗糙度：[0.54]。主要用来控制表面起伏的程度。值越大，起伏越剧烈，表面越粗糙。

⑤ 迭代次数：[10.0]。主要用来控制分形函数的迭代次数。该值越低，地形越平缓，起伏越少；该值越高，地形越精细，起伏越多。

(2) 强度。主要用来控制在不同轴向上对象噪波的强度大小，该值越大，噪波越剧烈。

(3) 动画。"动画"参数组主要包括如下 3 个参数选项。

① 动画噪波。勾选此项，将提供动态噪波。

② 频率：[0.13]。主要用来控制噪波抖动的速度。值越高，波动越快。

③ 相位：[0]。主要用来控制噪波的起始点和结束点在波形曲线上的偏移位置。噪波动画的产生主要通过改变"相位"参数值来实现。

5. "拉伸"修改器

"拉伸"修改器的主要作用是模拟传统的挤出拉伸的动画效果，在保持对象的体积不变的情况下，沿着指定轴向拉伸或挤出对象的形态。

可以使用"拉伸"修改器调节对象的形态和卡通动画的制作。

1) "拉伸"修改器的操作方法

步骤 1：打开一个场景文件，该场景只有一个如图 2.5.367 所示的对象。

步骤 2：给该对象添加一个"拉伸"修改器。设置"拉伸"修改器的参数，具体设置如图 2.5.368 所示。最终效果如图 2.5.369 所示。

图 2.5.366

图 2.5.367

图 2.5.368

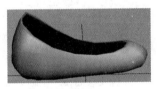

图 2.5.369

2) "拉伸"修改器的参数说明

(1) 拉伸。主要用来控制拉伸的强度。

(2) 放大。主要用来控制拉伸中部扩大变形的大小。

(3) 拉伸轴。"拉伸轴"参数组主要用来控制拉伸的坐标轴向。

6. "挤压"修改器

"挤压"修改器的主要作用是沿着指定的轴向拉伸或挤出对象。

使用"挤压"修改器，可在保持体积不变的前提下改变对象的形态；也可以通过改变对象的体积来改变对象的形态。"挤压"修改器比"挤压"的控制更灵活。

1) "挤压"修改器的操作方法

步骤 1：新建一个场景文件，在场景中创建一个几何球体，如图 2.5.370 所示。

　　步骤 2：给球体添加一个"挤压"修改器，设置"挤压"修改器的参数，具体设置如图 2.5.371 所示。最终效果如图 2.5.372 所示。

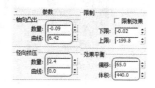

图 2.5.370　　　　　　　　　图 2.5.371　　　　　　　　　图 2.5.372

　　2）"挤压"修改器的参数说明

　　(1) **轴向凸出**。"轴向凸出"参数组主要用来控制沿着 Gizmo 自用轴的 Z 轴进行膨胀变形。在默认情况下，Gizmo 自用轴与对象的轴向对齐。主要包括如下两个参数。

　　① **数量** -0.09 。主要用来控制膨胀的大小。

　　② **曲线** 6.42 。主要用来控制膨胀产生的圆滑和尖锐程度。

　　(2) **径向挤压**。"径向挤压"参数组主要用来控制沿着 Gizmo 自用轴的 Z 轴挤出对象。主要有如下两个参数。

　　① **数量** 2.4 。主要用来控制挤出的大小。

　　② **曲线** 0.0 。主要用来控制挤出的弯曲程度。

　　(3) **效果平衡**。"效果平衡"参数组主要有如下两个参数。

　　① **偏移**。主要用来控制在保持对象体积不变的情况下，改变挤出和拉伸的相对数量。

　　② **体积**。主要用来控制在改变挤压对象体积的同时，增加或减少相同数量的拉伸和挤出效果。

　　7．"推力"修改器

　　"推力"修改器的主要作用是沿着顶点的平均法线向内或向外推动顶点，产生膨胀或缩小的效果。

　　1）"推力"修改器的使用方法

　　步骤 1：打开一个场景文件，在该场景中包括了两个大小完全相同且叠加在一起的模型，如图 2.5.373 所示。

　　步骤 2：选择任意一个模型，添加一个"推力"修改器。具体参数设置如图 2.5.374 所示。

　　步骤 3：单击 (材质编辑器)按钮，弹出"材质编辑"对话框，单击第 2 个示例球，再单击 (将材质指定给选定对象)按钮，如图 2.5.375 所示。

　　步骤 4：单击 (渲染产品)按钮，即可得到如图 2.5.376 所示的效果。

　　2）"推力"修改器的参数说明

　　"推力"修改器的参数值由一个"推力值"参数构成，它的主要作用是控制顶点相对于对象中心移动的距离。

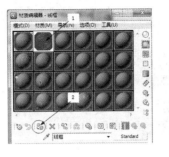

图 2.5.373　　　　　图 2.5.374　　　　　　　图 2.5.375　　　　　　图 2.5.376

8. "松弛"修改器

"松弛"修改器的主要作用是通过向内收缩表面的顶点或向外松弛表面的顶点来改变对象表面的张力，使原对象产生平滑效果。

"松弛"修改器可以作用于整个对象，也可以作用于下层的子对象选择集，对对象的局部进行松弛操作。例如，在制作人物动画时，弯曲的关节常会产生坚硬的折角，此时，可以使用"松弛"修改器将它揉平。

1) "松弛"修改器的使用方法

步骤 1：打开一个场景文件，如图 2.5.377 所示，在该场景中的山峰显得比较尖锐，现在需要将山峰模型变得平滑一点，可以通过"松弛"修改器来实现。

步骤 2：单选山峰模型，添加一个"松弛"修改器。设置参数，具体参数设置如图 2.5.378 所示。最终效果如图 2.5.379 所示。

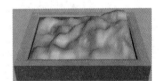

图 2.5.377　　　　　　　　图 2.5.378　　　　　　　图 2.5.379

2) "松弛"修改器的参数说明

(1) **松弛值**。主要用来控制顶点移动距离的百分比值，该值越大，顶点越靠近，收缩程度越大。

(2) **迭代次数**。主要用来控制松弛计算的次数，值越大，松弛效果越明显，对象表面越平滑。

(3) **保持边界点固定**。勾选此项，不对开放网格对象边界上的顶点进行松弛操作。

(4) **保留外部角**。勾选此项，距离对象中心最远的顶点将保持在原位置不变。

9. "涟漪"修改器

"涟漪"修改器的主要作用是在对象表面从中心向外辐射，产生同心波，震动对象表面的顶点，形成涟漪效果。用户可以为一个对象指定多个涟漪修改器。

1) "涟漪"修改器的使用方法

步骤 1：打开一个场景文件，进入模型的多边形级别，选中如图 2.5.380 所示的顶点。

步骤 2：添加一个"涟漪"修改器，设置"涟漪"修改器参数，具体设置如图 2.5.381 所示，最终效果如图 2.5.382 所示。

图 2.5.380　　　　　　　图 2.5.381　　　　　　　图 2.5.382

2)"涟漪"修改器的参数说明

(1) **振幅 1/ 振幅 2**。主要用来控制沿着涟漪对象自身 X/Y 轴向上的振动幅度。

(2) **波长**。主要用来控制每一个涟漪波的长度。

(3) **相位**。主要用来控制波从涟漪中心点发出的振幅偏移量。

提示：用户可以将"相位"值记录为动画，产生从中心向外连续波动的涟漪效果。

(4) **衰退**。主要用来控制从涟漪中心向外衰减振动影响的大小。该值越大，衰减越强烈。

10. "波浪"修改器

"波浪"修改器的主要作用是在对象表面产生波浪起伏的效果。

提示：通过参数设置，可以使对象表面在两个方向上产生振幅，从而制作出平行波动效果。也可以将"相位"记录为动画，产生动态的波浪效果。

1)"波浪"修改器的使用方法

步骤 1：启动 3ds Max 软件，创建一个平面，如图 2.5.383 所示。

步骤 2：给平面添加一个"波浪"修改器，具体参数设置如图 2.5.384 所示。最终效果如图 2.5.385 所示。

图 2.5.383　　　　　　　图 2.5.384　　　　　　　图 2.5.385

2)"波浪"修改器的参数说明

"波浪"修改器的参数与"涟漪"修改器的参数完全相同，在这里就不再介绍，可参考"涟漪"修改器的参数说明或配套教学视频。

11. "倾斜"修改器

"倾斜"修改器的主要作用是对对象或对象局部按指定的轴向进行倾斜变形。

1)"倾斜"修改器的使用方法

步骤 1：打开一个场景文件，如图 2.5.386 所示。

步骤 2：选择文字对象，给文字对象添加一个"倾斜"修改器。设置参数，具体设置如图 2.5.387 所示。最终效果如图 2.5.388 所示。

图 2.5.386　　　　图 2.5.387　　　　图 2.5.388

2)"倾斜"修改器的参数说明

(1) **数量**。主要用来控制与垂直平面倾斜的角度，值越大，倾斜越剧烈。

(2) **方向**。主要用来控制相对于水平面的倾斜方向。

(3) **倾斜轴**。主要用来控制倾斜依据的坐标轴向。

12."切片"修改器

"切片"修改器的主要作用是创建一个穿过网格模型的剪切平面，基于剪切平面创建新的点、线和面，将模型切开。

提示："切片"修改器的剪切平面是无边界的，有时候黄色线框没有包围模型的全部，但仍然对整个模型有效。如果要对象的局部表面进行剪切，可以在"切片"修改器的堆栈下方添加一个"选择网格"修改器来实现。

1)"切片"修改器的使用方法

使用"切片"修改器和"补洞"修改器制作建筑生长动画。

步骤 1：打开一个场景文件，如图 2.5.389 所示。

步骤 2：给场景中的对象添加一个"切片"修改器，设置参数，具体设置如图 2.5.390 所示。效果如图 2.5.391 所示。

步骤 3：单击 自动关键点 按钮，再单击 ⚬┯ 按钮，创建一个关键帧，将时间滑块移到第 50 帧，将"切片"的切片平面向上移动，如图 2.5.392 所示。

  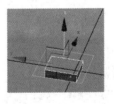

图 2.5.389　　　　图 2.5.390　　　　图 2.5.391　　　　图 2.5.392

步骤 4：再单击 自动关键点 按钮，退出关键帧动画编辑，移动滑块，就可以看到生长的效果，如图 2.5.393 所示。可以看出，切片上面被切除的同时出现了孔洞。

步骤 5：添加一个"补洞"修改器，即可得到如图 2.5.394 所示的效果。用户在移动时间滑块时，即可看到建筑生长的动画。

2)"切片"修改器的参数说明

(1) 优化网格。单选此项，在对象和剪切平面相交的位置处增减新的点、线或面，被剪切的网格对象仍然为一个对象。

(2) 分割网格。单选此项，在对象和剪切平面相交的位置处增加双倍的点和线。剪切的对象被分离成两个对象。

(3) 移除顶部。单选此项，删除剪切平面顶部的全部顶点和面。

(4) 移除底部。单选此项，删除剪切平面底部的全部顶点和面。

(5) ◁。单击该按钮，剪切平面基于三角面进行剪切。也就是说，三角面的隐藏边也产生新的点。

(6) ▢。单击该按钮，剪切平面基于可见边进行剪切，对隐藏的边不加点。

13. "球形化"修改器

"球形化"修改器的主要作用是使对象表面顶点向外膨胀，趋向于球体。

1) "球形化"修改器的操作方法

步骤 1：启动 3ds Max 软件，在视图中创建一个立方体，如图 2.5.395 所示。

步骤 2：给立方体添加一个"球形化"修改器，设置"球形化"参数，该修改器只有一个百分比参数，如图 2.5.396 所示。

图 2.5.393

图 2.5.394

图 2.5.395

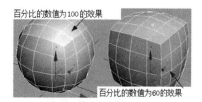
图 2.5.396

2)"球形化"修改器的参数说明

"球形化"修改器只有一个"百分比"参数，主要用来控制球形化的强烈程度，当该值为 0 时，不产生球形化变形；当该值为 100 时，对象完全变形为球体。

14. "影响区域"修改器

"影响区域"修改器的主要作用是对对象进行凸起或凹下处理。

提示："影响区域"修改器会对任何可渲染对象产生影响。如果要对对象局部产生区域影响，可以通过使用"网格选择"或"体积选择"修改器传递选择子对象。

1)"影响区域"修改器的操作方法

步骤 1：启动 3ds Max 软件，在视图中创建一个平面，如图 2.5.397 所示。

步骤 2：给平面添加一个"影响区域"修改器，设置参数，具体设置如图 2.5.398 所示，最终效果如图 2.5.399 所示。

2）"影响区域"修改器的参数说明

(1) 衰退：主要用来控制影响的半径。该值越大，影响面积就越大，凸起越平缓。

(2) 忽略背面：勾选此项，在凸起时，对背面不进行处理。

(3) 收缩：主要用来控制凸起的尖锐程度，当该值为正时，表现为尖锐；当该值为负时，表现为平坦。

(4) 膨胀：主要用来控制向上凸起的趋势。

15. "晶格"修改器

"晶格"修改器的主要作用是对网格对象进行线框化处理。

使用"晶格"修改器与材质中的线框渲染的原理不同。使用"晶格"修改器是将对象真正转化为线框，交叉点转化为节点造型。

1) "晶格"修改器的操作方法

步骤 1： 打开一个场景文件，选择半圆球对象，如图 2.5.400 所示。

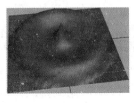
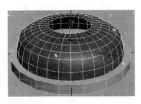

图 2.5.397　　　　图 2.5.398　　　　图 2.5.399　　　　图 2.5.400

步骤 2： 给选择的半圆球对象添加一个"晶格"修改器，设置参数，具体设置如图 2.5.401 所示。最终效果如图 2.5.402 所示。

2) "晶格"修改器的参数说明

(1) 几何体。"几何体"参数组主要包括如下 4 个参数。

① 应用于整个对象。勾选此项，线框将应用于全部的边和片段。如果不勾选此项，线框将仅应用于修改层级传递上来的子对象。

② 仅来自顶点的节点。单选此项，只显示节点造型。

③ 仅来自边的支柱。单选此项，只显示支柱造型。

④ 二者。单选此项，同时显示节点造型和支柱造型。

(2) 支柱。"支柱"参数组主要用来控制支柱的参数设置。主要有如下 7 个参数。

① 半径：1.0。主要用来控制支柱的截面半径的大小，也就是支柱的粗细程度。

② 分段：1。主要用来控制支柱长度上的片段划分数。

③ 边数：3。主要用来控制支柱截面图形的边数，边数越多，越接近于圆柱。

④ 材质 ID：1。主要用来设置支柱的材质 ID 号。

⑤ 忽略隐藏边。勾选此项，只对可见边产生支柱。

⑥ 末端封口。勾选此项，支柱两端封口，使支柱成为封闭的造型。

⑦ 平滑。勾选此项，对支柱表面进行平滑处理，产生平滑的圆柱。

(3) 节点。"节点"参数组主要用来控制节点的参数设置，主要有如下参数。

① 基点面类型。主要用来设置节点的基本形态，主要有"四面体"、"八面体"和"二十面体" 3 种形态可选。

② **半径:** 2.0 。主要用来控制节点的大小。

③ **分段:** 1 。主要用来控制节点形态的片段划分数，该值越大，面数越多，形态越接近球形。

④ **材质 ID:** 2 。主要用来设置节点的材质 ID 号。

⑤ **平滑**。勾选此项，则对接点表面进行平滑处理。

(4) **贴图坐标**。"贴图坐标"参数组主要有如下 3 个参数。

① **无**。单选此项，不生成贴图坐标。

② **重用现有坐标**。单选此项，则使用当前对象本身的贴图坐标。

③ **新建**。单选此项，为支柱重新指定柱形贴图坐标，为节点重新指定球形贴图坐标。

16. "镜像"修改器

"镜像"修改器的主要作用是对选择对象或选择对象的子对象集合沿指定的轴向进行镜像操作。

"镜像"修改器可以对任何类型的模型进行操作，可以将镜像中心位置的改变记录成动画。

1) "镜像"修改器的操作方法

步骤 1：打开一个场景文件，如图 2.5.403 所示。

步骤 2：在场景中选择对象，给该对象添加一个"镜像"修改器，根据任务要求，设置参数，具体设置如图 2.5.404 所示。最终效果如图 2.5.405 所示。

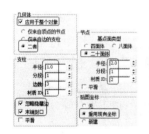

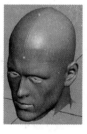

　　图 2.5.401　　　　　　图 2.5.402　　　　　　图 2.5.403　　　图 2.5.404　　　图 2.5.405

2) "镜像"修改器的参数说明

(1) **镜像轴**。"镜像轴"参数组主要用来控制镜像操作的坐标轴向。

(2) **偏移:** -0.42 。主要用来控制镜像后的对象与镜像轴之间的偏移距离。

(3) **复制**。勾选此项，则复制一个对象进行镜像操作。

17. "置换"修改器

"置换"修改器的主要作用是对对象进行置换操作，使对象发生空间扭曲。"置换"修改器可以作用于多个对象或粒子系统。

1) "置换"修改器的操作方法

步骤 1：启动 3ds Max 软件，在视图中创建一个平面，如图 2.5.406 所示。

步骤 2：给创建的平面(平面需要有足够的分段数)添加一个"置换"修改器。在参数面板中单击"贴图"参数下的 无 按钮，弹出"材质/贴图浏览器"对话框。在该对话框中双击

█位图选项，弹出"选择位图图像文件"对话框，在该对话框中选择需要进行置换的位图，单击 打开(O) 按钮即可。

步骤 3：设置"置换"修改器的参数，具体设置如图 2.5.407 所示。最终效果如图 2.5.408 所示。

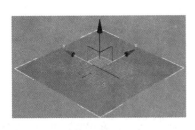
图 2.5.406

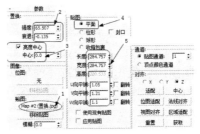
图 2.5.407

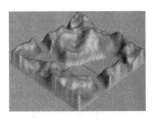
图 2.5.408

2)"置换"修改器的参数说明

(1) **置换**。"置换"参数组主要包括如下 4 个参数。

① **强度**：65.507。主要用来控制贴图置换相对对象表面凹陷和凸起的强烈程度。该值越大，效果越明显。

② **衰退**：-0.135。主要用来根据距离的远近提高或降低置换强度。

③ **亮度中心**。勾选此项，启用亮度中心控制参数设置。

④ **中心**：0.0。主要用来设置亮度中心的位置。

(2) **图像**。"图像"参数组主要用来控制使用位图还是贴图来进行置换。其中包括导入位图或贴图按钮、移除位图或移除贴图按钮和模糊参数。其中"模糊"参数主要用于控制柔化置换造型表面尖锐的边缘程度。

(3) **贴图**。"贴图"参数组主要用来控制贴图的坐标方式和贴图坐标的大小等。参数具体介绍如下。

① **贴图坐标方式**。贴图坐标主要有"平面"、"柱形"、"球形"和"收缩包裹"4 种贴图坐标方式。

提示："封口"参数主要用来控制在柱面贴图时是否对顶底面进行处理。

② **贴图坐标大小**。主要用来设置贴图坐标的长度、宽度和高度的大小。

提示：在"平面"贴图坐标方式下"高度"参数设置失效。

③ **U/V/W 向平铺**。主要用来控制在 3 个方向上贴图的重复次数。

提示：在"U/V/W 向平铺"右边有一个"翻转"参数，主要用来将贴图坐标沿着当前方向进行翻转。

④ **使用现有贴图**。勾选此项，则使用下层堆栈中指定的贴图坐标作为贴图置换的贴图坐标。

⑤ **应用贴图**。勾选此项，将贴图置换的贴图坐标作为材质的位图坐标指定给对象。

（4）**通道**。主要用来指定贴图使用的通道。如果单选**贴图通道**选项，将指定 UVW 通道作为贴图通道，可以在右边的输入框中设置贴图通道；如果单选**顶点颜色通道**选项，则以顶点颜色通道作为贴图通道。

（5）**对齐**。主要用来调节贴图 Gizmo(线框)的大小、位置和方向。主要有如下参数。

① X/Y/Z。主要用来切换贴图 Gizmo(线框)对象校准的 3 个轴向。

② **适配**。单击该按钮，自动缩放 Gizmo(线框)的大小以适应对象边界盒。

③ **中心**。单击该按钮，将缩放 Gizmo(线框)的中心对齐到对象的中心。

④ **位图适配**。单击该按钮，则显示一个位图选择框，Gizmo(线框)将自动缩放以适配选择位图的长宽比。

⑤ **法线对齐**。单击该按钮，Gizmo(线框)将自动对齐选择面的法线。

⑥ **视图对齐**。单击该按钮，Gizmo(线框)的方向与当前活动视图对齐。

⑦ **区域适配**。单击该按钮，Gizmo(线框)自动缩放以对齐使用鼠标拉出的矩形框范围。

⑧ **重置**。单击该按钮，将 Gizmo(线框)恢复到初始状态。

⑨ **获取**。单击该按钮，可以通过在视图中拾取对象来获取当前的贴图坐标设置。

18. "X 变换"修改器

"X 变换"修改器的主要作用是对修改器的 Gizmo 进行位移、旋转和缩放操作。

"X 变换"修改器的操作方法如下。

步骤 1：启动 3ds Max 软件，在视图中创建一个茶壶对象。

步骤 2：给创建的茶壶添加一个"X 变换"修改器，如图 2.5.409 所示。在浮动面版中单击 Gizmo 子层级，在视图中对 Gizmo 进行移动、缩放和旋转操作，如图 2.5.410 所示。

提示：使用"X 变换"修改器对对象进行变换操作之后，"移动变换输入"对话框中的参数不受影响，如图 2.5.411 所示。用户可以加入多个"X 变换"修改器，也可直接删除"X 变换"修改器，以达到撤销变换操作的目的。

19. "替换"修改器

"替换"修改器的主要作用是使用场景中的对象或外部文件对象替换当前选择对象。

1）"替换"修改器的操作方法

步骤 1：打开一个场景文件，在该场景中只有一个外星人头部模型，如图 2.5.412 所示。

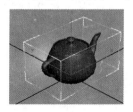
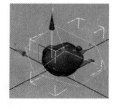

| 图 2.5.409 | 图 2.5.410 | 图 2.5.411 | 图 2.5.412 |

步骤 2：在场景中创建一个立方体，如图 2.5.413 所示。

步骤 3：在场景中选择立方体，给立方体添加一个"替换"修改器。在参数面板中单

击 拾取场景对象 按钮，再在场景中单击外星人头部模型，弹出"替换问题"对话框，如图 2.5.414 所示，单击 是(Y) 按钮，即可得到如图 2.5.415 所示的效果。

2)"替换"修改器参数说明

"替换"修改器的参数面板如图 2.5.416 所示，具体介绍如下。

图 2.5.413

图 2.5.414

图 2.5.415

图 2.5.416

(1) **在视口中**。勾选此项，在视图中显示替换后的对象。

(2) **在渲染中**。勾选此项，在渲染时显示为替换后的对象。

(3) **对象**。主要用来显示或修改替换对象的名称。

(4) **拾取场景对象**。单击该按钮，可以在视图中拾取替换对象。

(5) **选择外部参照对象…**。单击该按钮，弹出"打开文件"对话框，在该对话框中选择需要替换对象的文件，单击 打开(O) 按钮，弹出"外部参照合并"对话框，在该对话框中列出了选择的外部文件的所有对象。在该对话框中选择需要替换的对象，单击 确定 按钮即可替换。

(6) **保留局部旋转**。勾选此项，原始对象的旋转将被继承到替换对象。

(7) **保留局部缩放**。勾选此项，原始对象的缩放将被继承到替换对象。

提示："保留局部旋转"和"保留局部缩放"只有在指定替换对象之前勾选才起作用。

20."保留"修改器

"保留"修改器的主要作用是使对象尽可能地在边的长度、面的长度和对象的体积保持原始形态的同时，趋向于另一对象。

1)"保留"修改器的操作方法

步骤 1：打开一个场景文件，在该场景中有两个对象，如图 2.5.417 所示。

步骤 2：单选左侧的对象，添加一个"保留"修改器。在参数面板中单击 拾取原始按钮，再在场景中单击右侧的对象。

步骤 3：设置"保留"修改器的参数，具体设置如图 2.5.418 所示。最终效果如图 2.5.419 所示。

图 2.5.417

图 2.5.418

图 2.5.419

2) "保留" 修改器参数说明

(1) 拾取原始。单击该按钮,拾取作为保留依据的原始对象。

(2) 迭代次数。主要用来控制指定保留计算的级别,该数值越高,越接近于原始对象。

(3) 保存重量。主要用来设置边长、面角度和体积的数值,以控制保留相应的部分。在一般情况下,采用系统默认值,可以达到最佳效果。

(4) 选择。主要用来选择哪些需要受 "保留" 修改器影响。

① 应用于整个网格。单选此项,"保留" 修改器作用于整个对象,忽略下层传递上来的子对象选择集。

② 仅选定顶点。单选此项,只对下层传递上来的子对象选择集进行 "保留" 操作。

③ 反选。单选此项,只对下层传递上来的没有选择的子对象选择集进行 "保留" 操作。

21. "壳" 修改器

"壳" 修改器的主要作用是为没有厚度的对象(多边形、面片或 NURBS 曲面)添加厚度,并输出为网格对象。

"壳" 修改器的工作原理是:通过添加一组与对象表面方向相反的面,并连接内外面的边来表现对象的厚度。可以在内外边之间指定厚度大小、边的特性、材质 ID 和贴图类型。

1) "壳" 修改器的操作方法

步骤 1:打开一个场景文件,在该场景文件中包括一个没有厚度的可编辑网格和一条样条曲线,如图 2.5.420 所示。

步骤 2:选择可编辑网格对象,添加一个 "壳" 修改器,设置参数,具体设置如图 2.5.421 所示,效果如图 2.5.422 所示。

步骤 3:在 "参数" 面板中单击 None 按钮,再在场景中单击样条曲线,即可得到如图 2.5.423 所示的效果。

图 2.5.420　　　　　图 2.5.421　　　　　图 2.5.422　　　　图 2.5.423

2) "壳" 修改器的参数说明

(1) 内部量。主要用来控制从原始位置向内移动的距离。

(2) 外部量。主要用来控制从原始位置向外移动的距离。

(3) 分段。主要用来设置每个边的分段数。

(4) 倒角边。勾选此项,可以对拉伸的剖面自定义一个特定的形状。在指定了 "倒角样条线" 之后,该选项成为直边剖面和自定义剖面之间的切换开关。

(5) 倒角样条线。单击倒角样条线右边的 None 按钮,在视图中单击样条线,即可使用样条线作为倒角边。

(6) **覆盖内部材质 ID**。勾选此项，即可在**内部材质 ID**输入框中为内部材质设置 ID 号。

(7) **覆盖外部材质 ID**。勾选此项，即可在**外部材质 ID**输入框中为外部材质设置 ID 号。

(8) **覆盖边材质 ID**。勾选此项，即可在**边材质 ID**输入框中为边材质 ID 设置 ID 号。

(9) **自动平滑边**。勾选此项，即可在**角度**输入框中为自动平滑设置平滑的角度。

(10) **覆盖边平滑组**。勾选此项，即可在**平滑组**输入框中为多边形设置平滑组。

(11) **边贴图**。主要用来为新边的纹理指定贴图类型。主要有如下 4 种贴图类型。

① **无**。单选此项，将每个边面的 U 值设置为 0，V 值设置为 1。

② **复制**。单选此项，每个边面使用和原始面一样的 UVW 坐标。

③ **剥离**。单选此项，将边贴图进行连续的剥离。

④ **插补**。单选此项，边贴图将由邻近的内部或外部多边形贴图插补形成。

(12) **TV 偏移: 0.05**。主要用来设置边的纹理顶点之间的间隔。

(13) **选择边**。勾选此项，即可选择边面部分。

(14) **选择内部面**。勾选此项，即可选择内部面。

(15) **选择外部面**。勾选此项，即可选择外部面

(16) **将角拉直**。勾选此项，即可通过调整角顶点来维持直线边。

视频播放：任务八的详细讲解，可观看配套视频"任务八：参数化修改器"。

任务九：转化修改器

转化修改器主要包括"转化为网格"、"转化为面片"和"转化为多边形"3 个修改器。具体操作方法和参数说明如下。

1. "转化为网格"修改器

"转化为网格"修改器的主要作用是将选定对象转化为网格对象，且以修改器的形式增加到堆栈列表中。

1)"转化为网格"修改器的操作方法

步骤 1：选择需要转换的对象。

步骤 2：给选定的对象添加一个"转化为网格"修改器。

步骤 3：根据任务要求，调节"转化为网格"修改器的参数即可。

2)"转化为网格"修改器的参数说明

"转化为网格"修改器的参数面板如图 2.5.424 所示，具体介绍如下。

(1) **使用不可见边**。勾选此项，则可见边与不可见边构成新的网格模型。

(2) **子对象选择**。"子对象选择"参数组主要包括如下 4 个参数。

① **保留**。单选此项，将在层级子对象中选择的子对象集合传递给当前修改器。

② **清除**。单选此项，忽略在层级子对象中选择的子对象集合。不传递到当前修改器。

③ **反转**。单选此项，将在层级子对象中没有选择的子对象集合进行反选，并传递到当前修改器。

④ **包括软选择**。勾选此项，软选择的子对象层级也可以传递到当前修改器。

(3) **选择级别**。"选择级别"参数组主要包括如下参数。

① **来自管道**。单选此项，则保持与层级子对象的选择级别一致。

② **对象**。单选此项，则以对象作为子对象级别传递到当前修改器。

③ **边**。单选此项，则以边作为子对象级别传递到当前修改器。

④ **顶点**。单选此项，则以顶点为子对象级别传递到当前修改器。

⑤ **面**。单选此项，则以面为子对象级别传递到当前修改器。

2. "转化为面片"修改器

"转化为面片"修改器的主要作用是将选定对象转化为面片对象，且以修改器的形式增加到堆栈列表中。

1) "转化为面片"修改器的操作方法

步骤 1：选择需要转换的对象。

步骤 2：给选定的对象添加一个"转化为面片"修改器。

步骤 3：根据任务要求调节"转化为面片"修改器的参数即可。

2) "转化为面片"修改器的参数说明

"转化为面片"修改器参数面板如图 2.5.425 所示，具体介绍如下。

四边形到四边形面片：勾选此项，将网格对象或多边形对象的四边面转换为四边形面片。

其他参数与"转化为网格"修改器中的参数完全相同，这里就不再介绍。

3. "转化为多边形"修改器

"转化为多边形"修改器的主要作用是将选定对象转化为多边形对象，且以修改器的形式增加到堆栈列表中。

1) "转化为多边形"修改器的操作方法

步骤 1：选择需要转换的对象。

步骤 2：给选定的对象添加一个"转化为多边形"修改器。

步骤 3：根据任务要求调节"转化为多边形"修改器的参数即可。

2) "转化为多边形"修改器的参数说明

"转化为多边形"修改器参数面板如图 2.5.426 所示，具体介绍如下。

(1) **保持多边形为凸面体**。勾选此项，对象转换为多边形后，保持原来对象的外形，不加入交叉线。

(2) **限制多边形大小**。勾选此项，根据**最大大小**输入框中输入的数值来控制转换为多边形对象后允许每个面出现的最多边数。

(3) **需要平面多边形**。勾选此项，系统根据**阈值**输入框中输入的数值来决定是否加入新面。如果面与面之间的夹角小于输入的数值，则加入新的面。

(4) **移除中间边顶点**。勾选此项，将细分后产生的随机点删除。

其他参数与"转化为网格"修改器中的参数完全相同，这里就不再介绍。

图 2.5.424   图 2.5.425   图 2.5.426

视频播放：任务九的详细讲解，可观看配套视频"任务九：转化修改器"。

四、项目拓展训练

根据本项目所学知识，制作如图 2.5.427 所示的模型。

图 2.5.427

项目 6：自行车模型的制作

一、项目效果

二、项目制作流程(步骤)分析

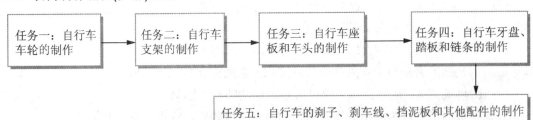

三、项目操作步骤

在本项目中，主要使用多边形建模技术制作自行车。自行车主要通过左视图和顶视图两张参考图来制作。通过本项目的学习，对多边形建模技术的综合应用能力将得到很大的提高。自行车的制作主要分为车轮、支架、踏板、链条、座板和刹车系统几个部分。

自行车制作的整个思路是根据参考图，将各部分制作出来，再将各部分组合在一起。详细操作步骤如下。

任务一：自行车车轮的制作

自行车的车轮主要分外轮胎、内轮胎、轴承和钢丝 4 个部分。

1. 制作自行车外轮胎

自行车车轮的制作主要是通过多边形基本体创建基本形状，再对基本形状逐渐进行细化和编辑。具体操作步骤如下。

步骤 1：打开场景文件，在该文件中的顶视图和左视图中已经设置好参考图，如图 2.6.1 所示。

步骤 2：在左视图中创建一个"圆环"，具体参数设置如图 2.6.2 所示。在左视图中的效果如图 2.6.3 所示。

步骤 3：将"圆环"转换为可编辑多边形。进入多边形子层级，选择"圆环"的 19 段面，将其删除，如图 2.6.4 所示。

图 2.6.1　　　　　　图 2.6.2　　　　　　图 2.6.3　　　　　　图 2.6.4

步骤 4：选择保留的面，退出多边形子层级，在菜单栏中选择 工具(T) → 阵列(A)... 命令，弹出"阵列"对话框，具体设置如图 2.6.5 所示。单击 确定 按钮，即可得到如图 2.6.6 所示的效果。

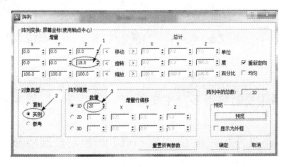　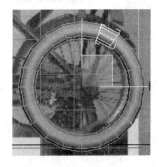

图 2.6.5　　　　　　　　　　　　图 2.6.6

步骤 5：制作自行车车轮的防滑凹槽。选择其中的任意一段，进入边子层级，选择所有环形边。单击 连接 右边的□(设置)按钮，弹出"连接边"对话框，具体设置如图 2.6.7 所示，单击✓按钮即可插入 3 条环形边。

步骤 6：选择如图 2.6.8 所示的面，单击 倒角 右边的□(设置)按钮，弹出"倒角"对话框，具体设置如图 2.6.9 所示，单击✓按钮即可得到如图 2.6.10 所示的效果。

步骤 7：方法同上。再进行一次倒角操作。倒角参数根据任务要求进行设置，最终效果如图 2.6.11 所示。

   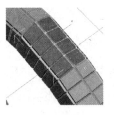

图 2.6.7　　　　　图 2.6.8　　　　　图 2.6.9　　　　　图 2.6.10　　　　　图 2.6.11

步骤 8：进入对象的边子层级，选择内侧中间的边进行适当调节，最终效果如图 2.6.12 所示。

步骤 9：在选择了对象的情况下，单击 ∀(使唯一)按钮，再单击 附加 按钮右边的□(设置)按钮，弹出"附加列表"对话框，在该对话框中选择所有对象，如图 2.6.13 所示。单击 附加 按钮，即可将所有对象附加成一个对象，如图 2.6.14 所示。

步骤 10：进入对象的顶点子层级。选中对象的所有顶点，单击 焊接 右边的□(设置)按钮，弹出"焊接顶点"参数面板，具体设置如图 2.6.15 所示。单击✓按钮即可。

步骤 11：给对象添加一个"网格平滑"修改器，在参数面板中设置迭代次数为 2，最终效果如图 2.6.16 所示。

图 2.6.12　　　　　图 2.6.13　　　　　图 2.6.14　　　　　图 2.6.15　　　　　图 2.6.16

2. 制作自行车内轮胎

自行车内轮胎的制作比外轮胎的制作要简单得多，主要通过一个"圆环"基本几何体调节来实现。具体操作步骤如下。

步骤 1：在左视图中创建一个圆环。具体参数设置如图 2.6.17 所示，使圆环与外轮胎中心对齐，将圆环改名为"内轮胎"，如图 2.6.18 所示。

步骤 2：将"内轮胎"转换为可编辑多边形。选中内侧中央的循环边，使用 (选择并均匀缩放)工具对选择的循环边进行缩放操作，效果如图 2.6.19 所示。

步骤 3：再对该循环边进行切角操作，将该循环边切成两条循环边，最终效果如图 2.6.20 所示。

3. 制作自行车的轴承和钢丝

自行车轴承和钢丝的制作主要使用圆柱体，通过挤出、倒角和调节来制作。具体操作步骤如下。

1) 制作自行车的轴承

步骤 1：在左视图中创建一个圆柱体，将创建的圆柱体转换为可编辑多边形并命名为"轴承"，与"内轮胎"中心对齐，如图 2.6.21 所示。

图 2.6.17　　　　图 2.6.18　　　　图 2.6.19　　　　图 2.6.20　　　　图 2.6.21

步骤 2：进入"轴承"的多边形子层级。选择如图 2.6.22 所示的循环面，进行倒角处理，即可得到如图 2.6.23 所示的效果。

步骤 3：对"轴承"进行挤出操作。最终效果如图 2.6.24 所示。

步骤 4：进入"轴承"的顶点子层级，对"轴承"两端的顶点进行适当的缩放。进入"轴承"边子层级，给"轴承"添加一些循环边。最终效果如图 2.6.25 所示。

   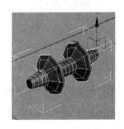

图 2.6.22　　　　　　图 2.6.23　　　　　　图 2.6.24　　　　　　图 2.6.25

2) 制作自行车的钢丝

步骤 1：在左视图中创建一个圆柱体，将圆柱体转换为可编辑多边形并命名为"钢丝"，如图 2.6.26 所示。

步骤 2：对钢丝进行挤出操作。最终效果如图 2.6.27 所示。

步骤 3：在视图中绘制一条曲线，在左视图和前视图中的位置如图 2.6.28 所示。

步骤 4：进入钢丝的多边形子层级。选择与曲线相交的面。在浮动面板中单击

沿样条线挤出　按钮右边的■(设置)按钮，弹出"拾取样条线"参数设置面板，在该面板中单

击 按钮。再单击视图中的曲线，设置"拾取样条线"参数面板，具体设置如图 2.6.29 所示。单击 按钮即可得到如图 2.6.30 所示的效果。

 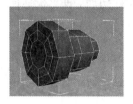 

图 2.6.26　　　　　图 2.6.27　　　　　图 2.6.28　　　　　图 2.6.29　　　　　图 2.6.30

步骤 5： 将制作好的钢丝复制一根，在左视图中调节好位置，如图 2.6.31 所示。

步骤 6： 将这两根钢丝成组，组名为"钢丝 01"。将"钢丝 01"旋转复制 3 组，如图 2.6.32 所示。

步骤 7： 将复制的所有钢丝组再成组为"钢丝侧组 01"，对"钢丝侧组 01"进行镜像复制，并进行适当旋转和位置调节，最终效果如图 2.6.33 所示。

步骤 8： 将"外轮胎"、"内轮胎"和所有钢丝选中，进行成组，组名为"自行车轮胎"，如图 2.6.34 所示。

图 2.6.31　　　　　　图 2.6.32　　　　　　图 2.6.33　　　　　　图 2.6.34

视频播放： 任务一的详细讲解，可观看配套视频"任务一：自行车车轮的制作"。

任务二：自行车支架的制作

自行车支架的制作原理是：根据自行车的框架结构绘制曲线，在"修改"浮动面板中设置曲线的渲染参数，得到可渲染的曲线，将可渲染的曲线转换为可编辑多边形，对可编辑多边形进行缩放和位置调节。具体操作步骤如下。

1. 制作自行车的主体支架

步骤 1： 绘制曲线，在浮动面板中单击 线 按钮，在视图中绘制曲线，进入曲线的顶点编辑模式，调节顶点的位置，最终绘制好的曲线如图 2.6.35 所示。

步骤 2： 在视图中选择前支架曲线，在"修改"浮动面板中设置渲染参数，具体设置如图 2.6.36 所示。最终效果如图 2.6.37 所示。

步骤 3： 将可渲染曲线转换为可编辑多边形。

步骤 4： 方法同上。根据自行车的支架粗细，在"修改"浮动面板中为其他曲线设置渲染参数。在这里需要修改的是"厚度"的参数值。最终效果如图 2.6.38 所示。

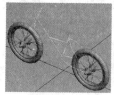

　　图 2.6.35　　　　　图 2.6.36　　　　　图 2.6.37　　　　　　图 2.6.38

　　步骤 5：根据参考图，分别选择可编辑多边形支架，进入顶点编辑模式进行缩放操作。最终效果如图 2.6.39 所示。

　　2．制作自行车货架

　　步骤 1：绘制曲线，在浮动面板中单击 线 按钮，在视图中绘制曲线，进入曲线的顶点编辑模式，调节顶点的位置，最终绘制好的曲线如图 2.6.40 所示。

　　步骤 2：选择绘制的曲线，根据参考图要求，在"修改"浮动面板中设置渲染参数。最终效果如图 2.6.41 所示。

　　步骤 3：将可渲染曲线转换为可编辑多边形，进入可编辑多边形子层级，进行适当的缩放操作。最终效果如图 2.6.42 所示。

　　步骤 4：将所有支架选中，成一个组，组名为"自行车支架"。给成组的支架添加一个标准材质，最终效果如图 2.6.43 所示。

　　图 2.6.39　　　　图 2.6.40　　　　图 2.6.41　　　　图 2.6.42　　　　图 2.6.43

视频播放：任务二的详细讲解，可观看配套视频"任务二：自行车支架的制作"

任务三：自行车座板和车头的制作

　　自行车座板的制作方法是创建半个球体，将球体转换为可编辑多边形，进入可编辑多边形的顶点编辑模式，调节顶点的位置，进入可编辑多边形的边编辑模式，进行重新布线。添加"涡轮平滑"修改器，进入可编辑多边形元素编辑模式，使用推/拉命令，在 X 轴向上进行"推/拉"操作。再使用 FFD3×3×3 修改器进行外形调节即可。

　　1．制作自行车座板

　　步骤 1：在视图中创建一个半圆球，具体参数设置，如图 2.6.44 所示。最终效果如图 2.6.45 所示。

　　步骤 2：将半圆球转换为可编辑多边形，并命名为"座板"。进入"座板"的顶点编辑模式，对顶点进行缩放和位置调节，最终效果如图 2.6.46 所示。

步骤 3：进入"座板"边编辑模式，通过删除边和添加边，对座板进行布线，最终效果如图 2.6.47 所示。

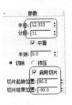

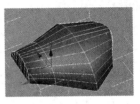

图 2.6.44　　　　图 2.6.45　　　　　　图 2.6.46　　　　　　图 2.6.47

步骤 4：给"座板"添加一个"涡轮平滑"修改器。进入"座板"的元素编辑模式，使用"推/拉"工具在 X 轴向上进行推/拉操作。最终效果如图 2.6.48 所示。

步骤 5：给"座板"添加一个 FFD3×3×3 修改器，对修改器的控制点进行缩放和位置调节，如图 2.6.49 所示。

步骤 6：将"座板"进行塌陷操作，最终效果如图 2.6.50 所示。

步骤 7：给"座板"添加一个标准材质，调节好位置，最终效果如图 2.6.51 所示。

图 2.6.48　　　　　图 2.6.49　　　　图 2.6.50　　　图 2.6.51

2. 制作自行车的车头

自行车车头的制作主要包括车头支架和刹车把的制作。制作方法是绘制样条线，再对样条线进行编辑即可。

1) 制作自行车车头

步骤 1：在视图中，绘制如图 2.6.52 所示的样条线。

步骤 2：根据参考图设置渲染参数，最终效果如图 2.6.53 所示。

步骤 3：将其转换为可编辑多边形，并命名为"自行车车头支架"，进入"自行车车头支架"的多边形编辑模式。根据参考图，对局部的面进行挤出操作。最终效果如图 2.6.54 所示。

步骤 4：方法同上，制作自行车车头与自行车支架相连接的模型。最终效果如图 2.6.55 所示。

2) 制作自行车的刹车把

步骤 1：在左视图中创建一个圆柱体(半径为 2.4，长度为 4)。调节好位置，如图 2.6.56 所示。将创建的圆柱体转换为可编辑多边形，命名为"刹车把 01"。

图 2.6.52　　　　图 2.6.53　　　　图 2.6.54　　　　图 2.6.55　　　　图 2.6.56

步骤 2：进入"刹车把 01"多边形编辑模式，选择面进行挤出。再进入"刹车把 01"的顶点编辑模式，适当调节顶点的位置，如图 2.6.57 所示。

步骤 3：进入"刹车把 01"的多边形编辑模式，根据参考图选择面进行挤出。最终效果如图 2.6.58 所示。

步骤 4：给"刹车把"添加一个"涡轮平滑"修改器，迭代次数为 2，并对"涡轮平滑"进行塌陷处理。最终效果如图 2.6.59 所示。

步骤 5：创建一个立方体，如图 2.6.60 所示，将其转换为可编辑多边形，并命名为"刹车把 02"。

步骤 6：进入"刹车把 02"的顶点编辑模式，对顶点进行位置调节，最终效果如图 2.6.61 所示。

图 2.6.57　　　　图 2.6.58　　　　图 2.6.59　　　　图 2.6.60　　　　图 2.6.61

步骤 7：给"刹车把 02"添加一个"涡轮平滑"修改器，迭代次数为 1，并将"涡轮平滑"进行塌陷处理。最终效果如图 2.6.62 所示。

步骤 8：将"刹车把 01"和"刹车把 02"成组，组名为"刹车把"，并将"刹车把"组镜像复制一个，调节好位置。最终效果如图 2.6.63 所示。

视频播放：任务三的详细讲解，可观看配套视频"任务三：自行车座板和车头的制作"。

任务四：自行车牙盘、踏板和链条的制作

1. 牙盘的制作

步骤 1：在视图中创建一个"管状体"，根据参考图添加好位置和大小，并命名为"轴承 01"，如图 2.6.64 所示。

步骤 2：在视图中创建一个圆柱体，将圆柱体转换为可编辑多边形。调节好位置并命名为"轴承 02"，如图 2.6.65 所示。

步骤 3：进入"轴承 02"的多边形编辑模式，对轴承两端进行倒角和挤出操作。最终效果如图 2.6.66 所示。

步骤 4：将"轴承 01"和"轴承 02"成组为"轴承"，并设置为标准材质。

图 2.6.62　　　　图 2.6.63　　　　图 2.6.64　　　　图 2.6.65　　　　图 2.6.66

步骤 5：在左视图中创建一个圆柱体，并命名为"牙盘"。将"牙盘"转换为可编辑多边形，如图 2.6.67 所示。

步骤 6：进入"牙盘"的多边形编辑模式，选择面，进行倒角(按多边形倒角)处理，最终效果如图 2.6.68 所示。

步骤 7：删除如图 2.6.69 所示的面。进入"牙盘"的边编辑模式，使用"桥"命令对牙盘对应的前后边进行桥接处理，最终效果如图 2.6.70 所示。

步骤 8：给"牙盘"添加一个"网格平滑"修改器，迭代次数为 2，并使用"网格平滑"修改器进行塌陷，效果如图 2.6.71 所示。

  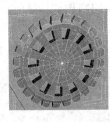 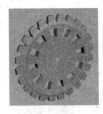 

图 2.6.67　　　　图 2.6.68　　　　图 2.6.69　　　　图 2.6.70　　　　图 2.6.71

步骤 9：将制作好的"牙盘"复制一个，命名为"牙盘 01"，对"牙盘 01"进行适当缩放，调节好位置，如图 2.6.72 所示。

2. 制作踏板

步骤 1：创建两个圆柱体，将两个圆柱体转换为可编辑多边形，将两个圆柱体附加为一个对象，命名为"曲柄"，如图 2.6.73 所示。

步骤 2：进入"曲柄"的多边形编辑模式。选择两个元素的对应面，使用"桥"命令进行桥接，如图 2.6.74 所示。

步骤 3：选择面进行"插入"和"挤出"操作，最终效果如图 2.6.75 所示。

步骤 4：创建一个立方体，将立方体转换为可编辑多边形，命名为"踏板"，大小位置如图 2.6.76 所示。

步骤 5：将"踏板"进行孤立。进入"踏板"的顶点编辑模式，调节顶点的位置，进入边编辑模式。删除不需要的面，如图 2.6.77 所示。

图 2.6.72　　　　图 2.6.73　　　图 2.6.74　　　图 2.6.75　　　图 2.6.76　　　图 2.6.77

步骤 6：进入"踏板"的边编辑模式，使用"桥"命令，对对应的边进行桥接处理。进入"踏板"的面编辑模式，选择面进行挤出。最终效果如图 2.6.78 所示。

步骤 7：将"踏板"和"曲柄"成组，组名为"脚踏"。将"脚踏"镜像复制一个，并调节好位置，如图 2.6.79 所示。

3. 制作自行车的链条

自行车链条的制作主要通过制作路径动画和快照来完成。具体制作步骤如下。

步骤 1：在左视图中绘制一条闭合的样条线，调节好位置，使它与前后齿轮吻合，如图 2.6.80 所示。

步骤 2：在视图中创建 6 个圆柱体和 2 个立方体，根据参考图的要求进行适当缩放和调节，将这 6 个圆柱体和 2 个立方体转换为可编辑多边形，附加在一起，命名为"链条子 01"，如图 2.6.81 所示。

步骤 3：选择"链条子 01"，在浮动面板中单击 ◎(运动)选项，切换到"运动"浮动面板。在该面板中单击 指定控制器 卷展栏下的 ⊕ 位置：位置 XYZ 选项。

步骤 4：单击 (指定控制器)按钮，弹出"指定位置控制器"对话框，在该对话框中单击"路径约束"选项。单击 确定 按钮，返回浮动面板。

步骤 5：在浮动面板中单击 添加路径 按钮，再在视图中单击第 1 步绘制好的样条线。设置"路径选项"参数，具体设置如图 2.6.82 所示，即可制作好一个路径动画。

图 2.6.78　　　　图 2.6.79　　　　图 2.6.80　　　　图 2.6.81　　　图 2.6.82

步骤 6：确保"链条子"被选中，在菜单栏中选择 工具(T) → 快照(P)... 命令，弹出"快照"对话框，具体设置如图 2.6.83 所示。单击 确定 按钮，即可得到如图 2.6.84 所示的链条。

步骤 7：将快照出来的所有"链条子"和"链条子 01"选中，成一个组，组名为"自行车链条"。

图 2.6.83　　　　　　　　　　　　　　　　图 2.6.84

提示：在设置"快照"的副本数时，不一定是 46。该参数与"链条子 01"的大小和路径的长短有关系，读者在设置该参数时，要多试几次，直到复制出来的前后"链条子"前后重合为此。

视频播放：任务四的详细讲解，可观看配套视频"任务四：自行车牙盘、踏板和链条的制作"。

任务五：自行车的刹子、刹车线、挡泥板和其他配件的制作

1. 制作自行车的前刹子

自行车的前刹子主要通过创建圆柱体，将圆柱体转换为可编辑辑多边形，再通过挤出、缩放和位置调节来进行制作。具体制作步骤如下。

步骤 1：在视图中创建一个圆柱体，将圆柱体转换为可编辑多边形，命名为"前刹子 01"，如图 2.6.85 所示。

步骤 2：进入"前刹子 01"的多边形编辑模式，删除不需要的面。再进入边编辑模式，使用"桥"命令将前后的边连接起来，如图 2.6.86 所示。

步骤 3：根据参考图，使用"挤出"命令进行挤出，调节顶点的位置，最终效果如图 2.6.87 所示。

步骤 4：将"前刹子 01"镜像复制一个，命名为"前刹子 02",使用"挤出"命令进行挤出、调点。分别给两个"刹子"添加"网格平滑"并进行塌陷。最终效果如图 2.6.88 所示。

步骤 5：制作刹子的固定螺丝。创建一个圆柱，将圆柱转换为可编辑多边形，进行挤出操作，调节好位置，如图 2.6.89 所示。

步骤 6：选择"前刹子 01"、"前刹子 02"和"螺丝"成一个组，组名为"前刹子"。

　图 2.6.85　　　　图 2.6.86　　　　图 2.6.87　　　　图 2.6.88　　　　图 2.6.89

2. 制作自行车的后刹子

后刹子的制作比前刹子的制作要简单，制作方法是创建一个圆柱体，将其转换为可编辑多边形，使用挤出命令、调点和连接等命令进行挤出、调节和连接等操作即可。具体操作步骤如下。

步骤 1：在左视图中创建一个圆柱体，将其转换为可编辑多边形，命名为"后刹子"，如图 2.6.90 所示。

步骤 2：选择"后刹车"内侧的面，使用"插入"和"挤出"命令对选择的面进行插入和挤出操作。最终效果如图 2.6.91 所示。

步骤 3：在右视图中绘制如图 2.6.92 所示的曲线。再在浮动面板中设置曲线的"渲染"参数，将设置好的渲染曲线转换为可编辑多边形，命名为"刹车片"，如图 2.6.93 所示。

步骤 4：选择"后刹子"和"刹车片"成一个组，组名为"后刹子"。

   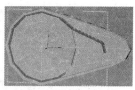

图 2.6.90　　　　　图 2.6.91　　　　　图 2.6.92　　　　　图 2.6.93

3. 制作刹车线

步骤 1：在视图中绘制两条曲线，分别命名为"刹车线 01"和"刹车线 02"，如图 2.6.94 所示。

步骤 2：分别设置两条刹车线的"渲染参数"。设置完之后，将两条刹车线转换为可编辑多边形，如图 2.6.95 所示。

图 2.6.94　　　图 2.6.95

步骤 3：选择两条刹车线，成一个组，组名为"刹车线"。

4. 制作挡泥板

挡泥板的制作方法是：创建圆环，将圆环转换为可编辑多边形，将不要的面删除，添加"壳"修改器，并将其塌陷，适当调节即可。具体操作方法如下。

步骤 1：在右视图中创建一个圆环，命名为"前挡泥板"，将其转换为可编辑多边形，如图 2.6.96 所示。

步骤 2：选择不需要的面将其删除，如图 2.6.97 所示。

步骤 3：对剩下的面适当地进行缩放和顶点调节，添加一个"壳"修改器，再将其塌陷，如图 2.6.98 所示。

步骤4：方法同上。制作"制作后挡泥板"，如图2.6.99所示。

 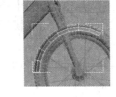  

图2.6.96　　　　图2.6.97　　　　图2.6.98　　　　图2.6.99

步骤5：绘制两条曲线，设置两条曲线的渲染属性，分别命名为"前挡泥板支架"和"后挡泥板支架"，将其转换为可编辑多边形。再创建两个半球体，调节好位置，如图2.6.100所示。

步骤6：制作自行车的停车柱。在视图中创建一个立方体，命名为"停车柱"，将其转换为可编辑多边形。进入顶点编辑模式，调节顶点的位置。添加"网格平滑"修改器，再将其塌陷，最终效果如图2.6.101所示。

步骤7：根据参考图，对自行车的细节进行完善和调节，将所有对象组成一组，组名为"自行车"。最终效果如图2.6.102所示。

图2.6.100　　　　　　图2.6.101　　　　　　图2.6.102

视频播放：任务五的详细讲解，可观看配套视频"任务五：自行车的刹子、刹车线、挡泥板和其他配件的制作"。

四、项目拓展训练

根据本项目所学知识，制作如图2.6.103所示的模型。

图2.6.103

提示：详细操作观看配套教学视频。

项目 7：人体模型的制作

一、项目效果

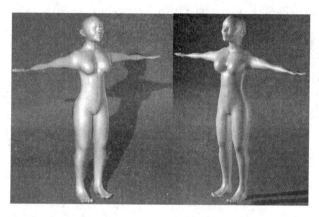

二、项目制作流程(步骤)分析

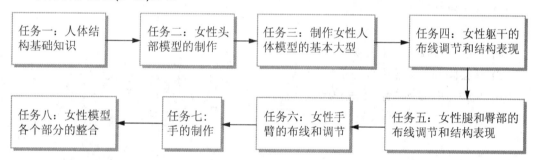

三、项目操作步骤

在本项目中，主要使用多边形建模技术制作人体模型。人体模型主要通过左视图和顶视图两张参考图来制作。完成该项目的制作要求读者了解人体结构比例、肌肉的布线、人体布线和女性人体建模的方法及技巧。

任务一：人体结构基础知识

在人体模型制作过程中，一定要了解人体的骨骼系统、肌肉系统、人体比例关系和主要关节，以及它们在人体外形上的变化规律。

1. 人体骨骼系统

人体的组织结构非常复杂和精密，其中人体骨骼系统起了关键性的作用。因为骨骼是人体内固定的支架，是相对比较稳定的实体，基本上决定了人体比例关系、形体大小和个性特征。

一个人从婴儿到成年，再到老年，其骨骼虽然有所变化，但它的相对位置基本不变，这也就决定了一个人的个性特征。在制作人体模型时，了解一些有关人体骨骼结构的知识是非常必要的，是人体建模中的布线依据，这里就不详细介绍。希望读者自己找一些有关人体结构方面的书籍了解人体骨骼系统。人体骨骼结构图如图 2.7.1 所示。

2. 人体肌肉系统

人体肌肉是人体运动的动力器官，是人的生命活动的重要体现。它与人体骨架共同决定了人体外形轮廓和起伏变化。但与骨骼不同的是，肌肉是人体表面形态的主要决定因素，每一块肌肉都具有一定形态、结构和功能，在躯体神经支配下收缩或舒张，进行随意运动。在人体建模中最难的也是人体肌肉表现和布线。人体肌肉分布图如图 2.7.2 所示。

3. 人体比例关系

掌握人体比例是人体建模最基本的要求，在人体建模中主要要求掌握全身比例、头部比例、躯干比例、四肢比例、两性的比例和形体差异。

1) 全身比例

在这里以一个成年人全身高为 7.5 个头长为例，人体比例图如图 2.7.3 所示。

(1) 从头顶到下巴为 1 个头长。

(2) 从下巴到乳头为 1 个头长。

(3) 从乳头到肚脐为 1 个头长。

(4) 从肚脐到会阴为 1 个头长。

(5) 从会阴到到膝盖中部为 1.5 个头长。

(6) 从膝盖中部到脚跟(足底)为 2 个头长。

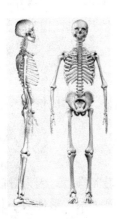

图 2.7.1

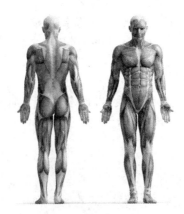

图 2.7.2

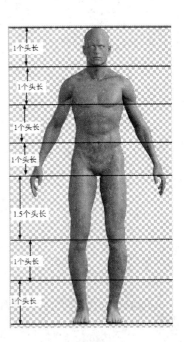

图 2.7.3

2) 头部比例

在研究头部比例的时候，一般以"三庭五眼"作为标准。

(1) 三庭。是指发际至眉间、眉间至鼻尖和鼻尖至下巴这三段的距离相等。

(2) 五眼。是指眼睛位置的正面脸宽，可分为五等份。脸边至眼角和两内眼角之间均为一个眼睛的宽度，加上两个眼睛的宽度为 5 个眼睛的宽度。

除了要掌握"三庭五眼"的比例之外，还需要了解以下比例关系，如图 2.7.4 所示。

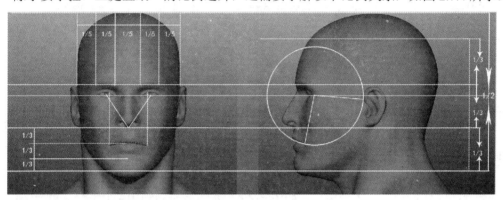

图 2.7.4

(1) 头顶至发际相当于发际至眉间距离的一半。

(2) 耳朵的上端一般与眉毛齐平，下端与鼻尖齐平。

(3) 两眼的外眼角至鼻尖形成等腰三角形。

(4) 鼻翼等于两眼内角的宽度。

(5) 两个瞳孔之间的距离等于两嘴角的宽度。

(6) 嘴巴口裂处在鼻尖至下巴 1/3 的位置。

(7) 从侧面看，外眼角至耳屏与外眼角至嘴角的距离相等。

(8) 在一般情况下，头部高度的 1/2 处在眼睛的水平线上，但儿童和老人的眼睛位置都低于头部高度的 1/2 (1/2 一般在眉毛的水平线上)。

3) 躯干比例

躯干在一般情况下为 3 个头长，具体比例情况如下。

(1) 从正面看，颌底至乳线为 1 个头长，乳线至脐孔为 1 个头长，脐孔至耻骨销下(会阴)为 1 个头长，如图 2.7.5 所示。

(2) 从背面看，第七颈椎至肩胛骨下角为 1 个头长，肩胛骨下角至髂峰为 1 个头长，髂峰至臀部为 1 个头长，颈宽为 1/2 个头长，肩宽为 2 个头长，如图 2.7.5 所示。

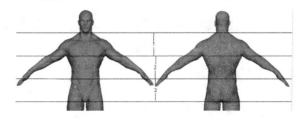

图 2.7.5

(3) 男女躯干比例差异较大，躯干正面从肩线至腰线再至大转子连线形成的两个梯形，男性上大下小，1/2 处在第十肋骨。女性上小下大，1/2 处接近胸廓处。

(4) 从侧面看，男女均为喇叭形，背部第七颈椎至臀褶线大于前侧肩窝至耻骨联合的长度。

(5) 躯干背面以腰际线为界，男性背部长于臀部，女性背部与臀部的距离相等，即女性背面从肩线至臀部线一半的部位为腰际线。

4) 四肢比例

四肢分为上肢和下肢。具体比例情况如下。

(1) 上肢在一般情况下为 3 个头长。上臂为 $1\frac{1}{3}$ 个头长，前臂为 1 个头长，手掌为 2/3 个头长，如图 2.7.6 所示。

(2) 手的长度为宽度的两倍。从掌面观看，手掌比手指长；从手背观看，手指比手掌长；拇指的两节长度相等；另外四指分三节，手指第一节略长于第二、三节。

(3) 在一般情况下，下肢为 4 个头长，从股骨大转子连线算起，到膝盖中部为 2 个头长，从膝盖中部到足底为 2 个头长，如图 2.7.7 所示。脚背高约 1/4 个头长，足底(脚板)为 1 个头长，足宽为 1/3 个头长。

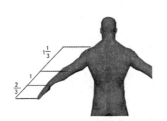

图 2.7.6

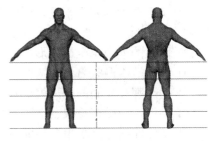

图 2.7.7

(4) 一个人的高矮在一般情况下由下肢的长度决定。人矮主要是腿短，尤其是小腿短。

4. 两性的比例，形体差异

男女人体之间的比例差异，主要表现在躯干部位。在正常情况下。男性腰部以上发达，女性腰部以下发达，男女各种形体或比例的具体区别有如下几点。

(1) 男性的头骨呈方形，显得比较大；女性的头骨呈圆形，显得比较小。所以同高度的男性和女性，女性显得比较高。

(2) 男性的脖子比较粗，显得比较短；女性的脖子比较细，显得比较长。

(3) 男性的肩膀高、平、方、宽、两肩之间的宽度为 2 个头长；女性的肩膀低、斜、圆、窄，两肩之间的宽度约为 $1\frac{2}{3}$ 个头长。

(4) 男性的胸廓比较大，两乳头之间为 1 个头长；女性的胸廓小，两乳头之间不足一个头长。

(5) 男性的腰比较粗，腰线位置低，接近肚脐；女性腰细，腰线位置高，高出肚脐很多。

(6) 男性的骨盆窄而高。臀部较窄小，只有 1.5 个头长或更窄；女性的骨盆阔而低，臀部比较宽大，基本上与肩膀一样宽，为 1～2 个头长或更宽。

(7) 男性大腿肌肉起伏明显，轮廓清晰；女性肌肉圆润丰满，轮廓平滑。

(8) 男性小腿肚大，脚趾比较粗短；女性小腿肚小，脚趾比较细长。

视频播放：任务一的详细讲解，可观看配套视频"任务一：人体结构基础知识"。

任务二：女性头部模型的制作

女性头部模型的制作主要包括头部大型的确定、眼睛结构表现、鼻子结构表现、嘴巴结构表现、耳朵结构表现和整体结构及布线调节。具体制作方法如下。

1. 制作头部模型的大型

头部模型的大型制作主要是根据参考图，创建一个立方体，将立方体转换为可编辑多边形，通过调节顶点和边来完成。具体操作步骤如下。

1) 导入参考图

步骤 1：启动 3ds Max 软件，自动创建一个文件，将文件保存为"head01.max"文件。

步骤 2：导入参考图。激活前视图，在菜单栏中选择 视图(V) → 视口背景 → 视口背景(B)... 命令(或按【Alt+B】键)，弹出"视口背景"对话框，在弹出的"视口背景"对话框中单击 文件... 按钮，弹出"选择背景图像"对话框，在该对话框中选择需要导入的参考图。单击 打开(O) 按钮，返回"视口背景"对话框，具体设置如图 2.7.8 所示。单击 确定 按钮即可将参考图导入激活的视图中，如图 2.7.9 所示。

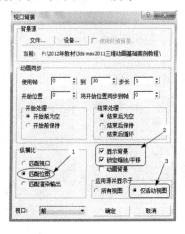

图 2.7.8　　　　　　　　图 2.7.9

步骤 3：激活左视图，将侧面参考图导入左视图中，如图 2.7.10 所示。

2) 制作头部模型粗型

步骤 1：在视图中创建一个立方体，位置和大小如图 2.7.11 所示。

步骤 2：给立方体添加一个"涡轮平滑"修改器，迭代次数设置为 2，效果如图 2.7.12 所示。

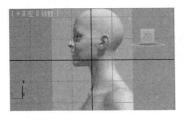  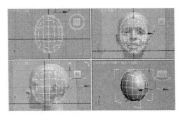

图 2.7.10　　　　　　　　图 2.7.11　　　　　　　　图 2.7.12

步骤 3：添加一个 FFD 3×3×3 修改器。进入修改器的"控制点"编辑模式，调节控制的位置，如图 2.7.13 所示。

步骤 4：调节好位置之后，将其塌陷。最终效果如图 2.7.14 所示。

步骤 5：选择模型下面的面进行挤出，挤出脖子，并将挤出脖子下面的面删除，如图 2.7.15 所示。

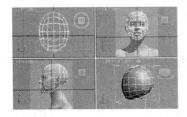 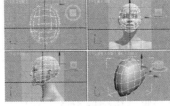 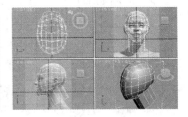

图 2.7.13　　　　　　　　图 2.7.14　　　　　　　　图 2.7.15

步骤 6：根据参考图调节模型的顶点或边。尽量匹配参考图。最终效果如图 2.7.16 所示。

步骤 7：进入模型的面编辑模式，选择一半将其删除，给另一半添加一个"对称"修改器，如图 2.7.17 所示。

步骤 8：根据参考，添加一些循环边和环形边，最终效果如图 2.7.18 所示。

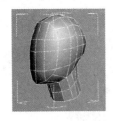 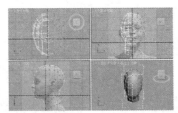 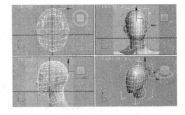

图 2.7.16　　　　　　　　图 2.7.17　　　　　　　　图 2.7.18

提示：为了提高多边形建模速度，建议用户掌握一些常用快捷键。常用快捷键主要有：①【Alt+L】键，选择循环边；②【Alt+R】键，选择环形边；③按键盘上的【1】键、【2】键、【3】键、【4】键和【5】键，则可进入对应的"顶点编辑模式"、"边编辑模式"、"边界编辑模式"、"多边形编辑模式"和"元素编辑模式"；④【Alt+X】键，切换模型的透明模式；⑤按住【Ctrl】键不放的同时，单击"移除"按钮，删除选择边和顶点。

2. 眼睛的制作

眼睛的制作主要是根据参考图、头部结构和肌肉分布进行布线。在给模型布线之前，先了解一下模型的布线情况，如图 2.7.19 所示。眼睛的具体制作方法如下。

步骤 1：在前视图中根据参考图给模型适当添加循环边和环形边，给模型添加一个标准基础材质，如图 2.7.20 所示。

步骤 2：绘制出眼睛的轮廓线，进入边编辑模式，删除眼睛内的面，如图 2.7.21 所示。

步骤 3：继续添加轮廓线，根据参考图调节眼睛的形状，最终效果如图 2.7.22 所示。

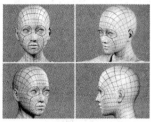

图 2.7.19　　　　　图 2.7.20　　　　　图 2.7.21　　　　　图 2.7.22

提示：给模型每添加一条线，都要根据参考图(如果没有参考图，根据自己对人体结构的了解)对模型的边或顶点进行适当调节。人体模型的制作没有什么复杂的知识点，只是根据人体结构和肌肉走向进行加边、删边、调点、边塌陷、顶点塌陷等操作。

3. 鼻子的制作

鼻子的制作主要是根据参考图在粗模的基础上对顶点进行调节，对面进行挤出、加边、删边和调点等操作。具体操作步骤如下。

步骤 1：根据参考图，添加线并调节顶点的位置，最终效果如图 2.7.23 所示。

步骤 2：从图 2.7.23 中可以看出，鼻子的位置线不够，鼻子的细节还没有表现出来，继续加线和调点。最终效果如图 2.7.24 所示。

4. 嘴巴的制作

步骤 1：根据参考图，绘制出嘴巴的闭合曲线，如图 2.7.25 所示。

步骤 2：选择闭合曲线中的面将其删除，最终效果如图 2.7.26 所示。

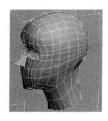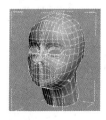

图 2.7.23　　　　　图 2.7.24　　　　　图 2.7.25　　　　　图 2.7.26

步骤 3：选择嘴的边界边，在前视图中按 Shift 键进行缩放操作和顶点位置调节，最终效果如图 2.7.27 所示。

步骤 4：继续给模型加线，根据参考图调节顶点和边，最终效果如图 2.7.28 所示。

步骤 5：创建两个圆球，作为眼睛的参考。继续调节顶点和边。开启"涡轮平滑"修改器。最终效果如图 2.7.29 所示。

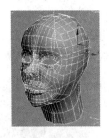
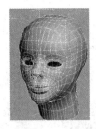
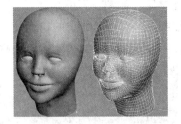

图 2.7.27   图 2.7.28   图 2.7.29

提示：头部模型的结构塑造可以使用多边形参数中的"推/拉"和"松弛"工具结合手动来调节，但要注意"推/拉"和"松弛"的参数值大小不能设置太大。

5. 耳朵的制作

耳朵主要通过多边形来制作。通过参考图单独将耳朵制作好，再导入并附加到头部模型中，进入模型的顶点编辑模式进行焊接即可。在制作前建议用户多参考一些参考图，了解耳朵的结构。在这里为用户提供了一些耳朵的参考图，如图 2.7.30 所示。

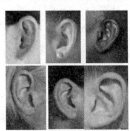

图 2.7.30

制作耳朵的具体操作步骤如下。

步骤 1：在右视图中导入耳朵的参考图。

步骤 2：在浮动面板中单击 平面 按钮，在右视图中创建一个平面，将其转换为可编辑多边形，命名为"ear"，如图 2.7.31 所示。

步骤 3：进入"ear"的边编辑模式，选择边按住【Shift】键不放进行拖曳，挤出边，调节边和顶点的位置。

步骤 4：根据参考图重复第 3 步的操作，最终效果如图 2.7.32 所示。

步骤 5：在浮动面板中单击 平面 按钮，在右视图中创建一个平面，将其转换为可编辑多边形，命名为"ear01"。

步骤 6：进入"ear01"的边编辑模式，选择边按住【Shift】键不放进行拖曳，挤出边，调节边和顶点的位置。重复该动作，最终效果如图 2.7.33 所示。

步骤 7：将 ear02 附加到 ear01 当中。根据参考图继续挤出边和调节顶点，最终效果如图 2.7.34 所示。

步骤 8：继续挤出边，调节边和顶点的位置，最终效果如图 2.7.35 所示。

  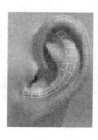  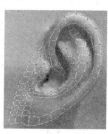

图 2.7.31　　　　图 2.7.32　　　　图 2.7.33　　　　图 2.7.34　　　　图 2.7.35

步骤 9：根据耳朵的结构，在前视图和透视中对顶点和边进行调节，最终效果如图 2.7.36 所示。

步骤 10：使用"桥"命令将两个耳轮的边进行连接，再根据耳朵的结构进行适当调节。最终效果如图 2.7.37 所示。

步骤 11：继续使用"桥"命令进行连接处理，根据耳朵的结构进行适当调节。最终效果如图 2.7.38 所示。

步骤 12：制作耳蜗，耳蜗也是使用"桥"、"焊接"和"调点"来制作的，最终效果如图 2.7.39 所示。

步骤 13：根据参考图，挤出耳朵轮廓厚度。调节形状，最终效果如图 2.7.40 所示。

 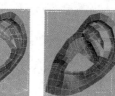 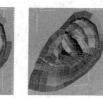 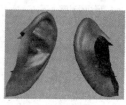

图 2.7.36　　　　图 2.7.37　　　　图 2.7.38　　　　图 2.7.39　　　　图 2.7.40

提示：在耳朵模型的制作过程中，要根据实际参考图的要求，对耳朵结构进行调节，制作方法也很多，用户可以根据自己的习惯选择。

视频播放：任务二的详细讲解，可观看配套视频"任务二：女性头部模型的制作"。

任务三：制作女性人体模型的基本大型

女性人体模型基本形态的创建比较简单，导入参考图，根据参考图使用立方体作为基本体，通过加边和调点来完成制作，具体操作步骤如下。

步骤 1：根据前面所学知识，分别在前视图和侧视图中导入如图 2.7.41 所示的两张参考图。

步骤 2：在视图中创建一个立方体，大小、位置和分段数如图 2.7.42 所示。

步骤 3：将创建的立方体转换为可编辑多边形，命名为"body"。

步骤 4：进入"body"的多边形编辑模式，在视图中选择一半将其删除，给留下的一半添加一个"对称"修改器，如图 2.7.43 所示。

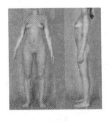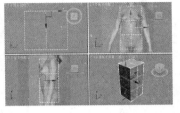

图 2.7.41　　　　　　图 2.7.42　　　　　　　图 2.7.43　　　　　　图 2.7.44

步骤 5：进入"body"的顶点编辑模式，在前视图中调节顶点的位置，如图 2.7.44 所示。

提示：人体建模的大部分工作是，进入顶点编辑模式调节顶点的位置；进入边编辑模式添加边、删除边或调节边的位置；进入多边形编辑模式挤出面、缩放或调节面的位置。为了方便，在后面的介绍中，调节顶点的意思就是进入顶点编辑模式，调节顶点；添加边、删除边或调节边的位置的意思就是，进入边编辑模式，添加边、删除边或调节边的位置；挤出面、缩放或调节面的位置的意思就是进入多边形编辑模式，挤出面、缩放或调节面的位置。

步骤 6：根据参考图，在视图中选择面，挤出腿的大型，如图 2.7.45 所示。

步骤 7：根据参考图，调节顶点的位置。最终效果如图 2.7.46 所示。

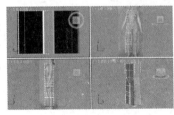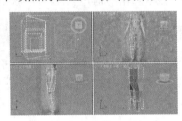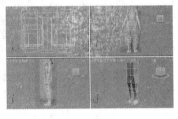

图 2.7.45　　　　　　　图 2.7.46　　　　　　　图 2.7.47

步骤 8：继续进行挤出操作，挤出脚的大型，根据参考图，调节顶点的位置，与参考图吻合，最终效果如图 2.7.47 所示。

步骤 9：挤出锁骨的基本大型和头的基本大型，选择面进行挤出，将挤出的面进行适当的缩放操作。最终效果如图 2.7.48 所示。

提示：在这里制作基础头部的大型，主要是为了方便以后的布线，头部的细节在这里就不详细介绍了，可按前面介绍的方法制作，最后导入做好的头部模型进行合并即可。

步骤 10：根据参考图挤出手臂的大型，选择面进行挤出，对挤出的面进行缩放和调节。最终效果如图 2.7.49 所示。

步骤 11：使用旋转工具对手臂的顶点进行旋转和调点的操作，将手臂与身体形成"大"

的形状。选择手腕和小臂中间的顶点，向前选择 45°，再选择手腕的顶点向前旋转 45°，最终效果如图 2.7.50 所示。

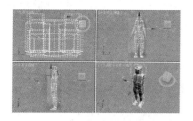
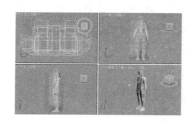

| 图 2.7.48 | 图 2.7.49 | 图 2.7.50 |

视频播放：任务三的详细讲解，可观看配套视频"任务三：制作女性人体模型的基本大型"。

任务四：女性躯干的布线调节和结构表现

对女性躯干部分进行细化处理，根据参考图对人体躯干部分的肌肉分布和走势进行布线，具体操作方法如下。

步骤 1：根据参考图给模型添加边并调节顶点的位置，最终效果如图 2.7.51 所示。

步骤 2：在背面添加如图 2.7.52 所示的两条线。

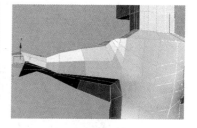

| 图 2.7.51 | 图 2.7.52 |

步骤 3：对添加的两条夹角中间的边进行移除处理，效果如图 2.7.53 所示。

步骤 4：改变腋窝的布线。添加如图 2.7.54 所示的边。移除不需要的边，适当调节顶点的位置，最终效果如图 2.7.55 所示。

步骤 5：添加一条线边，将出现的五边形化解为两个四边形，如图 2.7.56 所示。

步骤 6：继续给胸部添加边，为下一步刻画乳房提供足够的细节。添加边之后的效果如图 2.7.57 所示。

| 图 2.7.53 | 图 2.7.54 | 图 2.7.55 | 图 2.7.56 | 图 2.7.57 |

步骤 7：使用"推/拉"命令、"松弛"命令，再配合调点和边，刻画出女性的乳房造型。为了便于观察，给模型添加一个基础材质。最终效果如图 2.7.58 所示。

步骤 8：使用"推/拉"命令、"松弛"命令，再配合调点和边，刻画出背阔肌和肩胛骨的造型，对于女性在刻画的时候不需要太明显，有效果即可，如图 2.7.59 所示。

图 2.7.58

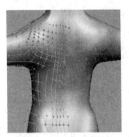
图 2.7.59

视频播放：任务四的详细讲解，可观看配套视频"任务四：女性躯干的布线调节和结构表现"。

任务五：女性腿和臀部的布线调节和结构表现

对女性腿和臀部的布线进行调节和处理，主要根据参考图对腿和臀部的肌肉分布和走势进行布线，具体操作方法如下。

步骤 1：根据参考图，添加环形边和调节顶点，最终效果如图 2.7.60 所示。

步骤 2：根据参考图，添加循环边和调节顶点，塑造腿部和臀部的造型，最终效果如图 2.7.61 所示。

图 2.7.60

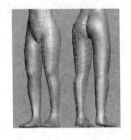
图 2.7.61

步骤 3：制作脚趾。根据脚趾的结构，对布线进行调节，如图 2.7.62 所示。

步骤 4：通过调节顶点和边，塑造出脚的大致形状，如图 2.7.63 所示。

步骤 5：使用挤出命令挤出大拇脚趾，添加边并调节边和顶点的位置，塑造出大拇脚趾的形状。添加"涡轮"修改器前后的效果如图 2.7.64 所示。

图 2.7.62

图 2.7.63

图 2.7.64

步骤 6：制作其他 4 根脚趾，制作方法与大拇脚趾的制作方法一样，只是比大拇脚趾多了一节。具体操作步骤在这里就不再详细介绍，可参考配套教学视频。最终效果如图 2.7.65 所示。

步骤 7：给模型添加一些线，使模型达到一定的精度，如图 2.7.66 所示。

步骤 8：使用"推/拉"和"松弛"工具，根据参考图对脚进行结构塑造。布线图和最终效果如图 2.7.67 所示。

图 2.7.65　　　　　　　　　图 2.7.66　　　　　　　　　图 2.7.67

步骤 9：如图 2.7.68 所示，出现 3 个五边面，使用加边和移除边的方法，改变布线，再使用"推/拉"和"松弛"命令对模型的顶点进行调节。最终效果如图 2.7.69 所示。

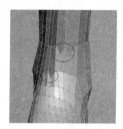 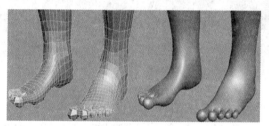

图 2.7.68　　　　　　　　　　　图 2.7.69

视频播放：任务五的详细讲解，可观看配套视频"任务五：女性腿和臀部的布线调节和结构表现"。

任务六：女性手臂的布线和调节

女性手臂的制作与男性手臂相比，要求没有那么严格，不需要刻意去塑造各块肌肉，只需将手臂各块肌肉的形态表现出来即可。在这里女性手臂的布线主要方法是，根据参考图和模型的精度要求，适当添加边。再使用"推/拉"和"松弛"工具进行顶点的调节来塑造女性的手臂造型。具体操作步骤如下。

步骤 1：为手臂添加边，效果如图 2.7.70 所示。

步骤 2：使用"松弛"工具对手臂进行松弛操作，最终效果如图 2.7.71 所示。

步骤 3：使用"推/拉"命令和移动变换工具，对手臂的造型进行塑造，最终布线和效果如图 2.7.72 所示。

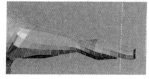  

图 2.7.70　　　　　　　　图 2.7.71　　　　　　　　图 2.7.72

视频播放：任务六的详细讲解，可观看配套视频"任务六：女性手臂的布线和调节"。

任务七：手的制作

手的制作主要是根据参考图，创建立方体，将立方体转换为可编辑多边形，通过挤出、调节顶点和边进行布线。再使用"推/拉"和"松弛"命令来塑造手的造型。具体操作步骤如下。

步骤 1：在制作手之前，可以先通过各种途径了解手的形状和结构。在这里提供了一些参考图，如图 2.7.73 所示。

步骤 2：在顶视图中导入女性手的参考图。创建一个立方体，将其转换为可编辑多边形，命名为"finger01"。调节出手指大型，如图 2.7.74 所示。

步骤 3：根据手指的参考图和结构添加边、调节边和顶点的位置，最终效果如图 2.7.75 所示。

图 2.7.73

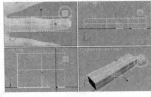

图 2.7.74

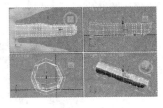

图 2.7.75

步骤 4：使用"倒角"命令和调节顶点的位置，制作出手指的关节和指甲的效果。最终效果如图 2.7.76 所示。

步骤 5：复制 4 根手指，使用缩放、移动和旋转工具，对复制出来的手指头调节好位置，如图 2.7.77 所示。

步骤 6：创建一个立方体，将其转换为可编辑多边形，命名为"hand"，如图 2.7.78 所示。

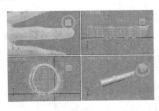

图 2.7.76

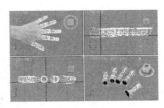

图 2.7.77

图 2.7.78

步骤 7：根据参考图，调节顶点的位置，最终效果如图 2.7.79 所示。

步骤 8：再给手掌添加边，并删除与手指连接处的面，如图 2.7.80 所示。

步骤 9：将手指和手掌附加为一个对象，使用"桥"命令将手指和手掌进行桥接处理。最终效果如图 2.7.81 所示。

步骤 10：根据参考图，添加边并调节边和顶点的位置，塑造手的造型。最终效果如图 2.7.82 所示。

步骤 11：添加边，使用"推/拉"和"松弛"命令对手进行"推/拉"和"松弛"操作，塑造出手的造型，最终效果如图 2.7.83、图 2.7.84 所示。

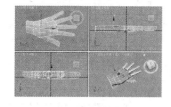

图 2.7.79

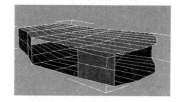

图 2.7.80

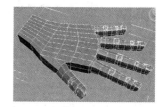

图 2.7.81

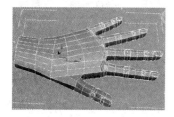

图 2.7.82

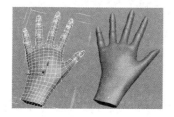

图 2.7.83

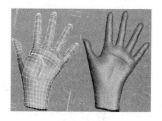

图 2.7.84

提示： 手掌花纹的制作方法是，选择边进行切割处理，再进行倒角处理即可。在制作手模型的时候，花纹也可以不用做，在贴图时绘制贴图纹理即可。

视频播放： 任务七的详细讲解，可观看配套视频"任务七：手的制作"。

任务八：女性模型各个部分的整合

女性模型各个部分的整合比较简单，主要是将前面制作的各个部分导入到同一个文件中进行附加。将附加的各个部分进行连接处理。再根据模型参考图和女性结构进行整体调节即可。具体操作步骤如下。

步骤 1： 新建一个场景文件，将头部模型和耳朵模型导入到场景中，调解好位置和适当调节布线，进行缝合，最终效果如图 2.7.85 所示。

步骤 2： 添加"对称"修改器，使用"松弛"命令进行松弛操作，最终效果如图 2.7.86 所示。

步骤 3： 将女性人体的身体部分导入到场景中，调节好位置、大小和适当调节布线，进行缝合，最终效果如图 2.7.87 所示。

步骤 4： 将女性人体的手导入到场景中，调节好位置、大小和适当调节布线，进行缝合，最终效果如图 2.7.88 所示。

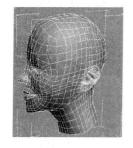

图 2.7.85

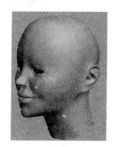

图 2.7.86

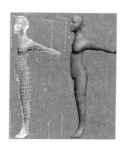

图 2.7.87

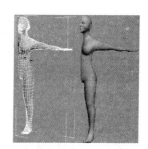

图 2.7.88

步骤 5：给模型添加一个"对称"修改器和一个"涡轮平滑"修改器，适当调节顶点的位置和布线。最终效果如图 2.7.89 所示。

步骤 6：再仔细地检查一遍模型，将没有缝合的顶点进行焊接，将多余的孤立顶点删除。最终效果如图 2.7.90 所示。

步骤 7：给模型添加一个"皮肤"材质，架设一架摄像机。添加一盏"mr 聚光灯"和一盏"mr 区域光"适当调节参数，使用 marey 进行渲染，最终效果如图 2.7.91 所示。

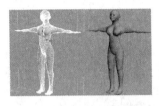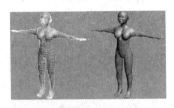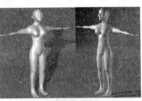

图 2.7.89   图 2.7.90   图 2.7.91

提示：材质、灯光和摄像的详细介绍可参考后面的详细讲解，也可以参考配套视频的详细讲解。

视频播放：任务八的详细讲解，可观看配套视频"任务八：女性模型各个部分的整合"。

四、项目拓展训练

根据图 2.7.92 的参考图，制作一个男性人体模型。

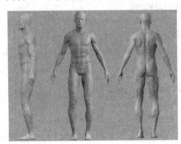

图 2.7.92

提示：男性人体模型的制作与女性人体模型的制作方法和布线基本相同，只是在表现男性肌肉的时候比女性明显。详细操作可参考配套视频资料。

第3章

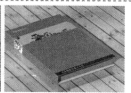

3ds Max 2011
材质技术

在使用 3ds Max 创建三维虚拟环境或制作三维动画的整个流程中，材质是一个不可缺少的环节，真实物体表面特性的模拟主要通过材质来实现。例如，颜色、纹理、自发光和不透明度等。

在 3ds Max 中，模型的最终渲染效果与模型表面的材质特性、周围的光照和周围的环境都有关系。建议读者在熟练掌握渲染技术之后，在这三者之间进行反复调节，不要只调节一项或两项。例如，如果只有材质没有灯光，则渲染出来的效果缺少氛围感和层次感。如果只有灯光没有材质，则渲染出来的效果就缺少材质纹理的细节表现。

在 3ds Max 中，主要通过材质编辑器将材质赋予模型。用户可以通过材质示例球控制颜色、透明、环境、自发光、凹凸、漫反射、半透明、高光、反射和折射等物体表面特性。

在本章中主要通过 3 个项目来介绍材质的各种特性、作用、材质的赋予方法和技巧。

项目 1：3ds Max 2011 材质基础

一、项目效果

二、项目制作流程(步骤)分析

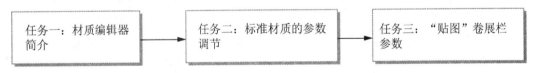

任务一：材质编辑器简介 → 任务二：标准材质的参数调节 → 任务三："贴图"卷展栏参数

三、项目操作步骤

在本项目中主要通过 3 个任务来介绍材质编辑器的相关知识和标准材质的参数调节。

任务一：材质编辑器简介

在 3ds Max 中，材质编辑器主要包括"精简材质编辑器"和"平板材质编辑器"两种。现在主要使用"精简材质编辑器"编辑材质并给模型赋予材质，但使用"平板材质编辑器"编辑材质是一个发展趋势。在介绍材质编辑器之前，下面先介绍材质编辑器的调用方法。

1. 材质编辑的调用

调用材质编辑器的方法主要有如下几种。

1) 通过菜单栏调用材质编辑器

步骤 1： 启动 3ds Max 软件，或打开需要编辑材质的场景文件。

步骤 2： 在菜单栏中选择 渲染(R)→ 材质编辑器→ 精简材质编辑器.../平板精简材质编辑器...命令，即可打开"精简材质编辑器"/"平板精简材质编辑器"，如图 3.1.1 所示。

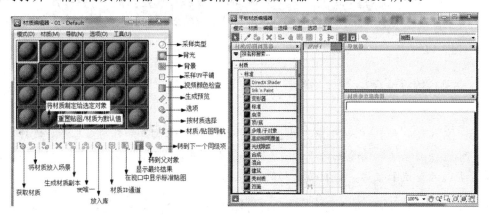

图 3.1.1

2) 通过工具栏按钮来调用材质编辑器

步骤 1： 在工具栏中，将鼠标移到 (精简材质编辑器)按钮上，按住鼠标左键不放，弹出下拉列表。

步骤 2： 在按住鼠标左键不放的同时，将鼠标移到 (精简材质编辑器)/ (平板材质编辑器)选项上，松开鼠标即可。

3) 通过快捷键来调用材质编辑器

步骤 1： 启动 3ds Max 软件或打开场景文件。

步骤 2： 按键盘上的【M】键即可。

步骤 3： 在材质编辑器中单击 模式 按钮，弹出下拉列表，在下拉列表中包括 精简材质编辑器... 和 平板材质编辑器... 两个选项，将鼠标移动到相应的选项上即可对编辑器进行切换。

2. 材质编辑器中的各个工具

在这里主要以"精简材质编辑器"为例，介绍材质编辑器中各个工具的作用，"精简材质编辑器"中各个工具的作用具体介绍如下。

(1) (采样类型)。主要用来设置示例窗口中示例样本的形态。系统为用户提供了"球体"、"柱体"和"立方体"3 种类型，如图 3.1.2 所示。

(2) (背光)。主要用来设置示例球是否启用背光效果，如图 3.1.3 所示。

(3) (背景)。主要用来设置示例球的彩色方格背景，一般在调节透明材质、不透明贴图、折射和反射材质时设置为彩色方格背景，如图 3.1.4 所示。

(4) (采样 UV 平铺)。主要用来设置测试贴图重复的效果，如图 3.1.5 所示。

提示： 在这里设置 UV 平铺，只是改变示例球在示例窗口中的显示，对实际的贴图不产生任何影响。

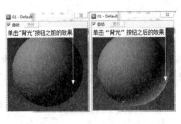

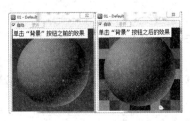

图 3.1.2　　　　　　　图 3.1.3　　　　　　　图 3.1.4

(5) ▦(视频颜色检查)。主要用来检查材质表面色彩是否超过视频限制，如图 3.1.6 所示。

提示：在 NTSC 和 PAL 制视中，对色彩饱和度有一定限制，如果超过限制，进行颜色转换后，可能会出现模糊或起毛现象。为了避免这种现象发生，建议使用"视频颜色检查"按钮来检查，检查出来之后，将材质色彩的饱和度降低到 85%以下即可。

(6) ◈(生成预览)。主要用来预览动画材质效果。单击该按钮，弹出"创建材质预览"对话框，如图 3.1.7 所示。根据任务要求设置动画材质预览的相关参数。

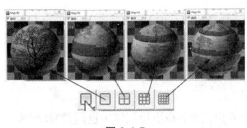

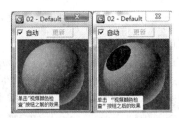

图 3.1.5　　　　　　　图 3.1.6　　　　　　图 3.1.7

(7) ◈(选项)。主要用来对"精简材质编辑器"进行个性化设置。单击该按钮，弹出"材质编辑器选项"对话框，如图 3.1.8 所示。根据自己的习惯进行个性化设置。

(8) ◈(按材质选择)。主要用来选择赋予当前材质的所有对象。单击该按钮，弹出"选择对象"对话框，在该对话框中赋予当前示例球材质的对象名称被选中，如图 3.1.9 所示，单击 选择 按钮即可。

提示："按材质选择"按钮对隐藏或冻结的对象不起作用。

(9) ◈(材质/贴图导航器)。主要用来调用"材质/贴图导航器"。单击该按钮，弹出"材质/贴图导航器"对话框，如图 3.1.10 所示。在"材质/贴图导航器"中，用户可以通过材质或贴图的名称快速实现材质层级操作。

(10) ◈(转到下一个同级项)。主要用来在同一个材质中实现子材质之间的跳转。

(11) ◈(转到父对象)。单击该按钮，向上移动一个材质层级，该按钮只在复合材质的子层级中有效。

(12) ▮▮(显示最终结果)。在子层级中，单击该按钮，显示最终的材质效果(父级材质的效果)，否则只显示当前层级的效果。

提示： 该按钮只在多个层级嵌套的材质中才起作用。例如多维子对象材质。

(13) ▦.(在视口中显示标准贴图)。单击该按钮，在场景中显示材质的贴图效果。如果是同步材质，在改变贴图参数时，场景中的对应材质也会实时更新。

图 3.1.8

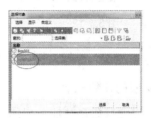
图 3.1.9

图 3.1.10

(14) ▣.(材质 ID 通道)。主要用来设置材质的 ID 通道号。将鼠标移到 ▣.(材质 ID 通道)按钮上，按住鼠标左键不放，弹出如图 3.1.11 所示的 ID 通道设置面板。在按住鼠标左键不放的同时移到相应的 ID 号上，然后松开鼠标左键即可。

(15) ▦(放入库)。单击该按钮，弹出"放置到库"对话框，根据任务要求设置材质的名称，如图 3.1.12 所示。单击 确定 按钮，即可将当前材质永久地保存到材质库中。

(16) ▦(使唯一)。单击该按钮，将贴图的关联复制转为一个独立的贴图，或将一个关联子材质转换为独立的子材质并将子材质重命名。

(17) ✕ (重置贴图/材质为默认设置)。单击该按钮，弹出"重置材质/贴图参数"对话框，如图 3.1.13 所示。单击 确定 按钮，即可将材质恢复到系统默认状态。

提示： 在"重置材质/贴图参数"对话框中，如果单选第一项，场景中对应的被赋予材质的模型也被重置；如果单选第二项，只重置材质编辑器中的示例球材质，而场景中赋予了该材质的模型材质不受影响。

(18) ▦(将材质指定给选定对象)。单击该按钮，将当前示例球的材质赋予场景中被选定的对象(模型)。

(19) ▦ (将材质放入场景)。单击该按钮，将编辑完之后的材质重新应用到场景中的对象(模型)上。

提示： 使用该按钮必须满足两个条件：①活动示例球材质与场景中的对象具有相同的名称；②当前材质不属于同步材质。

(20) ▦(获取材质)。单击该按钮，弹出"材质/贴图浏览器"对话框，如图 3.1.14 所示，在该对话框中双击需要调出的材质图标即可。

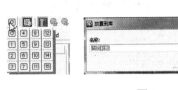

图 3.1.11 图 3.1.12 图 3.1.13 图 3.1.14

视频播放：任务一的详细讲解，可观看配套视频"任务一：材质编辑器简介"。

任务二：标准材质的参数调节

在 3ds Max 中，标准材质是其他材质的基础，其他材质在标准材质的基础上进行编辑。熟练掌握标准材质的相关参数的作用和使用方法是掌握其他材质的基础和铺垫。标准材质的参数面板如图 3.1.15 所示。在本任务中主要介绍"明暗器基本参数"、"材质基本参数"、"材质扩展参数"和"贴图"4 个卷展栏参数。

1. 明暗器基本参数

1) 明暗器类型

"明暗器基本参数"如图 3.1.16 所示。单击"明暗器基本参数"卷展栏中的▼按钮，弹出下拉列表，如图 3.1.17 所示，它包括了 8 种明暗器。用户可以根据不同的任务选择不同的明暗器。各种明暗器产生的效果有所不同，如图 3.1.18 所示。

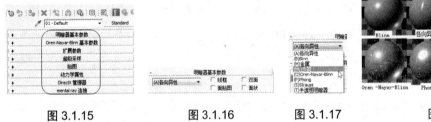

图 3.1.15 图 3.1.16 图 3.1.17 图 3.1.18

(1) (A)各向异性 明暗器。用于产生磨沙金属或头发的效果。可创建拉伸并成角的高光，而不是标准的圆形高光；也可以产生条形的高光区，主要用来模拟流线体的表面高光，例如，汽车、飞机和工业造型等材质。案例效果如图 3.1.19 所示。

(2) (B)Blinn 明暗器。与 Phong 明暗器具有相同的功能，但它在数学上更精确，这是"标准"材质的默认明暗器。案例效果如图 3.1.20 所示。

(3) (M)金属明暗器。主要用来模拟金属材质。案例效果如图 3.1.21 所示。

(4) (ML)多层明暗器。主要用于生成两个独立进行控制的不同高光，例如，模拟覆盖了发亮蜡膜的金属材质或汽车表面材质等。案例效果如图 3.1.22 所示。

图 3.1.19

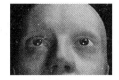
图 3.1.20

图 3.1.21

图 3.1.22

(5) (O)Oren-Nayar-Blinn明暗器。是 Blinn 明暗器的改编版。可为对象提供多孔而非塑料的外观，适用于像皮肤一样的表面。案例效果如图 3.1.23 所示。

(6) (P)Phong 明暗器。是一种经典的明暗方式，它是第一种实现反射高光的方式，适用于塑胶表面。案例效果如图 3.1.24 所示。

(7) (S)Strauss 明暗器。主要用来模拟金属材质，很容易控制材质呈现金属特性的程度。案例效果如图 3.1.25 所示。

(8) (T)半透明明暗器明暗器。半透明明暗方式与 Blinn 明暗方式类似，它可用于指定半透明。半透明对象允许光线穿过，在对象内部使光线散射；还可以使用半透明来模拟被霜覆盖和被侵蚀的玻璃。案例效果如图 3.1.26 所示。

图 3.1.23

图 3.1.24

图 3.1.25

图 3.1.26

2) 明暗器其他参数

在"明暗器基本参数"卷展栏右边提供了"线框"、"双面"、"面贴图"和"面状" 4 个参数，具体介绍如下。

(1) 线框。勾选此项，渲染模型时以网格线方式显示。网格线的粗细可以在"扩展参数"卷展栏中设置。渲染效果如图 3.1.27 所示。

(2) 双面。勾选此项，使材质成为双面，将材质应用到选定面的双面，如图 3.1.28 所示。

(3) 面贴图。勾选此项，将材质应用到几何体的各面。如果材质是贴图材质，则不需要贴图坐标。贴图会自动应用到对象的每一面，如图 3.1.29 所示。

(4) 面状。勾选此项，将表面与成平面，渲染表面的每一面，如图 3.1.30 所示。

图 3.1.27

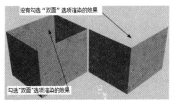
图 3.1.28

图 3.1.29

图 3.1.30

2. 材质基本参数

各种材质的基本参数面板如图 3.1.31 所示。各种材质的基本参数相同的选项的作用和使用方法基本相同，具体介绍如下。

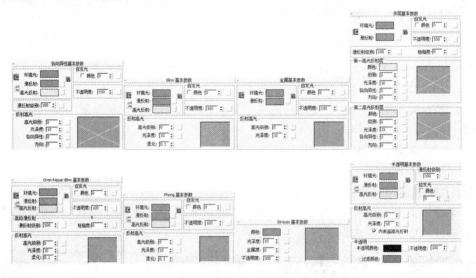

图 3.1.31

(1) 环境光。是主要用来照亮整个场景的常规光线。这种光具有均匀的强度，并且属于均质漫反射。它不具有可辨别的光源和方向，如图 3.1.32 所示。

(2) 漫反射。是指用"灯光"照明(即通过使对象易于观察的直射日光或人造灯光)时对象反映的颜色，如图 3.1.33 所示。

(3) 高光反射。高光颜色是指发光表面高亮显示的颜色。高光反射是指照亮表面的灯光的反射，如图 3.1.34 所示。

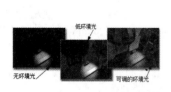

图 3.1.32

图 3.1.33

图 3.1.34

(4) 自发光。主要用来模拟物体自身发光的效果。

有两种方法可以指定自发光。启用复选框，使用自发光颜色，或者禁用复选框，然后使用单色微调器，这相当于使用灰度自发光颜色。

自发光材质不显示投到它们上面的阴影，它们也不受场景中光线的影响。不管场景中的光线如何，亮度(在 HSV 颜色描述中的值)仍然保持不变。

在场景中制造可见光源，要将几何对象与发光对象结合，然后使几何对象具有自发光表面。例如，可以创建一个弧形的灯泡形状，给它指定一个自发光的白色或黄色材质，然后在相同区域放置一个泛光灯。

　　想要使材质既是自发光的，又是透明的，要将自发光与"加性"透明联合使用。使用百分比值和颜色的自发光对象效果如图 3.1.35 所示。

　　(5) 不透明度。主要用来控制材质是不透明、透明还是半透明的(物理上生成半透明效果更精确的方法是使用半透明明暗器)，如图 3.1.36 所示。

　　(6) 漫反射级别。主要用来控制材质漫反射组件的亮度，如图 3.1.37 所示。

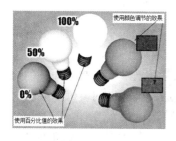

图 3.1.35

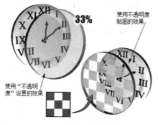

图 3.1.36

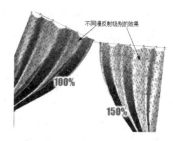

图 3.1.37

　　提示：Blinn、Phong、Strauss 和金属明暗器没有"漫反射级别"控件。

　　(7) 粗糙度。主要用来控制漫反射组件混合到环境光组件的速度快慢，如图 3.1.38 所示。

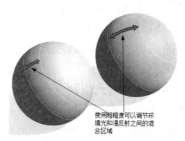

图 3.1.38

　　提示：粗糙度参数只能用于 Oren-Nayar-Blinn 和多层明暗器以及建筑与设计材质(mental ray)。

　　(8) 反射高光。主要用来调节高光的反射效果。各种明暗器的反射高光具体介绍如下。

　　A．各向异性高光适用于创建头发、玻璃或磨沙金属的模型。

　　① 高光级别。影响反射高光的强度。随着该值的增大，高光将越来越亮。对于标准材质，默认值为 0；对于光线跟踪材质，默认值为 50。

　　② 光泽度：影响反射高光的大小。随着该值的增大，高光将越来越小，材质将变得越来越亮。默认设置为 25。

　　③ 各向异性。控制高光的各向异性或形状：值为 0 时，高光为弧形；值为 100 时，高光非常狭窄。高光图的一个轴会发生改变以显示该参数的变化。默认设置为 50。

　　④ 方向。更改高光的方向。示例窗显示方向的更改：该值以度数表示，范围为 0～9999。默认设置为 0。

　　⑤ 高光图。两条相交曲线用来显示调整"高光级别"、"光泽度"和"各向异性"值的

影响。如果降低"光泽度"，曲线将变宽；如果增加"高光级别"，曲线将变高。随着调整"各向异性"，白色曲线将发生更改以显示高光如何变宽或变窄。

B．Blinn、Oren-Nayar-Blinn 和 Phong 明暗器都具有圆形高光，并且共享相同的高光控件。Blinn 和 Oren-Nayar-Blinn 高光有时比 Phong 高光更柔和、更平滑。

① 高光级别。影响反射高光的强度。随着该值的增大，高光将越来越亮。对于标准材质，默认值为 0；对于光线跟踪材质，默认值为 50。

② 光泽度。影响反射高光的大小。随着该值的增大，高光将越来越小，材质将变得越来越亮。对于标准材质，默认值为 10；对于光线跟踪材质，默认值为 40。

③ 柔化。柔化反射高光的效果，特别是由掠射光形成的反射高光。当"高光级别"很高，而"光泽度"很低时，表面上会出现剧烈的背光效果。增加"柔化"的值可以减弱这种效果。0 表示没有柔化。在 1.0 处，将应用最大量的柔化。默认设置为 0.1。

④ 高光图。该曲线用来显示调整"高光级别"和"光泽度"值的效果。如果降低"光泽度"，曲线将变宽；如果增加"高光级别"，曲线将变高。

C．金属明暗处理的材质生成其自己的高光颜色。另外，金属明暗器的高光曲线与 Blinn Oren-Nayar-Blinn 和 Phong 高光的曲线在形状上有所不同。

① 高光级别。影响反射高光的强度。随着该值的增大，高光变得越来越亮并且漫反射颜色变得越来越暗。对于标准材质，默认值为 10；对于光线跟踪材质，默认值为 50。

② 光泽度。影响反射高光的大小。随着该值的增加，高光曲线变得越来越窄并且高光变得越来越小。对于标准材质，默认值为 10；对于光线跟踪材质，默认值为 40。

③ 高光图。该曲线用来显示调整"高光级别"和"光泽度"值的效果。如果降低"光泽度"，曲线将变宽；如果增加"高光级别"，曲线将变高。

D．多层高光由两个层组成，每个层各向异性。高光彼此是半透明的。在它们重叠之处，多层明暗器会混合其颜色。

① 颜色。用于控制该高光的高光颜色。高光颜色是发光表面高亮显示的颜色。

② 级别。影响反射高光的强度。随着该值的增大，高光将越来越亮。默认值：第一层为 5，第二层为 0。

③ 光泽度。影响反射高光的大小。随着该值的增大，高光将越来越小，材质将变得越来越亮。默认值：第一层为 10，第二层为 25。

④ 各向异性。控制该高光的各向异性或形状。值为 0 时，高光为弧形。值为 100 时，高光非常狭窄。高光图的一个轴发生更改会显示该参数中的变化。默认设置为 0。

⑤ 方向。更改高光的方向。示例窗显示方向的更改。该值以度数表示，范围为 0～9999。默认设置为 0。

⑥ 高光图。两条相交的曲线用来显示调整"层级"、"光泽度"和"各向异性"值的效果。如果降低"光泽度"，曲线将变宽；如果增加"高光级别"，曲线将变高。随着调整"各向异性"，白色曲线将发生更改以显示高光如何变宽或变窄。

E．半透明明暗器高光与 Blinn 明暗器一样，半透明明暗器具有圆形高光。

① 高光级别。影响反射高光的强度。随着该值的增大，高光将越来越亮。默认设置为 0。

② 光泽度。影响反射高光的大小。随着该值的增大，高光将越来越小，材质将变得越来越亮。默认设置为 10。

③ 内表面高光反射。启用该选项后，材质的两面接收反射高光。禁用该选项后，只有材质的前面接收高光。默认设置为启用。

启用"内表面高光反射"，可建立像半透明塑料一样的材质模型。禁用该选项，可建立像被霜覆盖的玻璃一样的材质。

提示：禁用"内表面高光反射"选项后，前面始终接收反射高光。可以通过翻转具有半透明明暗处理材质表面的法线进行更改。

3. 材质扩展参数

在 3ds Max 中，8 种明暗器的扩展参数基本相同，如图 3.1.39 所示。各个参数的具体介绍如下。

1）"高级透明"参数组

主要包括"衰减"、"数量"、"类型"和"折射率"4 个参数组，具体介绍如下。

(1) 衰减。主要用来控制在内部还是在外部进行衰减，以及衰减的程度。主要包括如下两个单选项。

① 内。单选此项，向着对象的内部增加不透明度，就像在玻璃瓶中一样。

② 外。单选此项，向着对象的外部增加不透明度，就像在烟雾云中一样。

(2) 数量。主要用来设置最外或最内的不透明度的数量。

(3) 类型。主要用来控制如何应用不透明度，主要包括如下 3 个单选参数。

① 过滤。单选此项，计算与透明曲面后面的颜色相乘的过滤色。单击色样可更改过滤颜色。单击 ▭ 按钮可将贴图指定给过滤颜色组件。

过滤或透射颜色是通过透明或半透明材质(如玻璃)透射的颜色。可以将过滤颜色与体积照明一起使用，以创建像彩色灯光穿过脏玻璃窗口的效果。透明对象投射的光线跟踪阴影将使用过滤颜色进行染色，如图 3.1.40 所示。

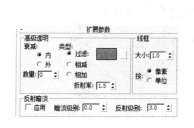

图 3.1.39

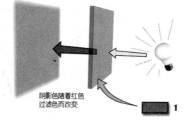

图 3.1.40

② 相减。单选此项，从透明曲面后面的颜色中减除。

③ 相加。单选此项，增加到透明曲面后面的颜色中。

(4) 折射率。主要用来设置折射贴图和光线跟踪所使用的折射率(IOR)。IOR 用来控制材质对透射灯光的折射程度。一些常用材质的折射率见表 3-1-1。

表 3-1-1

材 质	IOR 值	材 质	IOR 值	材 质	IOR 值
真空	1.0(精确)	丙酮	1.360	糖水(80%)	1.490
空气	1.0003	普通酒精	1.360	玻璃，锌冠	1.517
水	1.333	糖水(30%)	1.380	玻璃，冠	1.520
玻璃	1.5 到 1.7	酒精	1.329	氯化钠	1.530
钻石	2.418	Flourite	1.434	氯化钠 1	1.544
液态二氧化碳	1.200	熔凝石英	1.460	聚苯乙烯	1.550
冰	1.309	Calspar2	1.486	石英 2	1.553
绿宝石	1.570	氯化钠 2	1.644	水晶	2.000
轻火石玻璃	1.575	重火石玻璃	1.650	氧化铬	2.705
青金石	1.610	二碘甲烷	1.740	氧化铜	2.705
黄玉	1.610	红宝石	1.770	非结晶硒	2.920
二硫化碳	1.630	蓝宝石	1.770	碘晶	3.340
石英 1	1.644	重火石玻璃	1.890	水晶	2.000

2) "线框"参数组

主要包括"大小"、"像素"和"单位"3 个参数。具体介绍如下。

(1) 大小。设置线框模式中线框的大小。可以按像素或当前单位进行设置。

(2) 像素(默认设置)。单选此项，用像素度量线框。对于像素选项来说，不管线框的几何尺寸多大，以及对象的位置是近还是远，线框总是有相同的外观厚度。

(3) 单位。单选此项，则用 3ds Max 单位度量线框。根据单位，线框在远处变得较细，在近距离范围内较粗，如同在几何体中经过建模一样。

3) "反射暗淡"参数组

主要包括"应用"、"暗淡级别"和"反射级别"3 个参数。这些控件使阴影中的反射贴图显得暗淡，如图 3.1.41 所示。具体介绍如下。

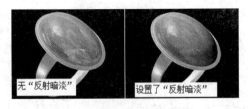

图 3.1.41

(1) 应用。选中此项，使用反射暗淡。不选中此项，反射贴图材质就不会因为直接灯光的存在或不存在而受到影响。默认设置为不选中。

(2) 暗淡级别。主要用来控制阴影中的暗淡量。该值为 0.0 时，反射贴图在阴影中为全黑。该值为 0.5 时，反射贴图为半暗淡。该值为 1.0 时，反射贴图没有经过暗淡处理，材质看起来好像禁用"应用"一样。默认设置为 0.0。

(3) 反射级别：主要用来控制在阴影中的反射强度。

视频播放：任务二的详细讲解，可观看配套视频"任务二：标准材质的参数调节"。

任务三："贴图"卷展栏参数

在标准材质中，"贴图"卷展栏的参数设置是比较重要的。在材质效果的制作中，大部分工作都可以通过"贴图"卷展栏参数设置完成。在本任务中主要介绍"贴图"卷展栏参数的使用方法和"贴图"卷展栏参数的作用。

1. "贴图"卷展栏参数的使用方法

"贴图"卷展栏参数的多少与明暗器的选择有所不同。8 种明暗器总共有 17 个参数选项。这些参数在不同明暗器中的作用和使用方法基本相同。在这里以 Blinn 明暗器中的"漫放射颜色"参数为例介绍"贴图"卷展栏参数的使用方法。

步骤 1：打开一个场景文件，在该场景中包含一个简单的桌子模型，如图 3.1.42 所示。

步骤 2：按键盘上的【M】键(或在工具栏中单击 (材质编辑器)按钮)，调出材质编辑器。

步骤 3：选中场景中的桌子面。在"材质编辑器"中单击材质示例球，单击 (将材质指定给选定对象)按钮，即可将材质赋予桌子顶面。

步骤 4：在"材质编辑器"中单击"贴图"卷展栏按钮，展开"贴图"卷展栏参数面板，如图 3.1.43 所示。

提示：在"贴图"卷展栏中包括贴图参数选项、贴图参数数量设置框、贴图类型按钮和 1 个锁定按钮，如图 3.1.43 所示。

步骤 5：单击"漫反射颜色"参数中"贴图类型"下的 None 按钮，弹出"材质/贴图浏览器"对话框，如图 3.1.44 所示。

步骤 6：根据任务要求双击需要的贴图类型，在这里双击■位图选项，弹出"选择位图图像文件"对话框，在该对话框中，根据任务要求选择需要的位图，单击 打开 按钮，返回"材质编辑器"对话框中的"漫反射颜色"参数设置面板，设置参数，具体设置如图 3.1.45 所示。

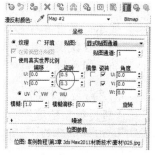

图 3.1.42　　　　　图 3.1.43　　　　　图 3.1.44　　　　　图 3.1.45

步骤 7：单击 (转到父对象)按钮，返回"贴图"卷展栏参数设置面板。根据任务要求设置"漫反射颜色"的数量值即可。

提示：在一般情况下，"漫反射颜色"的数量值为100。在给贴图参数添加了贴图类型之后，需要勾选该参数项才起作用。

步骤8：单击 (渲染产品)按钮，即可得到渲染效果，如图 3.1.46 所示。

2. "贴图"卷展栏中各参数的作用

1) "环境光颜色"贴图参数的作用

"环境光颜色"贴图参数的作用是将选择的位图文件或程序贴图文件映射到材质的明暗处理表上，如图 3.1.47 所示。

提示：在默认情况下，漫反射贴图也映射环境光组件，因此很少对漫反射和环境光组件使用不同的贴图。如果不想应用单独的环境光贴图，可以通过单击 (禁用锁定)按钮来解除"环境光颜色"与"漫反射颜色"之间的关联关系。在使用"环境光颜色"贴图类型时，除非环境光的级别大于黑色的默认值，否则环境光颜色贴图在视口或渲染中不可见，用户可以通过在菜单栏中选择"渲染"→"环境"命令，弹出"环境和效果"对话框，调节背景颜色。

2) "漫反射级别"贴图参数的作用

"漫反射级别"贴图参数的作用是用选择的位图文件或程序贴图来控制漫反射级别参数。贴图中白色像素保留漫反射级别不更改。黑色像素将漫反射级别降低到 0。中间值会相应地调整漫反射级别，如图 3.1.48 所示。

图 3.1.46   图 3.1.47   图 3.1.48

提示：只有在各向异性、Oren-Nayar-Blinn 和多层明暗器中有"漫反射级别"贴图参数选项。在减少漫反射级别贴图的"数量"时，会减弱贴图的效果，当"数量"为 0 时，使用的贴图失效。

3) "漫反射粗糙度"贴图参数的作用

"漫反射粗糙度"贴图参数的作用是选择位图文件或程序贴图来控制"基本参数"卷展栏上的粗糙度参数。贴图中的白色像素会增加粗糙度，黑色像素则会将粗糙度减小到 0。中间值相应地会调整粗糙度，如图 3.1.49 所示。

提示：只在 Oren-Nayar-Blinn 和多层明暗器以及建筑与设计材质(mental ray)中有"漫反射粗糙度"贴图参数选项时，减少"漫反射粗糙度"贴图的"数量"会减弱贴图的效果，当"数量"为 0 时，使用的贴图失效。

4)　"高光颜色"贴图参数的作用

"高光颜色"贴图参数的作用是将选择的位图文件或程序贴图指定给材质的高光颜色组件。贴图的图像只出现在反射高光区域中，如图 3.1.50 所示。

提示： 当数量微调器处于 100 时，贴图提供所有高光颜色，高光贴图主要用于特殊效果，如果将图像放置在反射中，与"高光级别"或"光泽度"贴图不同，它只改变反射高光的强度和位置，而高光贴图将改变反射高光的颜色。

5)　"高光级别"贴图参数的作用

"高光级别"贴图参数的作用是通过选择的位图文件或程序贴图基于位图的强度来改变反射高光的强度。贴图中的白色像素产生全部反射高光；黑色像素将完全移除反射高光；中间值相应地会减少反射高光，如图 3.1.51 所示。

提示： 高光贴图组件的贴图与高光颜色的贴图有所不同。设置高光级别贴图会改变高光的强度，而设置高光贴图会改变高光的颜色。如果对光泽度和高光级别指定相同的贴图，高光级别贴图的效果会更好。

6)　"光泽度"贴图参数的作用

"光泽度"贴图参数的作用是将选择的位图文件或程序贴图指定给光泽度，决定曲面的哪些区域更具有光泽，哪些区域不需要太多光泽。具体情况取决于贴图中颜色的强度。贴图中的黑色像素将产生全面的光泽；白色像素将完全消除光泽；中间值会减小高光的大小，如图 3.1.52 所示。

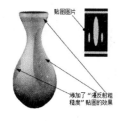 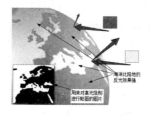 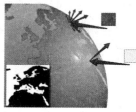

图 3.1.49　　　　　　图 3.1.50　　　　　　图 3.1.51　　　　　　图 3.1.52

7)　"自发光"贴图的作用

"自发光"贴图的作用是用选择的位图文件或程序贴图来控制材质的自发光值。这样将使对象的部分出现发光。贴图的白色区域渲染为完全自发光；黑色区域渲染时无自发光；灰色区域渲染时自发光的强度取决于灰度值，如图 3.1.53 所示。

提示： 自发光的发光区域不受场景(其环境光颜色组件消失)中的灯光影响，也不接收阴影。

8)　"不透明度"贴图的作用

"不透明度"贴图的作用是用选择的位图文件或程序贴图来控制对象的透明程度。贴图的浅色(较高的值)区域渲染为不透明；深色区域渲染为透明；之间的值渲染为半透明，如图 3.1.54 所示。

提示：将不透明度贴图的"数量"设置为 100 则应用于所有贴图，透明区域将完全透明。将"数量"设置为 0 相当于禁用贴图。设置为 0 至 100 之间的"数量"值，则与"基本参数"卷展栏上的"不透明度"值混合。贴图的透明区域将变得更加不透明。

9) "过滤色"贴图的作用

"过滤色"贴图的作用是用选择的位图文件或程序贴图来控制过滤色组件的贴图。此贴图是通过贴图像素的强度来控制透明颜色效果的，如图 3.1.55 所示。

图 3.1.53

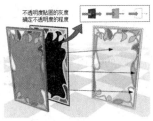

图 3.1.54

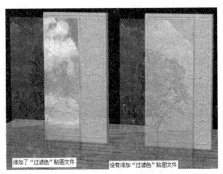

图 3.1.55

10) "各向异性"贴图的作用

"各向异性"贴图的作用是用选择的位图文件或程序贴图来控制各向异性参数，从而达到控制各向异性高光的形状，大致(但不是一定)位于光泽度参数指定的区域内，具有大量灰度值的贴图(如噪波或衰减)效果比较明显，如图 3.1.56 所示。

提示：使用各向异性贴图的效果并不是十分明显，除非高光级别非常高，而光泽度非常低。如果减少各向异性贴图的"数量"会降低该贴图的效果，当"数量"值为 0 时，贴图不起作用。

11) "方向"贴图参数的作用

"方向"贴图参数的作用是用选择的位图文件或程序贴图来控制各向异性高光的位置。具有大量灰度值的贴图(如噪波或衰减)效果比较明显。如果为方向贴图和凹凸贴图同时使用相同的贴图效果会更好，如图 3.1.57 所示。

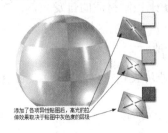

图 3.1.56

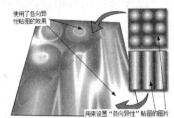

图 3.1.57

提示：如果使用同一贴图以实例的方式来控制各向异性和方向，可以为各向异性高光提供更好的控制。

12)　"金属度"贴图参数的作用

"金属度"贴图参数的作用是用选择的位图文件或程序贴图来控制金属度参数。贴图中的白色像素会增加金属度，黑色像素会将金属度减少到 0，中间值可以相应地调整金属度，如图 3.1.58 所示。

13)　"凹凸"贴图参数的作用

"凹凸"贴图参数的作用是用选择的位图文件或者程序贴图来控制材质表面凹凸大小和不规则形状。用凹凸贴图材质渲染对象时，贴图较明亮(较白)的区域凸出，而较暗(较黑)的区域凹陷，如图 3.1.59 所示。

图 3.1.58

图 3.1.59

提示：在视口中不能预览凹凸贴图的效果，必须渲染场景才能看到凹凸效果。这种凹凸效果只是一种视觉凹凸效果，并不是真正意义上的模型顶点在三维空间中的位置变化。

14)　"反射"贴图参数的作用

"反射"贴图参数的作用是将选择的位图文件或程序贴图作为反射贴图，如图 3.1.60 所示。

在 3ds Max 2011 中可以创建基本反射贴图、自动反射贴图和平面镜反射贴图 3 种贴图。具体介绍如下。

(1) 基本反射贴图能创建铬合金、玻璃和金属等效果。方法是在几何体上使用贴图，使得图像看起来好像表面反射的一样。

(2) 自动反射贴图根本不使用贴图，而是从对象的中心向外看，把看到的东西映射到表面上。自动反射贴图还有一种生成方法是，指定光线跟踪贴图作为反射贴图。

(3) 平面镜贴图是用一系列共面作为对象反射，与实际镜子一模一样。

提示：反射贴图不需要贴图坐标，因为它被锁定于世界坐标系，而不是几何坐标系中。发射贴图不随着对象移动，而是随着视图的更改而移动，跟实际的反射一样。

15)　"折射"贴图参数的作用

"折射"贴图参数的作用是使用选择的位图文件或程序贴图来控制材质的折射效果，如图 3.1.61 所示。

提示：折射贴图类似于反射贴图。它将视图贴在表面上，这样图像看起来就像透过表面所看到的一样，而不是从表面反射的样子。折射贴图的方向锁定到视图而不是对象上。也就是说，在移动或旋转对象时，折射图像的位置仍固定不变。

16)　"置换"贴图参数的作用

"置换"贴图参数的作用是使用选择的位图文件贴图或程序文件贴图，使曲面的几何体产生位移，如图 3.1.62 所示。

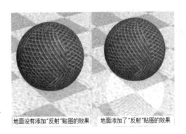

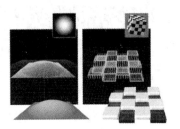

图 3.1.60   图 3.1.61   图 3.1.62

　　"置换"贴图的效果与使用"置换"修改器类似，与"凹凸"贴图不同。"置换"贴图实际上更改了曲面的几何体或面片细分。"置换"贴图应用贴图的灰度来生成位移。在 2D 图像中，较亮的颜色比较暗的颜色更多地向外突出，生成几何体的 3D 置换。

　　提示："置换"贴图会在每个曲面上生成多个三角形面，有时生成的面可能会超过 1MB，耗费大量的时间和内存，但产生的"置换"效果非常好。"置换"贴图可以应用于 Bezier 面片、可编辑网格、可编辑多边形和 NURBS 曲面 4 种对象模型中。

　　视频播放：任务三的详细讲解，可观看配套视频"任务三：'贴图'卷展栏参数"。

四、项目拓展训练

　　根据本项目所学知识，打开图 3.1.63(a)所示的场景，模拟出图 3.1.63(b)所示的效果。

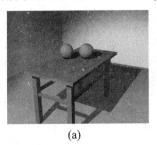

(a)   (b)

图 3.1.63

项目 2：复合材质的作用和使用方法

一、项目效果

二、项目制作流程(步骤)分析

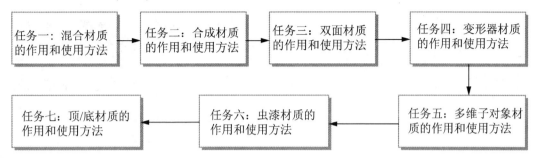

三、项目操作步骤

本项目主要通过 7 个任务介绍 7 种复合材质的作用和使用方法。

复合材质是指将两个或多个子材质组合在一起，形成新的材质效果。复合材质类似于合成器贴图，但合成器贴图位于材质级别。将复合材质应用于对象可生成经常使用贴图的复合效果。可以使用"材质/贴图浏览器"加载或创建复合材质。

不同类型的材质将生成不同的效果，具有不同的行为方式(或者具有组合多种材质的方式)。各种复合材质的具体介绍如下。

任务一：混合材质的作用和使用方法

1. 混合材质的作用

混合材质可以在曲面的单个面上将两种材质进行混合。混合材质具有可设置动画的"混合量"参数，该参数可以用来绘制材质变形功能曲线，以控制随时间混合两个材质的方式。

2. 混合材质的使用方法

步骤 1： 打开一个场景文件，选择灰色的立方体对象，如图 3.2.1 所示。

步骤 2： 在工具栏中单击 (材质编辑器)按钮，弹出"材质编辑器"对话框。在示例窗中单击一个示例球。单击 (将材质指定给选定对象)按钮，即可将材质赋给选定对象。

步骤 3： 在"材质编辑器"对话框中单击 Standard 按钮，弹出"材质/贴图浏览器"对话框，在该对话框中双击 混合 选项，弹出"替换材质"对话框，具体设置如图 3.2.2 所示。单击 确定 按钮，返回到"材质编辑器"对话框下的"混合基本参数"面板，如图 3.2.3 所示。

步骤 4： 单击 Material #25 (Standard) 按钮，跳到 Material #25 标准材质参数设置界面，单击漫反射:右边的 按钮，弹出"材质/贴图浏览器"对话框。在该对话框中双击 位图 选项，弹出"选择位图图像文件"对话框，在该对话框中选择"20.jpg"文件，单击 打开(O) 按钮返回"材质编辑"器中的位图参数设置界面。

步骤 5： 在"材质编辑器"对话框中连续单击 (转到父对象)按钮两次，跳转到混合材质参数设置界面。渲染效果如图 3.2.4 所示。

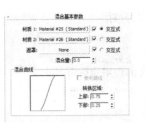

图 3.2.1　　　　　　图 3.2.2　　　　　　图 3.2.3　　　　　　图 3.2.4

步骤 6：方法同上，给"材质 2"添加一个位图材质纹理。位图名称为"21.jpg"，纹理如图 3.2.5 所示。

步骤 7：将"混合基本参数"卷展栏中的"混合量"设置为 50，渲染效果如图 3.2.6 所示。

步骤 8：在这里不采用"混合量"来进行混合，而采用"遮罩"来创建混合材质。单击遮罩右边的 None 按钮，弹出"材质/贴图浏览器"对话框。在该对话框中双击 棋盘格 程序纹理，返回"棋盘格"参数设置界面，具体设置如图 3.2.7 所示。

步骤 9：单击 (转到父对象)按钮，返回混合材质参数设置界面。渲染效果如图 3.2.8 所示。

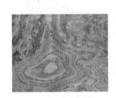

图 3.2.5　　　　　　图 3.2.6　　　　　　图 3.2.7　　　　　　图 3.2.8

视频播放：任务一的详细讲解，可观看配套视频"任务一：混合材质的作用和使用方法"。

任务二：合成材质的作用和使用方法

1. 合成材质的作用

合成材质最多可以合成 10 种材质。按照在卷展栏中列出的顺序，从上到下叠加材质。使用相加不透明度、相减不透明度来组合材质，或使用 Amount(数量)值来混合材质。

2. 合成材质的使用方法

步骤 1：打开一个场景文件，渲染效果如图 3.2.9 所示，包含了一个盒子模型，添加了纹理，现在要在盒子的表面制作文字效果。

步骤 2：在英文输入状态下按键盘上的【M】键，打开"材质编辑器"对话框，在该对话框中第 1 个示例球和第 2 个示例都赋予了材质。

步骤 3：选择第 2 个示例球，该球的名称为"木纹"，单击右边的 Standard 按钮，弹出"材质/贴图浏览器"对话框。在该对话框中双击 合成 列表项，弹出"替换材质"对话框，设置参数，具体设置如图 3.2.10 所示。单击 确定 按钮，返回合成材质参数设置界面，如图 3.2.11 所示。

步骤 4：单击 材质 1:右边的 None 的按钮，弹出"材质/贴图浏览器"对话框，在该对话框中双击 标准 列表项，返回"材质编辑器"对话框,将该材质命名为"月光宝盒"。

步骤 5：单击 漫反射:右边的 按钮，弹出"材质/贴图浏览器"对话框，在该对话框中双击 位图 列表项，弹出"选择位图图像文件"对话框，在该对话框中选择一张图片，图片名为"背景.jpg"，图案如图 3.2.12 所示。单击 打开(O) 按钮，返回"材质编辑器"对话框。

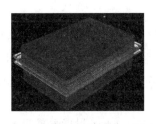

图 3.2.9　　　　　　图 3.2.10　　　　　　图 3.2.11　　　　　　图 3.2.12

步骤 6：单击 (转到父对象)按钮，返回"月光宝盒"材质参数设置界面。在该参数设置界面中单击不透明度:100 右边的 按钮，弹出"材质/贴图浏览器"对话框，在该对话框中双击 位图 列表项，弹出"选择位图图像文件"对话框，在该对话框中选择一张图片，图片名为"月光宝盒.jpg"。单击 打开(O) 按钮，返回"材质编辑器"对话框。渲染效果如图 3.2.13 所示。

步骤 7：单击 (转到父对象)按钮，返回"月光宝盒"材质参数设置界面。设置"月光宝盒"材质的基本参数，具体设置如图 3.2.14 所示。

步骤 8：在"贴图"卷展栏中，将"漫反射颜色"贴图拖曳到"凹凸"贴图类型上，松开鼠标，弹出"复制(实例)贴图"对话框，具体设置如图 3.2.15 所示，单击 确定 按钮即可。

步骤 9：给"月光宝盒"材质中"贴图"卷展栏中的"反射"贴图类型添加一个"光线跟踪"程序纹理贴图。"反射"贴图的数量为 100，最终渲染效果如图 3.2.16 所示。

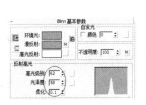

图 3.2.13　　　　　　图 3.2.14　　　　　　图 3.2.15　　　　　　图 3.2.16

视频播放：任务二的详细讲解，可观看配套视频"任务二：合成材质的作用和使用方法"。

任务三：双面材质的作用和使用方法

1. 双面材质的作用

双面材质主要用来对对象法线正反面赋予不同材质。

提示：如果将一个子材质的明暗处理设置为"线框"(参见"明暗器基本参数"卷展栏)，也会显示整个材质，但渲染为线框材质。

2. 双面材质的使用方法

步骤 1：打开一个场景文件，如图 3.2.17 所示。

步骤 2：打开"材质编辑器"对话框，在该编辑器中单击第 1 个材质示例球，命名为"青花瓷"。单击"青花瓷"材质右边的 Standard 按钮，弹出"材质/贴图浏览器"对话框。

步骤 3：在该对话框中双击 █ 双面 列表项，弹出"替换材质"对话框，在该对话框中单击第 1 项，单击 确定 按钮，返回双面材质参数设置界面，如图 3.2.18 所示。

步骤 4：单击 正面材质:右边的 Material #4 (Standard) 按钮，跳到 Material #4 子材质参数设置界面。将该名称改为"正面材质"。单击 漫反射:右边的 █ 按钮，打开"材质/贴图浏览器"对话框。在该对话框中双击 █ 位图 列表项，弹出"选择位图图像文件"对话框，在该对话框中选择一张图片，图片名称为"花纹"，图片效果如图 3.2.19 所示。单击 打开(O) 按钮返回"材质编辑器"，连续单击 ▓ (转到父对象)按钮两次，返回"青花瓷"材质参数设置界面。渲染效果如图 3.2.20 所示。

图 3.2.17　　　　　　图 3.2.18　　　　　　图 3.2.19　　　　　　图 3.2.20

步骤 5：单击 背面材质:右边的 Material #5 (Standard) 按钮，跳转到 Material #5 材质参数设置界面，将该材质名称改为"背面材质"。

步骤 6：单击 漫反射:右边的 █ 按钮，弹出"材质/贴图浏览器"对话框。在该对话框中双击 █ 位图 列表项，弹出"选择位图图像文件"对话框，在该对话框中选择一张图片，图片名称为"背花纹"，图片效果如图 3.2.21 所示。单击 打开(O) 按钮返回"材质编辑器"对话框，设置参数，具体设置如图 3.2.22 所示。单击 ▓ (转到父对象)按钮，返回"背面材质"材质参数设置界面。具体设置如图 3.2.23 所示。单击 ▓ (转到父对象)按钮，返回"青花瓷"材质参数设置界面。渲染效果如图 3.2.24 所示。

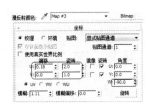
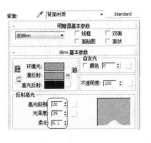

| 图 3.2.21 | 图 3.2.22 | 图 3.2.23 | 图 3.2.24 |

视频播放：任务三的详细讲解，可观看配套视频"任务三：双面材质的作用和使用方法"。

任务四：变形器材质的作用和使用方法

1. 变形器材质的作用

"变形器"材质与"变形"修改器相辅相成。"变形器"材质可以用来创建角色脸颊变红的效果，或者使角色在抬起眼眉时前额褶皱。借助"变形"修改器的通道微调器，可以以变形几何体相同的方式来混合材质。

"变形器"材质有 100 个材质通道，可以为在"变形"修改器中的 100 个通道直接绘图。将"变形器"材质与"变形"修改器进行绑定之后，在"变形"修改器中使用通道微调器可以实现材质和几何体之间的变形。但"变形"修改器中的空通道只能使材质变形，不包含几何体变形数据。

2. 变形器材质的使用方法

步骤 1：打开一个场景文件，如图 3.2.25 所示，包括一个名为"皮肤人头"的对象和一个"红皮肤人头"对象，也分别指定了"皮肤人头"材质和"红皮肤人头"材质。

步骤 2：给"皮肤人头"对象添加一个"变形"修改器。在"变形"修改器修改面板中的 -空- 按钮上右击，在弹出的快捷菜单中单击从场景中拾取命令，然后再在场景中单击"红皮肤人头"对象，将其拾取到第 1 个通道中，如图 3.2.26 所示。

步骤 3：单击时间线右下脚的自动关键点按钮。将时间滑块移到第 100 帧的位置，并将红皮肤人头 右边的参数设置为 100，再单击自动关键点按钮，完成变形动画的制作。

步骤 4：打开"材质编辑器"对话框，在"材质编辑器"对话框中任意单选一个材质示例球并命名为"变形材质"。

步骤 5：单击"变形材质"右边的 Standard 按钮，弹出"材质/贴图浏览器"对话框，在该对话框中双击 变形器 列表选项，弹出"替换材质"对话框，选择第 1 个选项，单击 确定 按钮，返回"变形材质"参数设置界面，如图 3.2.27 所示。

步骤 6：单击 选择变形对象 按钮，再在场景中单击"皮肤人头"对象，弹出"选择变形器修改器"对话框，如图 3.2.28 所示，在该对话框中选择"变形器"选项，单击 绑定 按钮，返回"变形材质"设置界面。

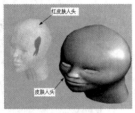
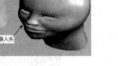

| 图 3.2.25 | 图 3.2.26 | 图 3.2.27 | 图 3.2.28 |

步骤 7：将"材质编辑器"对话框中的"皮肤材质"示例球拖曳到 默认材质（Standard） 按钮上。松开鼠标,弹出"复制(实例)贴图"对话框,在该对话框中选择"实例"选项,单击 确定 按钮即可。

步骤 8：将"红皮肤材质"示例球拖曳到 材质1：右边的 None 按钮上,松开鼠标,弹出"复制(实例)贴图"对话框,在该对话框中选择"实例"选项,单击 确定 按钮即可,此时的"变形材质"参数如图 3.2.29 所示。

步骤 9：将"变形材质"指定给"皮肤人头"对象。将"红皮人头"对象隐藏。分别渲染第 1 帧、第 50 帧和第 100 帧,效果如图 3.2.30 所示。

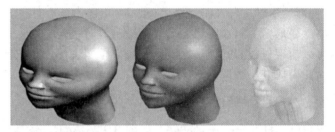

| 图 3.2.29 | 图 3.2.30 |

视频播放：任务四的详细讲解,可观看配套视频"任务四：变形器材质的作用和使用方法"。

任务五：多维子对象材质的作用和使用方法

1. 多维子对象材质的作用

使用多维/子对象材质可以为几何体的子对象级别分配不同的材质。也可以指定给使用网格选择器选择的面。

使用多维/子对象材质进行贴图时,应注意以下几点。

(1) 如果该对象是可编辑网格,可以拖放材质到面的不同选择部分,并随时构建一个多维/子对象材质。

(2) 可以通过将其拖动到已被编辑网格修改器选中的面上来创建新的多维/子对象材质。

(3) 子材质 ID 不取决于列表的顺序,而取决于输入的 ID 值。

(4) 使用"材质编辑器"对话框中的"使唯一"功能可使实例子材质成为唯一副本。

(5) 在多维/子对象材质级别上,示例窗的示例对象显示了子材质的拼凑。在编辑子材质时，示例窗的显示取决于"材质编辑器选项"对话框中的"在顶级下仅显示次级效果"切换。

2. 多维子对象材质的使用方法

步骤 1：打开一个场景文件，渲染效果如图 3.2.31 所示。可以看出除了房子的墙面没有指定材质之外，其他都指定了材质。可以使用"多维子对象"材质来制作墙体材质。

步骤 2：选择墙体将其孤立显示，选择如图 3.2.32 所示的面，在浮动面板中将其材质号设置为 1，如图 3.2.33 所示。

步骤 3：方法同上。选择墙体的其余面，设置材质号为 2，退出孤立显示。

步骤 4：打开"材质编辑器"对话框，在"材质编辑器"对话框中选择一个没有使用的材质示例球，命名为"墙体材质"。

步骤 5：单击"墙体材质"右边的 Standard 按钮，弹出"材质/贴图浏览器"对话框，在该对话框中双击 多维/子对象 列表选项，返回"墙体材质"设置界面，将数量设置为 2，如图 3.2.34 所示。

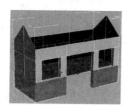

图 3.2.31　　　　　　图 3.2.32　　　　　图 3.2.33　　　　图 3.2.34

步骤 6：单击 ID 号为 1 的子材质图标(Material #58（Standard）)，跳转到 Material #58 材质参数设置界面，将该材质名称改为"墙体下材质"。

步骤 7：单击 漫反射 右边的 ▢ 按钮，弹出"材质/贴图浏览器"对话框，在该对话框中双击 位图 列表选项，弹出"选择位图图像文件"对话框，在该对话框中选择一张图片，图片名称为"木纹 01"，图片效果如图 3.2.35 所示。单击 打开(O) 按钮返回"材质编辑器"对话框，设置参数，具体设置如图 3.2.36 所示，

步骤 8：单击 (转到父对象)按钮返回"墙体下材质"参数设置界面，具体设置如图 3.2.37 所示。再单击 (转到父对象)按钮，返回"墙体材质"参数设置界面，渲染效果如图 3.2.38 所示。

步骤 9：单击 ID 号为 2 的子材质图标(Material #59（Standard）)，跳转到 Material #59 材质参数设置界面，将该材质名称改为"墙体上材质"。

步骤 10：单击 漫反射 右边的 ▢ 按钮，弹出"材质/贴图浏览器"对话框，在该对话框中双击 位图 列表选项，弹出"选择位图图像文件"对话框，在该对话框中选择一张图片，图片名称为"木纹 02"，图片效果如图 3.2.39 所示。单击 打开(O) 按钮返回"材质编辑器"对话框，设置参数，具体设置如图 3.2.40 所示。

图 3.2.35

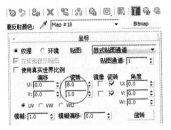
图 3.2.36

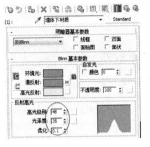
图 3.2.37

图 3.2.38

步骤 11：单击 (转到父对象)按钮返回"墙体上材质"参数设置界面，具体设置如图 3.2.41 所示。再单击 (转到父对象)按钮返回"墙体材质"参数设置界面，渲染效果如图 3.2.42 所示。

图 3.2.39

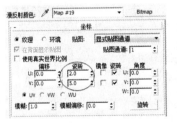
图 3.2.40

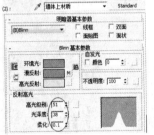
图 3.2.41

图 3.2.42

视频播放：任务五的详细讲解，可观看配套视频"任务五：多维子对象材质的作用和使用方法"。

任务六：虫漆材质的作用和使用方法

1. 虫漆材质的作用

虫漆材质主要是通过叠加将两种材质混合。叠加材质中的颜色称为"虫漆"材质，被添加到基础材质的颜色中。"虫漆颜色混合"参数用于控制颜色混合的量。

提示：如果将一个子材质的明暗处理设置为"线框"(参见"明暗器基本参数"卷展栏)，也会显示整个材质，但渲染为线框材质。

2. 虫漆材质的使用方法

步骤 1：打开一个场景文件，渲染效果如图 3.2.43 所示，包括书模型和木地面模型。在这里使用"虫漆"材质来制作书籍的封面为皮纹材质。

步骤 2：打开"材质编辑器"对话框。在"材质编辑器"对话框中选择"书材质"选项，如图 3.2.44 所示。该材质为一个多维子对象材质。

步骤 3：单击 书籍封面 (Standard) 按钮，跳转到"书籍封面"材质参数设置界面。单击"书籍封面"右边的 Standard 按钮,弹出"材质/贴图浏览器"对话框,在该对话框中双击■虫漆材质列表选项,弹出"替换材质"对话框,在该对话框中选择第 1 项,单击 确定 按钮返回"书籍封面"材质参数设置界面,此时该材质类型变为"虫漆",如图 3.2.45 所示。

步骤 4: 单击 基础材质:右边的 Material #37 (Standard) 按钮,跳转到 Material #37 材质参数设置界面,将该材质名称改为"基础材质"。

步骤 5: 单击 漫反射:右边的 按钮,弹出"材质/贴图浏览器"对话框,在该对话框中双击■位图列表选项,弹出"选择位图图像文件"对话框,在该对话框中选择一张图片,图片名称为"皮纹 01",图片效果如图 3.2.46 所示。单击 打开(0) 按钮返回"材质编辑器"对话框,设置参数,具体设置如图 3.2.47 所示。

 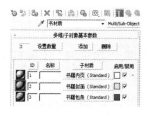  

图 3.2.43　　　　　图 3.2.44　　　　　图 3.2.45　　　　　图 3.2.46

步骤 6: 在"修改"浮动面板中添加一个"UVW 贴图"修改器,调节参数,如图 3.2.48 所示。渲染效果如图 3.2.49 所示。

步骤 7: 连续单击 (转到父对象)按钮两次,返回"书籍封面"参数设置界面。

步骤 8: 单击 虫漆材质:右边的 Material #38 (Standard) 按钮,跳转到 Material #38 材质参数设置界面,将该材质名称改为"虫漆材质"。

步骤 9: 单击 漫反射:右边的 按钮,弹出"材质/贴图浏览器"对话框,在该对话框中双击■位图列表选项,弹出"选择位图图像文件"对话框,在该对话框中选择一张图片,图片名称为"皮纹 02",图片效果如图 3.2.50 所示。单击 打开(0) 按钮返回"材质编辑器"对话框。

图 3.2.47　　　　　图 3.2.48　　　　　图 3.2.49　　　　　图 3.2.50

步骤 10: 连续单击 (转到父对象)按钮两次,返回"书籍封面"参数设置界面。

步骤 11: 设置 虫漆颜色混合:的混合数值大小,分别设置为 20、50 和 100 的渲染效果如图 3.2.51 所示。

图 3.2.51

视频播放： 任务六的详细讲解，可观看配套视频"任务六：虫漆材质的作用和使用方法"。

任务七：顶/底材质的作用和使用方法

1. 顶/底材质的作用

顶/底材质的主要作用是对对象的顶部和底部指定两个不同的材质，将两种材质混合在一起。

对象的顶面是指法线向上的面，底面是指法线向下的面。可以选择"上"或"下"来引用场景的世界坐标或引用对象的本地坐标。

提示： 如果将一个子材质的明暗处理设置为"线框"(参见"明暗器基本参数"卷展栏)，也会显示整个材质，但渲染为线框材质。

2. 顶/底材质的使用方法

步骤 1： 打开一个场景文件，如图 3.2.52 所示，只有一个多边形模型。

步骤 2： 打开"材质编辑器"对话框，在"材质编辑器"对话框中单击一个空示例球，命名为"石山"。

步骤 3： 单击"石山"右边的 Standard 的按钮，弹出"材质/贴图浏览器"对话框。在该对话框中双击 📷顶/底 按钮，弹出"替换材质"对话框，在该对话框中选择第 1 项，单击 确定 按钮，返回"材质编辑器"对话框。此时，"石山"材质的类型为"顶/底"，如图 3.2.53 所示。

步骤 4： 单击 顶材质：右边的 Material #0 (Standard) 按钮，跳转到 Material #0 材质参数设置界面，将该材质名称改为"顶材质"。

步骤 5： 单击 漫反射：右边的 __ 按钮，弹出"材质/贴图浏览器"对话框，在该对话框中双击 ■位图 列表选项，弹出"选择位图图像文件"对话框，在该对话框中选择一张图片，图片名称为"石材 01"，图片效果如图 3.2.54 所示。单击 打开(O) 按钮返回"材质编辑器"对话框，设置参数，具体设置如图 3.2.55 所示。

步骤 6： 连续单击 🖐(转到父对象)按钮两次，返回"石山"参数设置界面。渲染效果如图 3.2.56 所示。

步骤 7： 单击 底材质：右边的 Material #1 (Standard) 按钮，跳转到 Material #1 材质参数设置，将该材质名称改为"底材质"。

步骤 8： 单击 漫反射：右边的 __ 按钮，弹出"材质/贴图浏览器"对话框，在该对话框中双击 ■位图 列表选项，弹出"选择位图图像文件"对话框，在该对话框中选择一张图片，图片名称为"石材 02",图片效果如图 3.2.57 所示。单击 打开(O) 按钮返回"材质编辑器"对话框,设置参数。具体设置如图 3.2.58 所示。

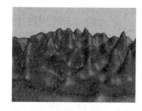

图 3.2.52　　　　　　图 3.2.53　　　　　　图 3.2.54　　　　　　图 3.2.55

步骤 9:连续单击 (转到父对象)按钮两次,返回"石山"参数设置界面。

步骤 10:设置 混合 的数值为 60, 位置 的数值为 90。渲染效果如图 3.2.59 所示。

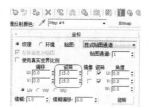

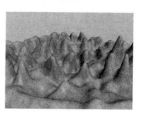

图 3.2.56　　　　　　图 3.2.57　　　　　　图 3.2.58　　　　　　图 3.2.59

视频播放:任务七的详细讲解,可观看配套视频"任务七:顶/底材质的作用和使用方法"。

四、项目拓展训练

根据本项目所学知识,模拟出如图 3.2.60 所示的材质效果。

图 3.2.60

项目 3:其他材质的作用和使用方法

一、项目效果

二、项目制作流程(步骤)分析

三、项目操作步骤

在本项目中主要通过 4 个任务介绍建筑材质、光线跟踪材质、无光/投影材质和卡通材质的作用和使用方法。

这 4 种材质在一些特殊情况下用得比较多。特别是建筑材质，在建筑室内外表现中为用户提供了快捷和方便，不需要用户去调节太多繁琐的参数，只要根据任务要求适当选择几个参数即可制作出非常漂亮的材质效果。这 4 种材质的作用和使用方法具体介绍如下。

任务一：建筑材质的作用和使用方法

1. 建筑材质的作用

建筑材质的设置是物理属性，当与光度学灯光和光能传递一起使用时，可以创建最逼真的渲染效果。借助这种功能组合，可以创建精确性很高的照明效果。

提示：不建议在场景中将建筑材质与标准 3ds Max 灯光或光线跟踪器一起使用。可以与光度学灯光和光能传递一起使用。mental ray 渲染器可以渲染建筑材质，但是存在一些限制。如果不需要建筑材质提供很逼真的效果，则可以使用"标准"材质或其他材质类型。

mental ray 渲染器可以渲染建筑材质，但存在如下限制。

(1) 发射能量(基于亮度)。此设置将被忽略，建筑材质并不会产生场景照明。

(2) 采样参数。这些设置将被忽略，mental ray 渲染器使用自己的采样。

提示：在使用 mental ray 进行渲染时，建议使用"建筑与设计"材质，而不使用"建筑"材质。"建筑与设计"材质是专为 mental ray 而设计的并且提供了更高的灵活性、更佳的渲染特性和更快的速度。

2. 建筑材质的使用方法

步骤 1：打开一个场景文件，渲染效果如图 3.3.1 所示。在该场景中包括 24 个塔的模型和赋予材质的 3 面墙和支撑杆。

步骤 2：在场景中任意选择一个"塔 01"模型。在英文输入状态下，按键盘上的【M】键，打开"材质编辑器"对话框。

步骤 3：单击一个空白示例球，将材质球命名为"塔 01 材质"。单击"塔 01 材质"右边的 Standard 按钮，弹出"材质/编辑器"对话框，在该对话框中双击 ■ 建筑 材质列表选项，"塔 01"的材质类型由标准材质转变为建筑材质类型，如图 3.3.2 所示。给 漫反射贴图 指定一张位图图片，图片效果如图 3.3.3 所示，渲染效果如图 3.3.4 所示。

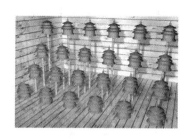

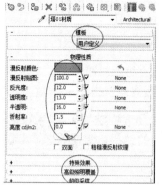

图 3.3.1　　　　　　　图 3.3.2　　　　　　图 3.3.3　　　　图 3.3.4

步骤 4：单击"模板"卷展栏中的 ▾ 按钮，弹出下拉列表，如图 3.3.5 所示，其中包括了 24 种模板类型。

步骤 5：给不同的模板类型分别赋予场景中的塔模型。其他参数采用默认设置。最终效果如图 3.3.6 所示。

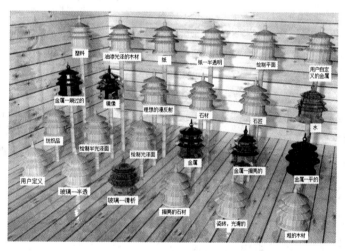

图 3.3.5　　　　　　　　　　图 3.3.6

提示：建筑材质中的各个"卷展栏"参数的说明，可观看配套资源中的附件建筑材质参数介绍。

视频播放：任务一的详细讲解，可观看配套视频"任务一：建筑材质的作用和使用方法"。

任务二：光线跟踪材质的作用和使用方法

1．光线跟踪材质的作用

"光线跟踪"材质是高级表面明暗处理材质。与标准材质一样，能支持漫反射表面明暗处理；能创建完全光线跟踪的反射和折射；支持雾、颜色密度、半透明、荧光和其他特殊效果。

"光线跟踪"材质生成的反射和折射，比用反射/折射贴图更精确，但渲染光线跟踪对象比使用反射/折射贴图慢。"光线跟踪"对于渲染 3ds Max 场景是优化的。通过将特定的对象排除在光线跟踪之外，可以在场景中进一步优化。

提示：如果在标准材质中需要精确的光线跟踪的反射和折射，可以使用光线跟踪贴图，它使用的是同一个光线跟踪器。"光线跟踪"贴图和材质共用全局参数设置。

光线跟踪贴图和光线跟踪材质使用表面法线来决定光束是进入还是离开表面。如果翻转对象的法线，可能会得到意想不到的结果。即使勾选 ⊠⊡ 选项也不能纠正这个问题，这在"标准"材质中的反射和折射中经常出现。

2. 光线跟踪材质的使用方法

步骤 1：打开一个场景文件，渲染效果如图 3.3.7 所示。背景、灯光和摄影机已经设置完毕。下面为人头模型添加光线跟踪材质来模拟玉石效果。

步骤 2：在英文输入状态下，按键盘上的【M】键，打开"材质编辑器"对话框。

步骤 3：在"材质编辑器"对话框中单击一个空材质示例球，命名为"玉石材质"。

步骤 4：单击"玉石材质"右边的 Standard 按钮，弹出"材质/贴图浏览器"对话框，在该对话框中双击 ■光线跟踪 材质列表选项，返回"材质/贴图浏览器"对话框，此时"玉石材质"的类型由标准材质转为光线跟踪材质。

步骤 5：设置光线跟踪材质的参数，具体设置如图 3.3.8 所示。将材质赋予人头模型，最终渲染效果如图 3.3.9 所示。

图 3.3.7

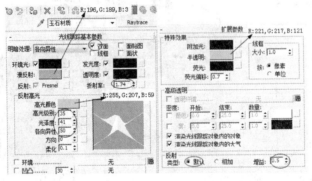
图 3.3.8

图 3.3.9

提示："光线跟踪"材质的各个参数的作用和使用方法，可观看配套资源中的附件"光线跟踪"材质参数介绍。

视频播放：任务二的详细讲解，可观看配套视频"任务二：光线跟踪材质的作用和使用方法"。

任务三：无光/投影材质的作用和使用方法

1. 无光/投影材质的作用

使用无光/投影材质可将整个对象(或面的任何子集)转换为显示当前背景颜色或环境贴

图的无光对象。

提示：在 mental ray 处于活动状态时，无光/投影材质将不可用，要将该材质改为无光/投影/反射(mi)材质。无光/投影效果仅在渲染场景之后才可见，在视口中不可见。

在 3ds Max 中有如下 3 种方法可以将渲染对象无缝混合到背景环境中。
(1) 指定一个无光/投影材质。
(2) 将一个 100%自发光的漫反射纹理指定给使用摄影机贴图的对象。
(3) 指定使用环境/使屏幕投影的 100% 自发光漫反射纹理。

2．无光/投影材质的使用方法

步骤 1：打开场景文件，如图 3.3.10 所示，在该场景中包括一头大象和一个平面。下面给平面添加无光/投影材质。

步骤 2：在英文输入状态下，按键盘上的【M】键，打开"材质编辑器"对话框。

步骤 3：在"材质编辑器"对话框中单击一个空材质示例球，命名为"无光投影材质"。

步骤 4：单击"无光投影材质"右边的 Standard 按钮，弹出"材质/贴图浏览器"对话框，在该对话框中双击 ■ 无光/投影 材质列表选项，返回"材质/贴图浏览器"对话框，使"无光投影材质"的类型由标准材质转为无光/投影材质。

步骤 5：设置参数，具体设置如图 3.3.11 所示。将"无光投影材质"赋予地面。渲染效果如图 3.3.12 所示。

步骤 6：将如图 3.3.13 所示的图片拖曳到视图(摄影机视图或透视图)中，弹出"位图视口设置"对话框。具体设置如图 3.3.14 所示，单击 确定 按钮即可。

图 3.3.10　　　　　　图 3.3.11　　　　　　图 3.3.12　　　　　　图 3.3.13

步骤 7：在摄影视图中通过调节摄影机的机位，使大象与背景进行匹配。最终渲染效果如图 3.3.15 所示。

图 3.3.14　　　　　　　　　　图 3.3.15

提示：无光/投影材质的各个参数的作用和使用方法，请观看配套资源中的附件"无光/投影"材质参数介绍。

视频播放：任务三的详细讲解，可观看配套视频"任务三：无光/投影材质的作用和使用方法"。

任务四：卡通材质的作用和使用方法

1. 卡通材质的作用

卡通材质(Ink'n Paint 材质)主要用来创建卡通效果。与其他大多数材质提供的三维真实效果不同，卡通材质提供带有"墨水"边界的平面明暗处理。使用卡通材质可以创建 3D 明暗处理对象与平面明暗处理卡通对象相结合的场景，如图 3.3.16 所示。

在卡通材质中，"绘制控制"和"墨水控制"卷展栏参数是两个可自定义设置的独立组件，如图 3.3.17 所示。

提示：①卡通材质使用光线跟踪器设置，在调整光线跟踪加速时，可能对卡通的速度有影响。在使用卡通材质时，禁用抗锯齿可以加速材质，直到准备好创建最终的渲染效果。

②运动模糊不适用于卡通材质(通常手工绘制的卡通不会出现运动模糊)；卡通材质明暗处理对象上不出现阴影，除非"绘制"级别的值大于或等于 4；只有在摄影机视图或透视视图中进行渲染时，卡通材质才能生成正确结果，在正交视图中不起作用。

卡通材质可以在多个对象上使用，通常进行如下操作可以获得最佳的效果。

(1) 收集渲染为单个曲面模型的卡通材质的对象(例如，"可编辑网格")。

(2) 分别给需要进行明暗处理的模型的各个部分指定不同的材质 ID 号。

(3) 通常在"元素"子对象层级进行(尽管可以将不同的材质 ID 应用到各个面和多边形)。

(4) 创建多维/子对象材质。为模型中的每个颜色创建子材质。为每个子材质创建卡通材质，然后使用各个子材质的"绘制"控件指定颜色和贴图。如果必要，也可以调整"墨水"控件卷展栏参数。

2. 卡通材质的使用方法

步骤 1：打开一个场景文件，渲染效果如图 3.3.18 所示。在该场景中包括一个女性人体和背景。在这里给女性人体模型添加卡通材质。

步骤 2：在英文输入状态下，按键盘上的【M】键，打开"材质编辑器"对话框。

步骤 3：在"材质编辑器"对话框中单击一个空材质示例球，命名为"卡通材质"。

步骤 4：单击"无光投影材质"右边的 Standard 按钮，弹出"材质/贴图浏览器"对话框，在该对话框中双击 ■ Ink'n Paint 材质列表选项。返回"材质/贴图浏览器"对话框时，"卡通材质"的类型由标准材质转为卡通材质。

步骤 5：设置"绘制控制"卷展栏参数，具体设置如图 3.3.19 所示。将卡通材质赋予女性人体模型。渲染效果如图 3.3.20 所示。

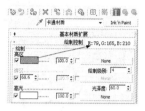

图 3.3.16　　　　　　图 3.3.17　　　　　　图 3.3.18　　　　　　图 3.3.19

步骤 6：设置"墨水控制"卷展栏参数，具体设置如图 3.3.21 所示。最终渲染效果如图 3.3.22 所示。

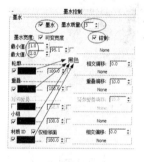

图 3.3.20　　　　　　　图 3.3.21　　　　　　　图 3.3.22

提示：卡通材质各个参数的作用和使用方法，可观看配套资源中的附件卡通材质参数介绍。

视频播放：任务四的详细讲解，可观看配套视频"任务四：卡通材质的作用和使用方法"。

四、项目拓展训练

根据本项目所学知识，模拟出如图 3.3.23 所示的材质效果。

图 3.3.23

第4章

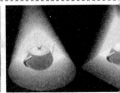

3ds Max 2011
灯光技术

知识点

- 项目 1：3ds Max 2011 灯光基础
- 项目 2：灯光的阴影技术
- 项目 3：灯光的综合应用实例

说　明

本章主要通过 3 个项目介绍 3ds Max 2011 的标准灯光和光度学灯光的作用和使用方法。熟练掌握本章内容，是模拟复杂场景灯光的基础。

教学建议课时数

一般情况下需要 12 课时，其中理论 6 课时，实际操作 6 课时(特殊情况可做相应调整)。

灯光的创建与调节是三维动画制作的一个重要环节。通过灯光可以实现场景的照明和场景氛围的表现。

在 3ds Max 2011 中，灯光是一种比较特殊的对象，它本身不能被渲染显示，只能在视图中显示。在三维动画制作中，创建的灯光对场景周围对象表面的光泽、颜色和亮度会产生影响。一般情况下，灯光、材质和环境共同作用才能产生真实的场景效果。

在 3ds Max 2011 中，灯光主要包括"标准"灯光和"光度学"灯光两大类。在本章中主要通过 3 个项目来介绍灯光的作用、参数、使用方法和综合应用。

项目 1：3ds Max 2011 灯光基础

一、项目效果

二、项目制作流程(步骤)分析

任务一：灯光的作用和使用方法 → 任务二：标准灯光的类型及原理 → 任务三：光度学灯光的类型及原理 → 任务四：标准灯光的参数 → 任务五：光度学灯光的参数

三、项目操作步骤

在本项目中主要通过 5 个任务来介绍灯光的作用、分类、参数调节等相关知识。

任务一：灯光的作用和使用方法

1. 灯光的作用

灯光的作用主要体现在以下几个方面。

(1) 提高场景的照明程度。在通常情况下，使用 3ds Max 中默认的灯光照明，对场景的照明程度往往不够，特别是对于一些复杂的场景都不能很好地表现出来，在这种情况下，需要为场景添加灯光来增强场景的照明效果。

(2) 提高场景的真实性。3ds Max 中的灯光照明效果不像现实生活中的灯光，一盏灯光就可以将整个场景照亮或达到照明要求，而是需要很多灯光来进行模拟。例如，模拟室内的柔和灯光时，通常采用灯光矩阵来模拟。

(3) 为场景创建阴影效果，提高场景的真实度。在 3ds Max 中，所有灯光都可以产生阴影，可以设置灯光是否投射或接收阴影。

(4) 模拟场景中的光源。在 3ds Max 中，灯光本身是不可渲染的，需要配合符合光源的几何体模型使用。例如，使用赋予了自发光材质的几何体配合灯光可以模拟出效果很好的发光对象效果。

(5) 制作光域网照明效果的场景。用户可以通过给灯光添加各种光域网文件来模拟各种场景效果。例如，舞厅、酒吧和各种特殊场景中的各种灯光效果都可以通过给灯光添加光域网文件来实现。

2. 创建灯光的方法

创建灯光的方法主要有如下 3 种。

1) 手动创建灯光

步骤 1：启动 3ds Max 软件，打开场景文件。渲染效果如图 4.1.1 所示。在该场景中没有添加灯光而是采用了默认灯光。下面通过给场景添加一盏标准灯光中的聚光灯来介绍灯光的使用方法。

步骤 2：在浮动面板中选择 ❋(创建)→ ◁(灯光)按钮，切换到"灯光"浮动面板，如图 4.1.2 所示。

步骤 3：在"灯光"浮动面板中单击 ▾ 按钮，弹出下拉列表，在下拉列表框中选择标准选项，切换到"标准灯光"面板，如图 4.1.3 所示。

步骤 4：单击 目标聚光灯 按钮，在顶视图中需要放置灯光的位置单击，确定灯光的位置。按住鼠标左键不放的同时，移动鼠标到需要放置灯光目标点的位置松开即可创建一盏聚光灯，如图 4.1.4 所示。

图 4.1.1

图 4.1.2

图 4.1.3

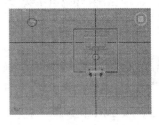
图 4.1.4

步骤 5：使用 ✛(移动)工具，在各个视图中根据任务要求调节聚光灯和聚光灯目标点的位置，最终位置如图 4.1.5 所示。渲染效果如图 4.1.6 所示。

步骤 6：根据任务要求设置灯光参数，选择创建的聚光灯，在浮动面板中单击 ◨(修改)按钮，切换到"修改"浮动面板。设置灯光参数，具体设置如图 4.1.7 所示。渲染效果如图 4.1.8 所示。

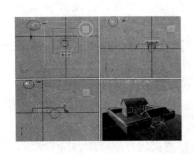
图 4.1.5

图 4.1.6

图 4.1.7

步骤 7：从渲染的效果可以看出，房子前面比较暗，与现实生活中的照明效果不符。再给它添加一盏聚光灯作为辅光，位置如图 4.1.9 所示。

步骤 8：调节辅助光的参数，在一般情况下，将辅光的阴影取消，强度调节到主光的一半，其他参数可以沿用主光灯的参数。渲染效果如图 4.1.10 所示。

图 4.1.8

图 4.1.9

图 4.1.10

步骤 9：在房子的背后添加一盏泛光灯来增加房子的背景轮廓。在"灯光"浮动面板中单击 泛光灯 按钮，在视图中单击即可创建一盏泛光灯，使用 ✛(移动)工具调节灯光的位置，如图 4.1.11 所示。渲染效果如图 4.1.12 所示。

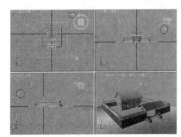
图 4.1.11

图 4.1.12

2) 将默认灯光转换为场景照明灯光

步骤 1：在菜单栏中选择 创建(C) → 灯光(L) → 标准灯光 → 添加默认灯光到场景(L) 命令，弹出"添加默认灯光到场景"对话框，根据任务要求设置参数，具体设置如图 4.1.13 所示。

步骤 2：单击 确定 按钮即可将 3ds Max 的默认灯光转换为场景灯光，在各个视图中的位置如图 4.1.14 所示。

图 4.1.13

步骤 3：在场景中选择灯光，在"修改"浮动面板中，根据任务要求设置灯光的参数即可完成灯光的创建。

3) 通过视口配置将默认灯光转换为场景灯光

步骤 1：在视图控制区右击，弹出"视口配置"对话框，在该对话框中单击 照明和阴影 选项，切换到"照明和阴影"参数设置界面。

步骤 2：设置"照明和阴影"参数，具体设置如图 4.1.15 所示。

步骤 3：单击 确定 按钮即可将系统默认灯光转换为场景灯光。

步骤4：根据任务要求设置灯光的参数。

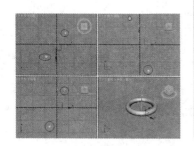

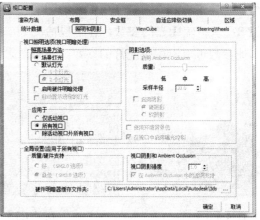

图4.1.14　　　　　　　　　　　图4.1.15

视频播放：任务一的详细讲解，可观看配套视频"任务一：灯光的作用和使用方法"。

任务二：标准灯光的类型及原理

在3ds Max中，系统为用户提供了8种灯光类型，标准灯光的创建面板如图4.1.16所示。这8种标准灯光在场景中的形态如图4.1.17所示。通过这8种灯光可以模拟现实生活中的各种光源效果，用户可以根据光源的不同发光方式模拟各种不同的照明效果。

各种灯光的具体介绍如下。

提示：标准灯光与新增加的光度学灯光的最大区别是：标准灯光没有基于实际物理属性的参数设置，而光度学灯光具有基于实际物理属性设置的参数。

1. 目标聚光灯

"目标聚光灯"主要用来创建锥形的照射区域，在锥形的照射区域以外的对象将不被灯光照亮。"目标聚光灯"的方向性非常好，用户可以通过调节"目标聚光灯"的图标和"目标聚光灯"的目标点图标来调节灯光的方向和位置。如果添加阴影设置，可以模拟出逼真的静态仿真效果。但是，在模拟运动照射时方向不容易控制。在调节两个图标时，照射范围经常发生改变，不适合用来进行跟踪照射。例如，模拟运动汽车大灯照射时，照射方向就很难控制。

"目标聚光灯"锥形形态有矩形和圆形两种形态，使用矩形的锥形形态比较适合模拟电影投影图像和窗户照射，而使用圆形的锥形形态比较适合模拟各种路灯、车灯、手电筒、台灯和各种舞台跟踪的照射。如果给"目标聚光灯"添加体积光源，可以使灯光产生一个锥形的光柱效果，如图4.1.18所示。

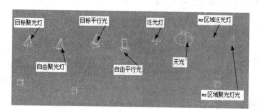
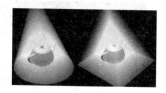

图 4.1.16　　　　　　　　图 4.1.17　　　　　　　　图 4.1.18

2. 自由聚光灯

"自由聚光灯"主要用来创建锥形的照射区域，在锥形的照射区域以外的对象将不被灯光照亮。"自由聚光灯"的方向性也很好，其实，它是一种受限制的目标聚光灯，"自由聚光灯"只有一个"自由聚光灯"的图标，可以使用"移动"工具和"旋转"工具对它进行移动和方向的调节。它的优点就是在视图中不会改变照射的范围，经常用来模拟动画灯光。例如，晃动的手电筒、运动汽车的大灯、舞台上的投射灯和运动的探照灯等。

3. 目标平行光

"目标平行光"主要用来创建单方向的平行照射区域。在"目标平行光"照射区域以外的对象不被灯光照亮。"目标平行光"主要产生圆柱形或矩形照射效果。如果给"目标平行光"添加体积光源，会产生柱形的光柱效果，如图 4.1.19 所示。使用"目标平行光"可以模拟太阳光照射，经常用来模拟户外场景照射，模拟探照灯和激光光束灯等特殊光效。

4. 自由平行光

"自由平行光"主要用来创建单方向的平行照射区域，在"自由平行光"照射区域以外的对象不被灯光照亮。其实，它是一种受限制的"目标平行光"。"自由平行光"没有目标点，只有一个"自由平行光"图标，可以使用"移动"工具和"旋转"工具对它进行移动和方向的调节。

使用"自由平行光"可以保证灯光的照射范围不会改变，经常用来模拟具有固定范围的照射效果，也特别适合模拟灯光动画。

5. 泛光灯

"泛光灯"主要用来创建向四面八方的照射区域，照亮整个场景。它的主要优点是容易控制和调节。不需要考虑对象的照射范围。如果在场景中创建过多的"泛光灯"，则会使场景变得平淡和没有层次感。

"泛光灯"经常用来模拟灯泡和台灯等光源对象。泛光灯照明效果如图 4.1.20 所示。在场景中只要有一盏"泛光灯"，就可以产生明暗对比关系。

6. 天光

"天光"主要用来模拟太阳光的照射效果。在 3ds Max 2011 中，有多种灯光可以模拟太阳光照的照射效果，尤其是使用"天光"配合"光线跟踪"渲染方式产生的效果最佳。

使用"天光"模拟太阳光的照射效果如图 4.1.21 所示。

图 4.1.19　　　　　　　图 4.1.20　　　　　　　图 4.1.21

提示："mr 区域聚光灯"和"mr 区域泛光灯"与"目标聚光灯"和"泛光灯"的原理和作用类似，这里就不再介绍。读者可以参考 mental ray 的相关介绍或视频。

视频播放：任务二的详细讲解，可观看配套视频"任务二：标准灯光的类型及原理"。

任务三：光度学灯光的类型及原理

在 3ds Max 中，系统为用户提供了 3 种灯光类型，标准灯光的创建面板如图 4.1.22 所示。这 3 种标准灯光在场景中的形态如图 4.1.23 所示。光度学灯光是到了 3ds Max5.0 版本才新增的一种灯光类型。它主要通过调节光度学参数来模拟现实场景中的灯光效果，如图 4.1.24 所示，它的优点是参数调节直观、快捷和便捷。用户可以很方便地为光度学灯光设定各种各样的分布方式、颜色特征和导入特定的光度学文件。

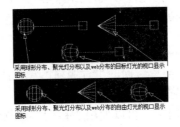

采用球形分布、聚光灯分布以及web分布的目标灯光的视口显示图标

采用球形分布、聚光灯分布以及web分布的自由灯光的视口显示图标

图 4.1.22　　　　　　　图 4.1.23　　　　　　　图 4.1.24

光度学是指测评人体视觉器官感应照明情况的一种方法。在 3ds Max 中，光度学是指灯光在环境中传播情况的物理模拟。使用光度学灯光不仅可以模拟出非常真实的渲染效果，还能够准确地测量出场景中灯光的分布情况。

在进行光度学灯光设置之前，要了解如下 4 个概念。

(1) 光通量。光通量是指每单位时间到达、离开或通过曲面的光能数量。流[明](lm)是国际单位体系(SI)和美国单位体系(AS)的光通量单位。

(2) 照明度。是指用来测量投射在物体上的光的数量的米制单位，在英国叫做尺烛光(lumen)；在欧洲叫做勒[克斯](Lux)。1Lux 等于一支蜡烛从 1m 外投射在 $1m^2$ 表面上的光的数量。

(3) 亮度。亮度是指发光体(反光体)表面发光(反光)强弱的物理量。人眼从一个方向观察光源，在这个方向上的光强与人眼所"见到"的光源面积之比定义为该光源单位的亮度，即单位投影面积上的发光强度。亮度的单位是坎[德拉]每平方米(cd/m^2)，亮度是人对光的强度的感受。它是一个主观的量。与亮度不同的是，由物理量定义的客观的相应的量是光强。这两个量在一般的日常用语中往往被混淆。

(4) 发光强度。简称光强，国际单位是 candela(坎[德拉])，简写为 cd，其他单位有烛光、支光。1cd 即 1000mcd，是指单色光源(频率 540×10^{12}Hz，波长 $0.550\mu m$)的光，在给定方向上[该方向上的辐射强度为(1/683)瓦[特]/球面度)]的单位立体角内的发光强度。

1．目标灯光与自由灯光

在 3ds Max 中，"目标灯光"与"自由灯光"的分布类型主要包括"光度学 Web"、"聚光灯"、"统一漫反射"和"统一球形"4 种。对应的表示图标为 Web 图形、锥体和球体("统一漫反射"和"统一球形")。

在"模板"卷展栏中为用户预设了 5 种类型的光度学灯光，如图 4.1.25 所示。在"图形/区域阴影"卷展栏中为用户提供了如图 4.1.26 所示的 6 种模拟阴影形状的方式。

2．mr Sky 门户

"mr Sky 门户"是一种区域灯光，使用该灯光可以模拟出非常真实的照明效果。该灯光与其他灯光的类型不同，它不能单独使用，需要搭配天光才起作用，主要用来补充室内外天光照射。使用该灯光可以改善室内外天光照射效果不明显的现象，如图 4.1.27 所示。

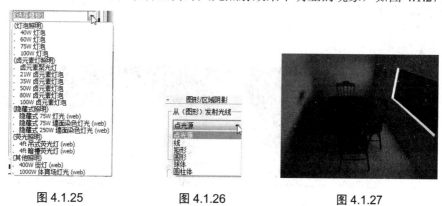

图 4.1.25　　　　　图 4.1.26　　　　　图 4.1.27

3．日光系统

"日光系统"主要用来模拟太阳光。它是根据真实自然法则模拟现实生活中日常太阳光照射的灯光类型。

"日光系统"是 3ds Max 提供的一种日光照射模拟系统。它主要是根据场景中所有表面上入射方向不变的特殊平行光源来实现对太阳光的模拟的。"日光系统"主要是通过设置地理位置、时间和天空情况等参数来计算太阳光(平行光源)的方向和强度的。如图 4.1.28 所示。

日光系统主要包括"IES 天光"和"IES 太阳光"。"IES 天光"是基于物理的灯光对象，用来模拟天光的大气效果。如图 4.1.29 所示。"IES 太阳光"是基于物理的灯光对象。当与日光系统配合使用时，将根据地理位置、时间和日期自动设置 IES 太阳光的值，效果如图 4.1.30 所示。

图 4.1.28

图 4.1.29

图 4.1.30

4. 光域网

光域网是光源的灯光强度分布的 3D 表示。平行光分布信息以 IES 格式(使用 IES LM-63-1991 标准文件格式)存储在光度学数据文件中，而光度学数据则采用 LTLI 或 CIBSE 格式。可以加载各个制造商所提供的光度学数据文件，将其作为 Web 参数。在视图中，灯光对象会更改为所选光度学 Web 图形。

要描述一个光源发射灯光的方向分布，3ds Max 通过在光度学中心放置一个点光源来近似该光源。根据此相似性，分布只以传出方向的函数为特征，提供用于水平或垂直角度预设的光源的发光强度，并且 3ds Max 可按插值沿任意方向计算发光强度。

使用光域网产生的灯光效果与所选择的光域网 Web 文件有关。选择不同的光域网文件产生的效果如图 4.1.31 所示。

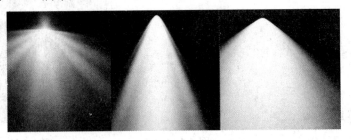

图 4.1.31

视频播放：任务三的详细讲解，可观看配套视频"任务三：光度学灯光的类型及原理"。

任务四：标准灯光的参数

在标准灯光类型中主要包括"常规参数"、"强度/颜色/衰减"、"高级效果"、各种灯光(选择不同的标准灯光类型，灯光参数有所改变)、"阴影参数"、"阴影贴图参数"和"大气和效果"卷展栏。

在本任务中主要介绍"常规参数"、"强度/颜色/衰减"、"高级效果"、"大气和效果"和各种灯光卷展栏参数，至于阴影参数将在本章项目 2 中再详细介绍。

1．"常规参数"卷展栏

"常规参数"卷展栏参数面板如图 4.1.32 所示。各个参数的具体介绍如下。

(1) ☑ 启用 聚光灯 。勾选此选项，则启用所选灯光类型，在渲染时，灯光对场景起作用。否则，灯光对场景不起作用。

(2) ☑ 目标 。勾选此选项，用户可以通过调节灯光的目标点来控制灯光的照射方向。否则，灯光由目标灯光类型转为自由灯光类型。

(3) "阴影"参数组。阴影参数组主要包括如下 4 个参数类型。

① ☑ 启用 。勾选此选项，灯光将对场景产生阴影效果。否则，灯光不产生阴影效果。

② 使用全局设置 。勾选此选项，则使用该灯光投影阴影的全局设置。不勾选此选项，则启用阴影的单个控件。如果未选择使用全局设置，则必须设置渲染器使用哪种方法来生成特定灯光的阴影。

③ 阴影贴图 。单击 ▼ 按钮，在弹出的下拉列表中可以选择阴影的投射类型。阴影的投射类型在后面再详细介绍。

④ 排除... 。单击该按钮，弹出"排除/包含"对话框，如图 4.1.33 所示。在该对话框中可以设置灯光是否对场景中的模型进行照明或投射阴影等设置。

提示：关于"排除/包含"对话框，可参考配套视频教学或附件中的"排除/包含"对话框参数介绍。

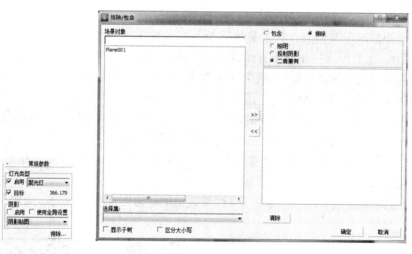

图 4.1.32　　　　　　　　　　　　　图 4.1.33

2．"强度/颜色/衰减"参数卷展栏

"强度/颜色/衰减"参数卷展栏如图 4.1.34 所示。各个参数的具体介绍如下。

(1) 倍增：1.0 。主要用来控制灯光的强度。例如，如果将倍增设置为 2，灯光将亮两倍。如果为负值将降低场景中的光照亮度，这对于在场景中有选择地放置黑暗区域非常有用。默认设置为 1.0。

(2) 类型：无 ▾。单击 ▾ 按钮，在弹出的下拉列表中可以选择灯光照射的衰减类型。主要有"无"、"倒数"和"平方反比"3 种衰减类型，具体介绍如下。

① 无(默认设置。)。不应用衰退。从其光源到无穷大灯光仍然保持全部强度，除非启用远距衰减。

② 倒数。应用反向衰退。公式亮度为 $R0/R$，其中：$R0$ 为灯光的径向源，为灯光的"近距结束"值；R 为与 $R0$ 照明曲面的径向距离。

③ 平方反比。应用平方反比衰退。该公式为 $(R0/R)^2$。实际上这是灯光的"真实"衰退，但在计算机图形中可能很难查找。

(3) 开始：30.51 。主要用来设置灯光照射开始衰减的位置。

(4) ☑ 显示：主要用来控制衰减位置图标是否在视图中显示。勾选为显示，不勾选则不显示，如图 4.1.35 所示。

(5) "近距衰减"参数组。其主要包括如下 4 个参数。

① 开始。主要用来设置灯光开始淡入的距离。

② 结束。主要用来设置灯光达到其全值的距离。

③ 使用。主要用来控制是否启用灯光的近距衰减。

④ 显示。主要用来控制在视口中是否显示近距离衰减范围设置标志。对于聚光灯，衰减范围看起来像圆锥体的镜头部分。对于平行光，范围看起来像圆锥体的圆形部分。对于启用"泛光化"的泛光灯和聚光灯或平行光，范围看起来像球形。在默认情况下，"近距开始"为深蓝色，"近距结束"为浅蓝色。

(6) "远距衰减"参数组。其主要包括如下 4 个参数。

① 开始。主要用来控制灯光开始淡出的距离。

② 结束。主要用来控制灯光减为 0 的距离。

③ 使用。主要用来控制是否启用灯光的远距衰减。

④ 显示。在视口中显示远距衰减范围设置。对于聚光灯，衰减范围看起来像圆锥体的镜头形部分。对于平行光，范围看起来像圆锥体的圆形部分。对于启用"泛光化"的泛光灯和聚光灯或平行光，范围看起来像球形。在默认情况下，"远距开始"为浅棕色，"远距结束"为深棕色。

使用"近距衰减"参数组和"远距衰减"参数组的标志图标和对应的渲染效果如图 4.1.36 所示。

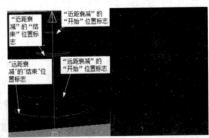

图 4.1.34   图 4.1.35   图 4.1.36

3. "高级效果" 参数卷展栏

"高级效果" 参数卷展栏如图 4.1.37 所示，具体介绍如下。

(1) 对比度。主要用来调整曲面的漫反射区域和环境光区域之间的对比度。普通对比度设置为 0。增加该值即可增加特殊效果的对比度，例如，外部空间刺眼的光。

(2) 柔化漫反射边。主要用来控制柔化曲面的漫反射部分与环境光部分之间的边缘，这样有助于消除在某些情况下曲面上出现的边缘。默认值为 50。

(3) 漫反射。主要用来控制灯光是否开启漫反射照射。

(4) 高光反射。主要用来控制灯光是否开启高光反射。

(5) 仅环境光。勾选此选项，灯光仅影响照明的环境光组件。"对比度"、"柔化漫反射边缘"、"漫反射" 和 "高光反射" 失效。默认设置为禁用状态。

提示：　"漫放射"、"高光反射" 和 "仅环境光" 对场景的照射效果的影响如图 4.1.38 所示。

(6) "投射贴图" 参数组主要用来控制光度学灯光投影。

勾选贴图选项，可以通过 "贴图" 按钮投影选定的贴图。不勾选贴图选项，则禁用投影。添加了投射贴图的效果如图 4.1.39 所示。

只有高光照射的效果　　只有漫反射照射的效果　　只有环境光照射的效果

图 4.1.37　　　　　　　　图 4.1.38　　　　　　　　图 4.1.39

4. "大气和效果" 参数卷展栏

"大气和效果" 参数卷展栏参数如图 4.1.40 所示，具体介绍如下。

(1) 添加。单击该按钮，弹出 "添加大气或效果" 对话框，如图 4.1.41 所示。选择需要添加的 "体积光" 或 "镜头效果" 选项，单击 确定 按钮即可为灯光添加 "体积光" 或 "镜头效果"。

图 4.1.40　　　　　　　　图 4.1.41

(2) **删除**。删除在列表中选择的大气和效果。

(3) **设置**。在列表中选择"体积光"或"镜头效果"选项，单击该按钮，打开"环境和效果"对话框，在该对话框中，用户可以根据任务要求设置"体积光"或"镜头效果"的相关参数。

提示：关于"体积光"或"镜头效果"的参数，可参考配套视频教学或附件中的"环境和效果"参数介绍。

5. "聚光灯参数"卷展栏

"聚光灯参数"卷展栏如图 4.1.42 所示，具体介绍如下。

图 4.1.42

(1) **显示光锥**。主要用来控制圆锥体在视图中的显示或隐藏，如图 4.1.43 所示。

(2) **泛光化**。勾选此项，灯光在所有方向上投影灯光，但是，投影和阴影只发生在其衰减圆锥体内，如图 4.1.44 所示。

(3) **聚光区/光束**。主要用来设置灯光圆锥体的角度。聚光区数值以度为单位进行测量。默认设置为 43.0。

(4) **衰减区/区域**。主要用来设置灯光衰减区的角度。衰减区数值以度为单位进行测量。默认设置为 45.0。

(5) **圆/矩形**。主要用来控制聚光区和衰减区的形状。如果想要一个标准圆形的灯光，单选**圆**选项。如果想要一个矩形的光束(如灯光通过窗户或门口投影)，则单选**矩形**选项。

(6) **纵横比**。主要用来控制矩形光束的纵横比。使用"位图适配"按钮可以使纵横比匹配特定的位图。默认设置为 1.0。

(7) **位图拟合**。通过该按钮可以选择位图来控制灯光的长宽比例。经常用来模拟放电影的效果，如图 4.1.45 所示。

图 4.1.43

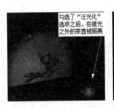

图 4.1.44

图 4.1.45

6. "平行光灯参数"卷展栏

"平行光灯参数"卷展栏与"聚光灯参数"卷展栏参数的作用和操作方法基本相同，在这里就不再详细介绍。可参考"聚光灯参数"卷展栏的相关介绍。

视频播放：任务四的详细讲解，可观看配套视频"任务四：标准灯光的参数"。

任务五：光度学灯光的参数

在光度学灯光类型中主要包括"模板"、"常规参数"、"强度/颜色/衰减"、"高级效果"、

"图形/区域阴影"、"阴影参数"、"阴影贴图参数"和"大气和效果"卷展栏。

提示：在该任务中只介绍光度学灯光独有的参数选项，与标准灯光相同的参数不再介绍，可参考"任务四：标准灯光的参数"配套视频。

1．"模板"卷展栏

"模板"卷展栏如图 4.1.46 所示。单击▼按钮弹出下拉列表，如图 4.1.47 所示。用户可以根据任务要求，直接选择灯光类型。当选择模板时，将更新灯光参数以使用该灯光的值，并且列表之上的文本区域会显示灯光的说明。如果选择的是类别而非灯光类型，则文本区域会提示选择实际的灯光。

2．"强度/颜色/衰减"参数卷展栏

"强度/颜色/衰减"参数卷展栏如图 4.1.48 所示，具体介绍如下。

(1) 灯光类型。单击▼按钮，弹出如图 4.1.49 所示的下拉列表，用户可以根据实际环境选择灯光类型。选择不同灯光的照明效果如图 4.1.50 所示。

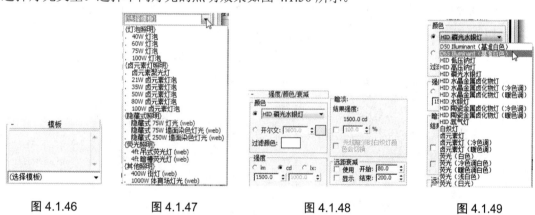

图 4.1.46　　　　图 4.1.47　　　　图 4.1.48　　　　图 4.1.49

图 4.1.50

(2) 开尔文。勾选此选项，通过调整色温微调器设置灯光的颜色。色温以开尔文度数显示。相应的颜色在温度微调器旁边的色样中可见。

(3) 过滤颜色。使用颜色过滤器模拟置于光源上的过滤色的效果。例如，绿色过滤器置于白色光源上就会投影绿色灯光。单击色样设置过滤器颜色以显示颜色选择器。默认设置为白色(RGB=255，255，255；HSV=0，0，255)，如图 4.1.51 所示。

(4) "强度"参数组。主要用来控制在物理数量的基础上指定光度学灯光的强度或亮度。主要有如下 3 个参数。

① lm(流[明])。测量整个灯光(光通量)的输出功率。100W 的通用灯泡约有 1750 lm 的光通量。

② cd(坎[德拉])。测量灯光的最大发光强度，通常沿着瞄准方向发射。100W 通用灯泡的发光强度约为 139 cd。

③ lx(lux)。测量由灯光引起的照度，该灯光以一定距离照射在曲面上，并面向光源的方向。勒[克斯]是国际场景单位，等于 1 流[明]/平方米。要指定灯光的照度，需设置左侧的 lx 值，然后在第二个值字段中输入所测量照度的距离。

(5) "暗淡"参数组。其主要包括如下 3 个参数选项。

① 结果强度。主要用来显示暗淡所产生的强度，并使用与"强度"组相同的单位。

② $\boxed{100.0 \updownarrow}$ %。主要用来设置降低灯光强度的"倍增"。如果值为 100%，则灯光具有最大强度。百分比较低时，灯光较暗。

③ $\boxed{\checkmark}$ 光线暗淡时白炽灯颜色会切换。勾选此选项，灯光可在暗淡时通过产生更多黄色来模拟白炽灯，如图 4.1.52 所示。

图 4.1.51　　　　　　　　　图 4.1.52

3. "图形/区域阴影"参数卷展栏

"图形/区域阴影"参数卷展栏如图 4.1.53 所示，具体介绍如下。

(1) 下拉列表。单击▼按钮，弹出如图 4.1.54 所示的下拉列表，在下拉列表中选择不同的类型来控制阴影生成的图形效果。

提示：如果选择"点"计算阴影，如同点在发射灯光一样，点图形未提供其他控件；如果选择"线"计算阴影，则如同线在发射灯光一样，线性图形提供了长度控件；如果选择"矩形"计算阴影，则如同矩形区域在发射灯光一样，区域图形提供了长度和宽度控件；如果选择"圆形"计算阴影，则如同圆形在发射灯光一样，圆形提供了半径控件；如果选择"球体"计算阴影，则如同球体在发射灯光一样，球体图形提供了半径控件；如果选择"圆柱体"计算阴影，则如同圆柱体在发射灯光一样，圆柱体图形提供了长度和半径控件。

图 4.1.53　　　　　　　　图 4.1.54

（2）"渲染"参数组。其主要包括两个参数。

① 灯光图形在渲染中可见。勾选此选项，如果灯光对象位于视野内，灯光图形在渲染时会显示为自供照明(发光)的图形。不勾选此选项，将无法渲染灯光图形，而只能渲染投影的灯光。默认设置为禁用状态。

② 阴影采样。主要用来控制区域灯光的整体阴影质量。如果渲染的图像呈颗粒状，要增加此值。如果渲染需要耗费很长的时间，则减小该值。默认设置为 32。

提示：如果选择"点"作为阴影图形，界面中不会出现"阴影采样"选项。

视频播放：任务五的详细讲解，可观看配套视频"任务五：光度学灯光的参数"。

四、项目拓展训练

根据本项目所学知识，打开场景文件，使用灯光制作如图 4.1.55 所示的灯光效果。

图 4.1.55

项目2：灯光的阴影技术

一、项目效果

二、项目制作流程(步骤)分析

任务一：启用阴影和各种阴影类型的优缺点 → 任务二：灯光阴影的各个参数卷展栏

三、项目操作步骤

在本项目中主要通过两个任务详细介绍灯光的阴影参数的作用和调节方法。

任务一：启用阴影和各种阴影类型的优缺点

1. 启用阴影

步骤1： 打开一个场景文件，渲染效果如图4.2.1所示，在该场景中只有一个汽车素模。

步骤2： 根据前面所学知识添加3盏灯光，即1盏主光，2盏辅助光。

步骤3： 在场景中选择主光灯。单击 ❏(修改)按钮，切换到灯光参数修改浮动面板。在"常规参数"卷展栏中勾选 启用 选项，即可启用阴影，如图4.2.2所示。

步骤4： 单击"阴影"参数组中的 ▾ 按钮，弹出下拉列表，如图4.2.3所示。在这里选择"阴影贴图"选项。渲染效果如图4.2.4所示。

图4.2.1

图4.2.2

图4.2.3

图4.2.4

步骤5： 从图4.2.4中可以看出，灯光的阴影类型主要有"高级光线跟踪"、"区域阴影"、"mental ray 阴影贴图"、"光线跟踪阴影"和"阴影贴图"5种。用户可以根据任务要求选择灯光的阴影类型。

2. 各种阴影类型的优缺点以及活动渲染器

1) 各种阴影类型的优缺点

各种阴影类型的优缺点的详细介绍见表 4-2-1。

表 4-2-1

阴影类型	优　点	不足之处
高级光线跟踪	(1) 支持透明度和不透明度贴图 (2) 使用不少于 RAM 的标准光线跟踪阴影 (3) 建议对复杂场景使用一些灯光或面	(1) 比阴影贴图慢 (2) 不支持柔和阴影 (3) 处理每一帧
区域阴影	(1) 支持透明度和不透明度贴图 (2) 占用 RAM 空间少 (3) 建议对复杂场景使用一些灯光或面 (4) 支持区域阴影的不同格式	(1) 比阴影贴图慢 (2) 处理每一帧
mental ray 阴影贴图	使用 mental ray 渲染器可能比光线跟踪阴影更快	不如光线跟踪阴影精确
光线跟踪阴影	(1) 支持透明度和不透明度贴图 (2) 如果不存在运动对象，则只处理一次	(1) 比阴影贴图慢 (2) 不支持柔和阴影
阴影贴图	(1) 产生的阴影比较柔和 (2) 如果不存在运动对象，则只处理一次 (3) 它是最快的一种阴影类型	占用 RAM 空间大。不支持使用透明度或不透明度贴图的对象

提示：将光度学灯光与阴影贴图一起使用时，会给整个灯光球体创建半球形阴影贴图。要捕捉复杂场景中的足够细节，贴图的分辨率必须非常高。要想获得光度学灯光的最佳效果，最好使用光线跟踪阴影，不要使用阴影贴图。

2) 各种阴影支持的渲染器类型

所使用的渲染器会影响阴影类型的选择。扫描线渲染器不会生成"mental ray 阴影贴图"阴影，而 mental ray 渲染器不支持"高级光线跟踪"或"区域"阴影。具体支持情况见表 4-1-2。

表 4-1-2

阴影类型	扫描线渲染器	mental ray 渲染器
高级光线跟踪	√	×
mental ray 阴影贴图	×	√
区域	√	×
阴影贴图	√	√
光线跟踪	√	√

提示：当"扫描线渲染器"遇到设置为"mental ray 阴影贴图"阴影的灯光时，"扫描线渲染器"不生成阴影；当"mental ray 渲染器"遇到设置为"高级光线跟踪"或"区域"阴影的灯光时，它会改为生成光线跟踪阴影(并且它会为此效果显示警告信息)；当"mental ray 渲染器"不使用"区域"阴影类型时，它可以生成区域阴影，使用设置为灯光图形而非"点"的光度学灯光。

视频播放：任务一的详细讲解，可观看配套视频"任务一：启用阴影和各种阴影类型的优缺点"。

任务二：灯光阴影的各个参数卷展栏

在 3ds Max 中，灯光阴影参数主要包括"阴影参数"、"高级光线跟踪参数"、"区域阴影"、"优化"、"mental ray 阴影贴图"、"光线跟踪阴影参数"和"阴影贴图参数"7 个参数卷展栏。各个参数卷展栏参数的具体介绍如下。

1. "阴影参数"卷展栏

"阴影参数"卷展栏如图 4.2.5 所示。它属于公共参数，每种阴影类型中都具有该参数卷展栏。各个参数的详细介绍如下。

1)"对象阴影"参数组

主要包括如下 4 个参数。

(1) **颜色**。主要用来控制投射阴影的颜色，如图 4.2.6 所示。

(2) **密度**。主要用来控制投射阴影的浓度。如图 4.2.7 所示。

(3) **贴图**。勾选此选项，启用贴图来控制投射阴影。通过单击**贴图**右边的按钮来添加贴图。添加一张如图 4.2.8 所示的位图，渲染效果如图 4.2.9 所示。

图 4.2.5　　　　图 4.2.6　　　　图 4.2.7　　　　图 4.2.8　　　　图 4.2.9

(4) **灯光影响阴影颜色**。勾选此选项，投射的阴影颜色将受到灯光颜色的影响。

2)"大气阴影"参数组

主要包括如下 3 个参数。

(1) **启用**。勾选此项，在场景中的大气将产生阴影，否则不产生阴影，如图 4.2.10 所示。

(2) **不透明度**。主要用来控制场景中大气产生阴影的透明程度，如图 4.2.11 所示。

(3) **颜色量**。主要用来控制大气阴影的颜色，如图 4.2.12 所示。

提示：在一般情况下，"大气阴影"参数不启用，只在一些特殊环境中才启用。

2. "高级光线跟踪参数"卷展栏

"高级光线跟踪参数"卷展栏如图 4.2.13 所示。"高级光线跟踪阴影"与"光线跟踪阴影"相似，但是它对阴影具有较强的控制能力，在"优化"卷展栏中可使用其他控件。

"mental ray 渲染器"不支持"高级光线跟踪"阴影。当它遇到具有此阴影类型的灯光时，会转为光线跟踪阴影，并为该效果显示警告。"高级光线跟踪参数"参数卷展栏参数的具体介绍如下。

选中了启用选项之后，场景中的火焰特效也产生阴影

没有选中启用选项的效果

图 4.2.10

透明度为 100 的效果

透明度为 50 的效果

图 4.2.11

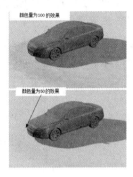
颜色量为 100 的效果

颜色量为 50 的效果

图 4.2.12

图 4.2.13

1)"基本选项"参数组

"基本选项"参数组主要包括如下两个参数，具体介绍如下。

(1) 模式。主要用来控制生成阴影的光线跟踪类型，单击 ▼ 按钮，在下拉列表中主要包括如下 3 个选项。

① 简单。选择该项，向曲面投影单个光线，不执行抗锯齿。

② 单过程抗锯齿。选择该项，从每一个照亮的曲面中投影的光线数量都相同。可以通过"阴影完整性"微调器调节光线数量。

③ 双过程抗锯齿。该项为默认选项，选择该项投影两个光线束。第一批光线确定是否完全照亮出现问题的点，是否向其投影阴影或其是否位于阴影的半影(柔化区域)中。如果点在半影中，则第二批光线将被投影以便进一步细化边缘。可以通过"阴影完整性"微调器指定初始光线数。可以通过"阴影质量"微调器指定二级光线数。

(2) 双面阴影。勾选此选项，计算阴影时背面将不被忽略。从内部看到的对象不会由外部的灯光照亮，这样将花费更多渲染时间。不勾选此选项，将忽略背面，渲染速度更快，但外部灯光将照亮对象的内部。默认设置为禁用状态，如图 4.2.14 所示。

2)"抗锯齿选项"参数组

"抗锯齿选项"参数组主要包括如下 5 个参数。

(1) 阴影完整性。主要用来调节从照亮的曲面中投影的光线数量。当光线跟踪模式为"简单"时，此选项不起作用。

(2) 阴影质量。主要用来调节从照亮的曲面中投影的二级光线数量。当光线跟踪模式为"简单"或"单过程抗锯齿"时，此选项不起作用。

(3) 阴影扩散。主要用来调节要模糊抗锯齿边缘的半径(以像素为单位)，如图 4.2.15 所示。当光线跟踪模式为"简单"时，此选项不起作用。

(4) 阴影偏移。主要用来调节阴影偏移与着色点的最小距离，对象必须在这个距离内投影阴影，这样可以避免模糊的阴影影响它们不应影响的曲面。

提示：随着模糊值的增加，应适当增加偏移量，这样，阴影才符合现实生活中的投射阴影。

(5) **抖动量**。主要用来向光线位置添加随机性。开始时光线为非常规则的图案，它可以将阴影的模糊部分显示为常规的人工效果。抖动可以将这些人工效果转换为噪波，通常这对于人眼来说并不明显。建议设置该值在 0.25 至 1.0 之间。但是，非常模糊的阴影将需要更多抖动。当光线跟踪模式为"简单"时，此选项不起作用。

3. "区域阴影"参数卷展栏

"区域阴影"参数卷展栏如图 4.2.16 所示。"区域阴影"生成器可以应用于任何灯光类型来实现区域阴影的效果。为了创建区域阴影，用户需要指定创建"虚设"区域阴影的虚拟灯光的尺寸。

mental ray 渲染器不支持"区域"阴影。当它遇到具有"区域阴影"的灯光时，则转为光线跟踪阴影，并显示警告信息。

提示：区域阴影需要花费相当长的时间进行渲染。如果要创建快速测试(或草图)渲染，可以勾选"渲染设置"对话框的"公用参数"卷展栏中的"区域/线光源视作点光源"切换选项，以便加快渲染速度。该选项处于勾选状态时，处理阴影就好像灯光对象是点光源一样。

使用"区域阴影"类型产生的阴影效果如图 4.2.17 所示。"区域阴影"参数卷展栏参数的具体介绍如下。

 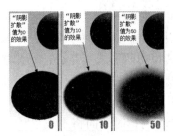  

图 4.2.14　　　　　图 4.2.15　　　　　图 4.2.16　　　　　图 4.2.17

1) "基本选项"参数组

"基本选项"参数组主要包括如下两个参数。

(1) 模式。主要用来控制生成区域阴影的方式。单击 ▼ 按钮，弹出如图 4.2.18 所示的下拉列表，从中选择需要的区域阴影的方式。各种区域阴影的方式具体介绍如下。

① 简单。选择该项，灯光向曲面投影单个光线，不计算抗锯齿或区域灯光。

② 长方形灯光。选择该项，长方形阵列中的灯光投影光线。

③ 圆形灯光。选择该项，圆形阵列中的灯光投影光线。

④ 长方体形灯光。选择该项，灯光投影光线就好像灯光是一个长方体。

⑤ 球形灯光。选择该项，灯光投影光线就好像灯光是一个球体。

图 4.2.19 所示为长方形灯光类型和长方体形灯光类型的效果。

(2) **双面阴影**。勾选此选项，计算阴影时背面将不被忽略。从内部看到的对象不会由外部的灯光照亮，这样将花费更多的渲染时间。不勾选此选项，将忽略背面，渲染速度更快，但外部灯光将照亮对象的内部。

2)　"抗锯齿选项"参数组

"抗锯齿选项"参数组包括如下 5 个参数。

(1) **阴影完整性**。主要用来设置在初始光线束投影中的光线数，这些光线从接收来自光源的灯光的曲面进行投影。

光线的计算方法是：1 表示 4 束光线；2 表示 5 束光线；3 表示了到 $N=N\times N$ 束光线。例如，将"阴影完整性"设置为 5 可生成 25 束光线。

这是用于"查找"小对象的主要控件并且对象间的间距很小。如果场景中的阴影缺少小对象，则尽量增加阴影完整性，一次一步。同时，如果半影(柔化区域)存在污点，则尽量增加该设置，如图 4.2.20 所示。

(2) **阴影质量**。主要用来设置在半影(柔化区域)区域中投影的光线总数，包括在第一周期中发射的光线。

这些光线从半影中的每个点或阴影的抗锯齿边缘进行投影，以对其进行平滑。

光线的计算方法是：2 表示 5 束光线，3 到 $N=N\times N$。例如，将"阴影质量"设置为 5 可生成 25 束光线。

"阴影质量"值始终比"阴影完整性"值大，这是因为 3ds Max 使用相同的算法覆盖一级光线顶部的二级光线。增加阴影质量可解决半影中的条带问题，并且可以从抖动中消除噪波图案，如图 4.2.21 所示。

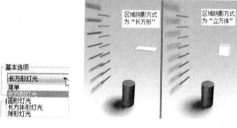

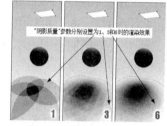

图 4.2.18　　　图 4.2.19　　　　图 4.2.20　　　　图 4.2.21

(3) **阴影扩散**。主要用来调节要模糊抗锯齿边缘的半径(以像素为单位)。当光线跟踪模式为"简单"时，此项不起作用。

(4) **阴影偏移**。主要用来调节阴影偏移与着色点的最小距离，对象必须在这个距离内投影阴影，这样可以避免模糊的阴影影响它们不应影响的曲面。

提示：随着模糊值的增加，应适当增加偏移量，这样，阴影才符合现实生活中的投射阴影。

(5) **抖动量**。主要用来为光线位置添加随机性。开始时光线为非常规则的图案，它可以将阴影的模糊部分显示为常规的人工效果。抖动将这些人工效果转换为噪波，通常这对于人眼来说并不明显。建议设置该值在 0.25 至 1.0 之间。但是，非常模糊的阴影将需要更多抖动。当光线跟踪模式为"简单"时，此项不起作用。抖动量设置为不同值时的渲染效果如图 4.2.22 所示。

3) "区域灯光尺寸"参数组

"区域灯光尺寸"参数组包括如下 3 个参数。

(1) 长度。主要用来设置区域阴影的长度。

(2) 宽度。主要用来设置区域阴影的宽度。

(3) 高度。主要用来设置区域阴影的高度。

4. "优化"参数卷展栏

"优化"参数卷展栏如图 4.2.23 所示。各个参数的具体介绍如下。

1) "透明阴影"参数组

"透明阴影"参数组包括如下两个参数。

(1) 启用。勾选此选项，透明表面将投影彩色阴影，否则，所有的阴影为黑色，如图 4.2.24 所示。

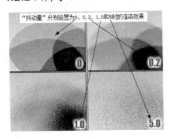

图 4.2.22

图 4.2.23

图 4.2.24

(2) 抗锯齿阈值。在抗锯齿被触发前允许在透明对象示例间存在的最大颜色区别。增加该颜色值会降低阴影的敏感度，造成锯齿缺陷，但渲染速度会加快。减小该值可增加敏感度并提高渲染质量。

2) "抗锯齿抑制"参数组

"抗锯齿抑制"参数组包括如下两个参数。

(1) 超级采样材质。勾选此选项，当着色反射/折射时，只有在 2 次抗锯齿期间才能使用第 1 周期。

(2) 反射/折射。勾选此选项，当着色反射/折射时，只有在 2 次抗锯齿期间才能使用第 1 周期。

3) "共面面剔除"参数组

"共面面剔除"参数组包括如下两个参数。

(1) 跳过共面面。勾选此选项，避免相邻面互相生成阴影。特别要注意曲面上的终结器，如球体。

(2) 阈值。主要用来设置相邻面之间的角度。取值范围为 0.0(垂直)～1.0(平行)。

图 4.2.25

5. "mental ray 阴影贴图"参数卷展栏

"mental ray 阴影贴图"参数卷展栏如图 4.2.25 所示。选择"mental ray

阴影贴图"作为阴影类型时，则"mental ray 渲染器"使用"mental ray 阴影贴图"算法生成阴影。"扫描线渲染器"不支持"mental ray 阴影贴图"阴影。当它遇到具有此阴影类型的灯光时，灯光不生成阴影。

提示：使用"mental ray 阴影贴图"的阴影始终为"双面"形式，也就是说，使用"mental ray 阴影贴图"的阴影在渲染时不会考虑面法线。

A．"mental ray 阴影贴图"参数卷展栏。其中各个参数的具体介绍如下。

(1) 贴图大小。主要用来设置阴影贴图的分辨率。贴图大小是此值的平方。分辨率越高要求处理的时间越长，但会生成更精确的阴影。默认设置为 512。

(2) 采样范围。主要用来设置采样的范围。采样范围大于零时，会生成柔和边缘的阴影。默认设置为 0.0。

提示：如果设置的"采样范围"大于零，必须设置大于零的"采样"，以便获得柔和的阴影效果。平行光要求"采样范围"的值大于聚光灯的值。

(3) 采样。主要用来设置采样数，以便在生成柔和阴影时从阴影贴图中移除。默认值为 1。

(4) 使用偏移。勾选此选项，启用阴影偏移，通过设置数字来更改阴影偏移。增加该值将使阴影移离投影阴影的对象。默认设置是 10。

B．"透明阴影"参数组包括。具体包括如下 4 个参数。

(1) 启用。勾选此选项，阴影贴图与多个 Z 层一起保存，可以有透明度。默认为不勾选。

(2) 颜色。勾选此选项，曲面颜色将影响阴影的颜色。默认勾选。

(3) 合并距离。主要用来控制两个曲面之间的最小距离。如果两个曲面的距离比该值还接近，则阴影贴图将它们作为单个曲面。当设置为 0.0 时，mental ray 渲染器将自动计算要使用的距离值。默认设置为 0.0(自动)。

提示：较大的"合并距离"值可以减少内存消耗，但会降低阴影质量。低的"合并距离"值会增加内存消耗，也会降低渲染速度。

(4) 采样/像素。主要用来控制生成像素的采样数。值越高，质量越好，且阴影更细致，但以渲染时间为代价。默认设置为 5。

提示：如果一个贴图的阴影显示为锯齿，则增加"采样/像素"的值，可消除锯齿效果，调节该参数，在精细几何体投影阴影中特别有用。

6.　"光线跟踪阴影参数"卷展栏

"光线跟踪阴影参数"卷展栏如图 4.2.26 所示。各个参数的具体介绍如下。

(1) 光线偏移。主要用来控制阴影移向或移离投射阴影对象的距离。

提示：如果"偏移"值太低，阴影可能在无法到达的地方"泄露"，从而生成叠纹图案或在网格上生成不合适的黑色区域。如果偏移值太高，则阴影可能从对象中"分离"。在任何一个方向上如果偏移值是极值，则阴影根本不可能被渲染。

图 4.2.26

(2) **双面阴影**。勾选此选项，计算阴影时背面将不被忽略。从内部看到的对象不会由外部的灯光照亮，这样将花费更多的渲染时间。不勾选此选项，将忽略背面，渲染速度更快，但外部灯光将照亮对象的内部。默认为勾选。

(3) **最大四元树深度**。主要用来调节最大四元树深度的数值。使用光线跟踪器调整四元树的深度。增大四元树深度值可以缩短光线跟踪时间，但却以占用内存为代价。然而，使用这个深度值虽然可以改善性能，但要花费大量的时间才能生成四元树本身。这取决于场景的几何体。默认设置为 7。

提示： 泛光灯最多可以生成 6 个四元树，因此它们生成光线跟踪阴影的速度比聚光灯生成阴影的速度慢。避免将光线跟踪阴影与泛光灯一起使用，除非场景中有这样的要求。

7. "阴影贴图参数"卷展栏

"光线跟踪阴影参数"卷展栏如图 4.2.27 所示。各个参数的具体介绍如下。

(1) **偏移**。主要用来控制阴影移向或移离投射阴影的对象的距离，如图 4.2.28 所示。

(2) **大小**。主要用来控制计算灯光的阴影贴图的大小(以像素平方为单位)，如图 4.2.29 所示。

图 4.2.27　　　　　　　图 4.2.28　　　　　　　　　　图 4.2.29

(3) **采样范围**。主要用来控制阴影内平均有多少区域，这将影响柔和阴影边缘的程度。范围为 0.01～50.0，如图 4.2.30 所示。

(4) **绝对贴图偏移**。勾选此选项，阴影贴图的偏移未标准化，但是该偏移在固定比例的基础上以 3ds Max 为单位表示。在设置动画时，无法更改该值。在场景范围大小的基础上，必须选择该值。

提示： 在多数情况下，保持"绝对贴图偏移"为禁用状态都会获得极佳的效果，这是因为偏移与场景大小实现了内部平衡。但是，在设置动画期间，如果移动对象可能导致场景范围(或取消隐藏对象等)有大的变化，标准化的偏移值可能不恰当，会引起阴影闪烁或消失。如果出现这种情况，勾选"绝对贴图偏移"选项，将"偏移"控制设置为适合场景的值。凭经验而言，偏移值是灯光和目标对象之间的距离，按 100 进行分隔。

(5) **双面阴影**。勾选此选项，计算阴影时背面将不被忽略。从内部看到的对象不会由外部的灯光照亮。不勾选此项，将忽略背面，这样可使外部灯光照明室内对象。默认为勾选，如图 4.2.31 所示。

图 4.2.30　　　　　　　　　　　　　图 4.2.31

视频播放：任务二的详细讲解，可观看配套视频"任务二：灯光阴影的各个参数卷展栏"。

四、项目拓展训练

根据本项目所学知识，打开场景文件，使用灯光制作如图 4.2.32 所示的灯光和阴影效果。

图 4.2.32

项目 3：灯光的综合应用实例

一、项目效果

二、项目制作流程(步骤)分析

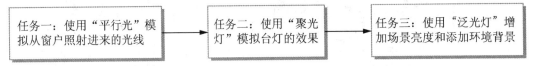

任务一：使用"平行光"模拟从窗户照射进来的光线 → 任务二：使用"聚光灯"模拟台灯的效果 → 任务三：使用"泛光灯"增加场景亮度和添加环境背景

三、项目操作步骤

在本项目中主要通过 3 个任务介绍"聚光灯"、"泛光灯"和"平行光"来模拟一个黄昏的书房效果。包括的知识点有灯光的基本使用方法、聚光区和衰减区的设置、环境背景以及体积光的制作等。

任务一：使用"平行光"模拟从窗户照射进来的光线

在本任务中，主要使用"平行光"来模拟黄昏的光线从窗户照射进来的效果。具体操作步骤如下。

步骤 1： 打开一个场景文件，默认灯光下的渲染效果如图 4.3.1 所示。

步骤 2： 在浮动面板中单击 (创建)→ (灯光)按钮，切换到创建灯光命令面板。

步骤 3： 在创建灯光命令面板中，单击 目标平行光 按钮，在顶视图中创建一盏平行光，然后通过在各个视图中使用 (选择并移动)工具调节平行光的灯光图标和目标图标来调节灯光的位置，具体位置如图 4.3.2 所示。

步骤 4： 根据任务要求，调节灯光的各个参数，具体调节如图 4.3.3 所示。渲染效果如图 4.3.4 所示。

图 4.3.1

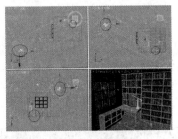
图 4.3.2

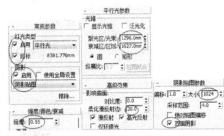
图 4.3.3

步骤 5： 给平行光添加窗户外的树枝投影效果。在"阴影贴图参数"卷展栏中单击 贴图 右边的 无 按钮，弹出"材质/贴图浏览器"对话框。在对话框中双击 位图 材质列表项，弹出"选择位图图像文件"对话框，在该对话框选择如图 4.3.5 所示的图片。单击 打开 按钮即可给阴影投影添加树枝的投影效果，渲染的效果如图 4.3.6 所示。

视频播放： 任务一的详细讲解，可观看配套视频"任务一：使用'平行光'模拟从窗户照射进来的光线"。

图 4.3.4　　　　　　　　　　图 4.3.5　　　　　　　　　　图 4.3.6

任务二：使用"聚光灯"模拟台灯的效果

在本任务中，主要使用标准"聚光灯"来模拟台灯的效果，具体操作步骤如下。

步骤 1： 在灯光创建浮动面板中单击 目标聚光灯 按钮，在前视图中创建一盏聚光灯。

步骤 2： 使用 ✛ (选择并移动)工具，在各个视图中调节"聚光灯"的位置，调节好的位置如图 4.3.7 所示。

步骤 3： 根据任务要求设置"聚光灯"的参数，具体设置如图 4.3.8 所示。渲染效果如图 4.3.9 所示。

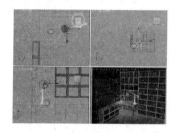

图 4.3.7　　　　　　　　　　图 4.3.8　　　　　　　　　　图 4.3.9

步骤 4： 给"聚光灯"添加体积光效果。在"大气和特效"参数卷展栏中单击 添加 按钮，弹出"添加大气和效果"对话框，在该对话框中的效果列表中选择"体积光"选项，单击 确定 按钮即可。

步骤 5： 根据任务要求，设置"体积光"特效的参数。单击 设置 按钮，弹出"体积光参数"对话框，具体参数设置如图 4.3.10 所示。渲染效果如图 4.3.11 所示。

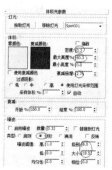

图 4.3.10　　　　　　　　　　图 4.3.11

视频播放： 任务二的详细讲解，可观看配套视频"任务二：使用'聚光灯'模拟台灯的效果"。

任务三： 使用"泛光灯"增加场景亮度和添加环境背景

在本任务中主要使用"泛光灯"增加整个场景的亮度，再给场景添加一张黄昏的环境背景。具体操作步骤如下。

1. 添加"泛光灯"增加场景亮度

步骤 1： 在灯光创建浮动面板中单击 泛光灯 按钮，在前视图中以实例方式创建 9 盏泛光灯。

步骤 2： 使用 (选择并移动)工具在各个视图中调节"泛光灯"的位置，调节好的位置如图 4.3.12 所示。

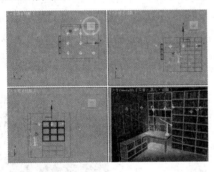

图 4.3.12

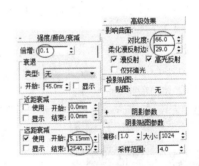

图 4.3.13

步骤 3： 设置"泛光灯"的参数，具体设置如图 4.3.13 所示。最终效果如图 4.3.14 所示。

2. 添加环境背景

步骤 1： 在菜单栏中选择 渲染(R) → 环境(E)...命令，弹出"环境和效果"对话框。

步骤 2： 在"环境和效果"对话框中，单击 环境贴图 下的 无 按钮，弹出"材质/贴图浏览器"对话框。在该对话框中双击 位图 材质列表选项，弹出"选择位图图像文件"对话框。在该对话框中选择如图 4.3.15 所示的背景图片，单击 打开(O) 按钮即可。

图 4.3.14

图 4.3.15

步骤 3： 打开材质编辑器，将添加的环境背景图片拖曳到材质编辑器中的一个空白示例球上。根据任务设置参数，具体设置如图 4.3.16 所示。渲染效果如图 4.3.17 所示。

步骤 4： 将渲染的效果图在 Photoshop 中进行适当的调节，最终效果如图 4.3.18 所示。

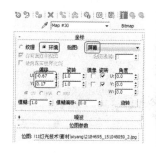

图 4.3.16　　　　　　　　图 4.3.17　　　　　　　　图 4.3.18

视频播放： 任务三的详细讲解，可观看配套视频"任务三：使用'泛光灯'增加场景亮度和添加环境背景"。

四、项目拓展训练

根据本项目所学知识，打开场景文件，使用灯光制作如图 4.3.19 所示的灯光和阴影效果。

图 4.3.19

提示： 该案例主要使用光度学灯光中的暖色调类型来模拟，然后使用 Photoshop 进行色阶和曲线调节即可。

第5章

3ds Max 2011
动画技术

知 识 点

- 项目 1: 3ds Max 2011 动画基础
- 项目 2: 跳动的小球动画
- 项目 3: 模拟红绿灯动画
- 项目 4: 使用控制器制作路径和注视约束动画
- 项目 5: 制作彩带运动动画

说 明

本章主要通过 5 个项目介绍 3ds Max 2011 的动画制作原理、动画类型和各种类型的动画制作方法和技巧。熟练掌握本章内容，是后续进行复杂动画制作的基础。

教学建议课时数

一般情况下需要 12 课时，其中理论 4 课时，实际操作 8 课时(特殊情况可做相应调整)。

　　动画是指物体的状态和形态随着时间变化而变化的过程。在三维动画制作中，制作动画的对象可以是有生命的对象、自然界中任何无生命的对象以及人们任意想象出来的对象。

　　动画技术是一门技术与艺术相结合的复杂结合体。要制作高品质的动画，不仅要掌握动画技术和有关动画运动的规律，还需要不断提高自己的艺术审美能力。在本章中主要介绍 3ds Max 2011 动画制作的原理和动画制作技术。对于动画运动规律和艺术审美能力的相关知识，若读者感兴趣，可以参考动画运动规律和艺术审美相关书籍。

　　在本章中主要通过 5 个项目介绍关键帧动画、路径动画、约束动画、表达式动画和变形动画等技术。

项目 1：3ds Max 2011 动画基础

一、项目效果

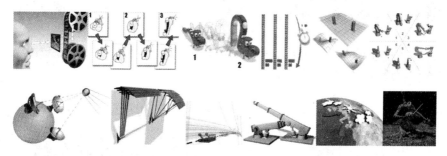

二、项目制作流程(步骤)分析

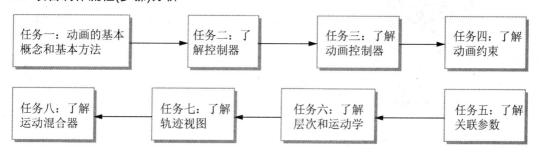

三、项目操作步骤

　　使用 3ds Max，可以制作三维计算机动画。例如，为计算机游戏设置角色、汽车运动；为电影或广播设置特殊效果的动画。也可以创建用于严肃场合的动画。例如，医疗手册或法庭上的辩护陈述等。无论制作动画的原因何在，熟练掌握 3ds Max 动画制作就会发现 3ds Max 是一个功能强大的三维制作环境，可以实现各种创意目的。

　　在 3ds Max 中，可以为对象的位置、旋转、缩放，创意以及几乎所有能够影响对象的形状与外表的参数设置动画。可以使用正向和反向运动学为对象制作动画，并且可以在轨迹视图中编辑动画。

任务一：动画的基本概念和基本方法

本任务主要介绍创建动画的基本步骤。本任务还将对计算机动画与传统的手绘动画进行比较，并介绍如何创建关键帧动画。

1. 动画概念

动画是指以人类视觉的原理为基础的。例如，如果快速查看一系列相关联的静态图像，那么会发现这是一个连续的运动。我们将系列静态图像中每一个单独的图像称为帧，如图 5.1.1 所示。

1) 传统动画

通常，创建动画的主要难点在于动画师必须生成大量帧。一分钟的动画大概需要 720～1800 张图像，这取决于动画的质量。用手来绘制图像是一项艰巨的任务。为了解决此问题，一种称为关键帧的技术被提出来。

动画中的大多数帧都是历程，在上一帧的基础上根据目标不断增加变化。传统动画工作室为了提高工作效率，让主要艺术家只绘制重要的帧，称为关键帧，然后助手再计算出关键帧之间需要的帧。填充在关键帧中的帧称为中间帧，如图 5.1.2 所示。

画出所有关键帧和中间帧之后，链接或渲染图像以产生最终影像。即使在今天，传统动画的制作过程通常都需要数百名艺术家绘制上千幅图像。

2) 电脑动画

制作者相当于传统动画制作中的主要艺术家，计算机程序相当于助手。只要将关键帧的图像形态确定，计算机即可根据程序生成中间帧，如图 5.1.3 所示。

图 5.1.1

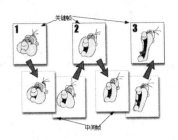

图 5.1.2

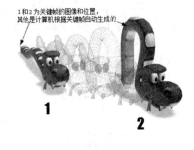

图 5.1.3

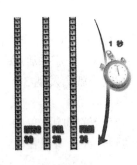

图 5.1.4

3) 帧与时间的关系

传统的动画制作方法以及早期的计算机动画程序，都是僵化地逐帧生成动画的，使用单一格式，不需要在特定时间指定动画格式，这种方法没有什么问题。如果需要在特定时间内指定动画格式，以上两种方法就会出现问题。例如，常用的 3 种电影格式：PAL 制格式为 25 帧/秒(FPS)、NTSC 制格式为 30 帧/秒，而 FILM 制格式为 24 帧/秒，如图 5.1.4 所示。

3ds Max 很好地解决了这个问题，因为 3ds Max 是一个基于时间的动画程序。它测量时间，并存储动画值，内部精度为 1/4800 秒。可以通过"时间配置"对话框配置 3ds Max，使其以最适合作品的格式(包括传统帧格式)显示时间。

提示：为了理解和熟悉传统动画，在后续的介绍中很多例子都使用关键帧的方法来制作。读者一定要明白，如果使用非常精确的基于时间的方法来制作动画，不要创建任何帧，除非使用 3ds Max 渲染动画。

2. 使用"自动关键点"创建动画

启用"自动关键点"按钮创建动画，设置当前时间，然后更改场景中的对象。可以更改对象的位置、旋转、缩放及几乎任何设置或参数。

当进行更改时，会同时创建存储被更改参数的新值的关键点。如果关键点是为参数创建的第一个动画关键点，则在 0 时刻也创建第二个动画关键点以便保持参数的原始值。

在其他时刻在创建了至少一个关键点之前，不会在 0 时刻创建关键点。之后，可以在 0 时刻移动、删除和重新创建关键点。

下面通过制作一个移动的小球，介绍使用"自动关键点"制作动画的方法。

步骤 1：打开场景文件。创建一个球体并命名为"小球"，选择"小球"对象，将时间滑块移到第 0 帧处。

步骤 2：在关键帧控制区单击 自动关键点 按钮，启用自动关键点创建动画。

步骤 3：将时间滑块移到第 50 帧的位置处。在透视图中将小球沿 X 轴方向移动一段距离。此时，在第 50 帧的位置处自动创建一个关键点。

步骤 4：单击 自动关键点 按钮结束动画制作。单击 ▶ (播放动画)按钮，即可观看到制作好的关键帧动画。

3. 使用"设置关键点"制作动画

"设置关键点"动画方法专为专业角色动画制作人员而设计，他们希望尝试一些动画姿势，随后特意把那些动画姿势交由关键帧处理。也可以使用它在对象的指定轨迹上设置关键点。

"设置关键点"方法与"自动关键点"方法相比，前者的控制性更强，因为通过它可以试验想法并快速放弃这些想法而无须撤销工作。可以变换对象，并通过使用"轨迹视图"中的"关键点过滤器"和"可设置关键点轨迹"有选择性地给某些对象的某些轨迹设置关键点。

下面通过制作一个移动的小球，介绍使用"设置关键点"制作动画的方法。

步骤 1：打开场景文件，创建一个球体并命名为"小球"。选择"小球"对象，将时间滑块移到第 0 帧处。

步骤 2：在关键帧控制区，单击 设置关键点 按钮，启用设置关键点创建动画。单击 ⊶ (设置关键点)按钮，给第 0 帧处的对象记录初始参数值。

步骤 3：将时间滑块移到第 50 帧的位置，在透视图中将小球沿 X 轴移动一段距离。单击 ⊶ (设置关键点)按钮，给第 50 帧处的对象记录改变的参数值。

步骤 4：单击 设置关键点 按钮完成小球移动的动画。

4．时间配置

通过随时间更改场景来创建动画。可以对时间进行更精确的控制，其中包括时间的测量和显示方式，活动时间段(当前正在处理的动画的某个部分)的长度，以及动画的每个渲染帧涉及的时间长度。这些操作都是通过"时间配置"对话框中的相关参数来调节的。

这里通过改变前面小球移动的速度来介绍"时间配置"对话框的使用方法。

步骤 1：打开前面制作好的小球移动的动画。在不改变小球移动距离的前提下，使小球速度加快 1 倍。

步骤 2：将鼠标移到屏幕左下角动画控制区中的 (时间配置)按钮上右击，弹出"时间配置"对话框，如图 5.1.5 所示。

步骤 3：在"时间配置"对话框中单击 重缩放时间 按钮，弹出"重缩放时间"对话框，具体设置如图 5.1.6 所示。单击 确定 按钮，这样就将整个动画的运动时间缩短了一倍，从而使速度加快了一倍。

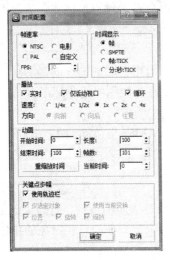

图 5.1.5　　　　　　　　　　　图 5.1.6

步骤 4：如果要使小球移动的距离不变，使小球的速度减半，则在"重缩放时间"对话框中将"结束时间"在原来的基础上加一倍即可。

提示："时间配置"对话框中的其他参数将在后面的具体案例中再详细介绍，也可以观看配套教学视频。

视频播放：任务一的详细讲解，可观看配套视频"任务一：动画的基本概念和基本方法"。

任务二：了解控制器

在 3ds Max 中，制作动画的所有内容都可以通过控制器来处理。控制器是处理所有动画值的存储和插值的插件。

默认控制器主要包括位置(位置 XYZ)、旋转(Euler XYZ)和缩放(Bezier 缩放)。

在 3ds Max 中，虽然包含多个不同类型的控制器，但大部分动画还是通过 Bezier 控制器处理的。Bezier 控制器在平滑曲线的关键帧之间进行插补。可以通过轨迹栏上的关键点或在"轨迹视图"中调整这些插值的关键点插值，这是控制加速、延迟和其他类型运动的最好方法。

"旋转"的默认控制器是 Euler XYZ，它将向下旋转分为 3 个单独的"Bezier 浮点"轨迹。"位置"的默认控制器是"位置 X，Y，Z"。"缩放"的默认控制器是 Bezier。

提示：如果加载了用 3ds Max 早期的版本创建的文件，将保留它们的现有控制器。

3ds Max 具有特殊类型的控制器，称为约束，通常用于帮助自动执行动画过程。也可以通过与另一个对象的绑定关系来控制对象的位置、旋转或缩放。

可以使用"动画"菜单中的命令来应用约束和控制器。从该菜单中指定控制器后，会自动应用权重列表控制器，且所选控制器显示为该列表中的第一个控制器。使用权重列表控制器能够组合控制器，这与非线性动画系统类似。如果通过"运动"面板或"轨迹视图"指定控制器，将替换现有控制器，而不是创建列表控制器。如果正在使用"运动"面板或"轨迹视图"，可手动完成此操作。

控制器的作用主要有如下 3 点。

(1) 存储动画关键点值。

(2) 存储程序动画设置。

(3) 在动画关键点值之间插值。

视频播放：任务二的详细讲解，可观看配套视频"任务二：了解控制器"。

任务三：了解动画控制器

"动画控制器"与"约束控制器"一样，用于处理场景中的动画任务。"动画控制器"主要用来存储动画关键点值和程序动画设置，并且将在动画关键点值之间插值。

对象或参数在设置动画之前不会接收控制器。在启用"自动关键点"的情况下更改可设置动画的参数，要在"轨迹视图—摄影表"中添加关键点之后，3ds Max 才向参数指定一个控制器。3ds Max 选择默认的控制器类型，具体情况取决于动画。也可以将默认控制器更改为其他类型。

动画控制器类型主要有如下 6 种。

(1) 浮点控制器。主要用于设置浮点值的动画。

(2) Point3 控制器。主要用于设置三组件值的动画，如颜色或 3D 点。

(3) 位置控制器。主要用于设置对象和选择集位置的动画。

(4) 旋转控制器。主要用于设置对象和选择集旋转的动画。

(5) 缩放控制器。主要用于设置对象和选择集缩放的动画。

(6) 变换控制器。主要用于设置对象和选择集常规变换(位置、旋转和缩放)的动画。

视频播放：任务三的详细讲解，可观看配套视频"任务三：了解动画控制器"。

任务四：了解动画约束

动画约束是实现自动化动画过程的控制器的特殊类型，主要通过与另一个对象的绑定关系来约束对象的位置、旋转或缩放。

约束需要一个制作动画的对象和至少一个目标对象。目标对象对受约束的对象施加特定的动画限制。

例如，如果要制作飞机沿着预定跑道起飞的动画，可以使用路径约束来限制飞机向样条线路径运动。

在 3ds Max 中，可以使用关键帧动画来切换一段时间内与其目标的约束绑定关系。

约束的常见用法主要包括如下 7 种。

(1) 在一段时间内将一个对象链接到另一个对象，如角色的手拾取一个小球。

(2) 将对象的位置或旋转链接到一个或多个对象。

(3) 在两个或多个对象之间保持对象的位置。

(4) 沿着一个路径或在多条路径之间约束对象。

(5) 将对象约束到曲面。

(6) 使对象指向另一个对象。

(7) 保持对象与另一个对象的相对方向。

提示：读者可以通过"图解视图"查看场景中的所有约束关系。

对骨骼使用约束，只要 IK 控制器不控制骨骼，约束就可以应用于骨骼。如果骨骼拥有指定的 IK 控制器，则只能约束层次或链的根。

主要有如下 7 种动画约束。

(1) 附着约束。附着约束是一种位置约束，将一个对象的位置附着到另一个对象的面上(目标对象不一定是网格对象，但必须能够转化为网格)，如图 5.1.7 所示。

(2) 链接约束。用来创建对象与目标对象之间彼此链接的动画，如图 5.1.8 所示。

(3) 注视约束。控制对象的方向使它一直注视另一个对象，同时锁定对象的旋转度，使对象的一个轴点朝向目标对象。注视轴点朝向目标，而上部节点轴则定义轴点向上的朝向。如果这两个方向一致，可能会产生翻转，这与指定一个目标摄影机直接向上相似，如图 5.1.9 所示。

图 5.1.7   图 5.1.8   图 5.1.9

(4) 方向约束：使某个对象的方向沿着另一个对象的方向或若干对象的平均方向，如图 5.1.10 所示。

(5) 路径约束：主要对一个对象沿着样条线或在多个样条线间的平均距离间的移动进行限制，如图 5.1.11 所示。

(6) 位置约束：约束对象跟随一个对象的位置或者几个对象的权重平均位置，如图 5.1.12 所示。

(7) 曲面约束：在一个对象的表面上定位另一个对象，如图 5.1.13 所示。

| 图 5.1.10 | 图 5.1.11 | 图 5.1.12 | 图 5.1.13 |

视频播放：任务四的详细讲解，可观看配套视频"任务四：了解动画约束"。

任务五：了解关联参数

使用"关联参数"可以将参数从视口中的一个对象链接到另一个对象。调整一个参数就会自动更改另一个参数，这样可以在指定的对象参数之间设置单向和双向链接，或者用包含所需参数的虚拟对象控制一个或多个对象。通过关联参数可以直接设置自定义约束而不必去"轨迹视图"中指定控制器。

从"动画"菜单和四元菜单中可访问参数关联。关联参数命令只有在选定单个模式时才可用。选择"关联参数"命令将显示有层次的弹出菜单，该菜单的级别和项目对应于可设置动画的轨迹，而这些轨迹对于"轨迹视图"中的对象是可见的。

当选择参数后，选定对象到鼠标光标中画出一条类似于在选择并链接模式中显示的那样的虚线。无论何时光标在有效的目标对象上时，它都会从箭头变为十字形状。可以随时右击以取消参数关联。

当显示虚线时，可以单击目标节点，或单击视口中的空白区域以自定义两个关联参数之间的关系。如果单击空白区域，则"参数关联"对话框会在"树视图"左侧打开显示第一个参数并在树右侧打开整个场景。单击目标节点(可以和源节点相同)显示目标对象的层次弹出菜单，可以选择目标参数。选择第二个参数之后，将打开"参数关联"对话框。

可以在关联参数之间进行单向和双向连接。对于单项关联，一个参数有效地从属于另一个参数，并且它的值随着控制参数改变而改变，这种改变依照的是用户定义的传输表达式。需要时可以使用 3ds Max 中的所有动画工具对控制参数设置动画或者进行调整，这包括将它变成另一个参数关联设置中的被控制参数，因此，可以潜在地设置一连串被控制参数。

对于双向关联，3ds Max 将相应种类的"关联"控制器指定给每一个参数，并且由于它们是交叉链接的，对一个参数的更改会引起另一个参数中链接的更改。

提示：在建立关联参数之前，应该在场景中建立所有的对象层次。因为在更改关联参数的对象层次时，在新的参数上也会发生更改，这是关联参数中所不希望引入的结果。用户可以使用"图解视图"查看场景中所有的关联参数关系，也可以使用"图解视图"查看关联参数。可以使用"关联参数"制作地球自转、月球围绕地球旋转、地球和月球同时围绕太阳旋转的效果。具体制作方法可以参考配套教学视频。

视频播放：任务五的详细讲解，可观看配套视频"任务五：了解关联参数"。

任务六：了解层次和运动学

当设置角色(人体形状或其他)、机械装置或复杂运动的动画时，可以通过将对象链接在一起以形成层次或链来简化过程。在已链接的链中，一个链的动画可能影响一些或所有的链，使得一次设置对象或骨骼成为可能。

在 3ds Max 中，主要存在如下两种类型的运动学。

(1) 正向运动学(FK)。可以变换父对象来移动它的子对象。

(2) 反向运动学(IK)。可以变换子对象来移动它的父对象。可以使用 IK 将对象粘在地面上或其他曲面上，同时允许链脱离对象的轴旋转。

正向运动学是设置层次动画最简单的方法。反向运动学要求的设置比正向运动学多，主要用来制作角色动画或复杂机械动画。

提示：使用"层次和运动学"制作一个机械手，拾取地面上的小球并旋转 60°，将小球放到地面上的小框中。具体制作过程可以参考配套教学视频。

视频播放：任务六的详细讲解，可观看配套视频"任务六：了解层次和运动学"。

任务七：了解轨迹视图

使用"轨迹视图"可以对创建的所有关键点进行查看和编辑。可以指定动画控制器，以便插补或编辑场景对象的所有关键点和参数。

"轨迹视图"有两种不同的模式："曲线编辑器"和"摄影表"。

"曲线编辑器"模式可以将动画显示为功能曲线。"摄影表"模式可以将动画显示为关键点和范围的电子表格。关键点是带颜色的代码，便于辨认。

"轨迹视图"中的一些功能(例如，移动和删除关键点)，可以在时间滑块附近的轨迹栏上实现。可以将"曲线编辑器"和"摄影表"窗口停靠在界面底部的视口之下，可以把它们用做浮动窗口。可以对"轨迹视图"布局进行命名并存储在"轨迹视图"缓冲区中，以后还可以再使用。也可以使用 MAX 文件存储"轨迹视图"布局。

"曲线编辑器"和"摄影表"如图 5.1.14 和 5.1.15 所示。

提示："曲线编辑器"和"摄影表"的具体介绍将在后面具体案例中详细介绍，读者也可以参考配套教学视频。

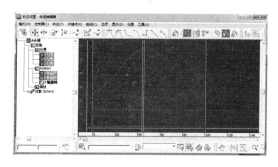

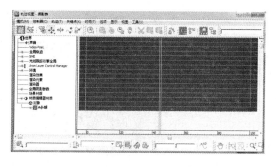

图 5.1.14 　　　　　　　　　　　　　　图 5.1.15

视频播放：任务七的详细讲解，可观看配套视频"任务七：了解轨迹视图"。

任务八：了解运动混合器

使用"运动混合器"，可以对 Biped 和非 Biped 对象进行组合运动数据操作，效果如图 5.1.16 所示。

"运动混合器"的设计取自音频世界。当在 Studio 录制歌曲时，任何仪器都是独立演奏和录制的。任何一个记录都叫做轨迹。然后轨迹被放在同一个声音混合器中，进行同步演奏，或者彼此重叠。在混合的过程中，混合器操作符能改变轨迹的长度或者速度，增加或者减小体积，在歌曲中把一条轨迹移到另一轨迹，或者使轨迹淡入、淡出。

图 5.1.16

"运动合成器"以相似的方式工作。对于任何对象，都能添加很多轨迹到混合器上，每一混合器都支持一系列独立的运动剪辑(BIP 文件、XAF 文件)。只需使用一个动作的部分就能修剪剪辑，使剪辑更缓慢或更迅速，也可以创建从一个剪辑或剪辑的设置到另一个剪辑的转变。

打开"运动合成器"的具体方法如下。

步骤 1：在浮动面板中选择 (创建)→ (系统)→ Biped 按钮在视图中创建一个 Biped 对象。

步骤 2：选择创建的 Biped 对象，在浮动面板中单击 (运动)按钮，切换到"运动"浮动面板中。

步骤 3：在"运动"浮动面板中，单击"Biped 应用程序"卷展栏中的 混合器 按钮即可，如图 5.1.17 所示。

使用"运动混合器"可以制作部形分体或一套剪辑，使其他形体与其他运动具有动画效果。例如，有两套剪辑，一套是 Biped 在跑，伴随着其手臂在其侧面上下摇动，另一套是其高举着手在空中欢呼。为了制造 Biped 跑过终点线时欢呼的动画效果，可以将运动中的腿和臀部动作与欢呼运动中的手臂相混合。

提示："运动混合器"的具体介绍和案例可以参考配套教学视频。

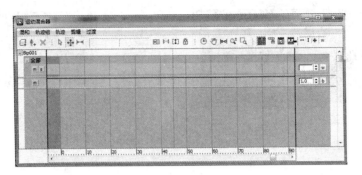

图 5.1.17

视频播放：任务八的详细讲解，可观看配套视频"任务八：了解运动混合器"。

四、项目拓展训练

根据本项目所学知识，启动 3ds Max 软件，新建一个场景文件。创建一个小球，制作小球运动动画。

项目 2：跳动的小球动画

一、项目效果

观看动画效果，请播放配套资源中的"跳动的小球.avi"视频文件。

二、项目制作流程(步骤)分析

三、项目操作步骤

在本项目中主要通过 3 个任务介绍制作小球从空中落到地面，弹跳几次之后，滚动一段距离，然后停下来的效果。具体制作方法如下。

任务一：制作小球的弹跳和滚动效果

1. 制作小球弹跳的效果

步骤 1：打开一个场景文件，渲染效果如图 5.2.1 所示，在该场景中只有小球和地面。其中，灯光、材质和摄影都已经设置好。

步骤 2：在场景中选择小球，将时间滑块移到第 20 帧的位置处。单击 自动关键点 按钮，启用自动关键帧动画模式。

步骤 3：在前视图中将小球沿 Z 轴往下移动到地面的位置(或者在时间轴下面的 Y 轴输入框中输入 10)，渲染效果如图 5.2.2 所示。

步骤 4：将时间滑块移到 35 帧的位置处，在前视图中将小球沿 Z 轴往上移动一段距离(或者在时间轴下面的 Z 轴输入框中输入 80)，渲染效果如图 5.2.3 所示。

步骤 5：将时间滑块移到 45 帧的位置处，在前视图中将小球沿 Z 轴往下移动到地面的位置(或者在时间轴下面的 Z 轴输入框中输入 10)。

步骤 6：将时间滑块移到 55 帧的位置处，在前视图中将小球沿 Z 轴往上移动一段距离(或者在时间轴下面的 Z 轴输入框中输入 60)，渲染效果如图 5.2.4 所示。

步骤 7：将时间滑块移到 60 帧的位置处，在前视图中将小球沿 Z 轴往下移动到地面的位置(或者在时间轴下面的 Z 轴输入框中输入 10)。

 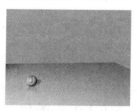  

图 5.2.1   图 5.2.2   图 5.2.3   图 5.2.4

步骤 8：将时间滑块移到 65 帧的位置处，将小球沿 Z 轴往上移动一段距离(或者在时间轴下面的 Y 轴输入框中输入 40)。

步骤 9：将时间滑块移到 70 帧的位置处，在前视图中将小球沿 Z 轴往下移动到地面的位置(或者在时间轴下面的 Z 轴输入框中输入 10)。

步骤 10：将时间滑块移到 75 帧的位置处，将小球沿 Z 轴往上移动一段距离(或者在时间轴下面的 Z 轴输入框中输入 20)。

步骤 11：将时间滑块移到 80 帧的位置处，在前视图中将小球沿 Z 轴往下移动到地面的位置(或者在时间轴下面的 Z 轴输入框中输入 10)。

步骤 12：在时间线中单击 自动关键点 按钮，结束小球跳动动画的制作。

2. 制作小球跳动停止之后的滚动效果

1) 制作小球移动动画

步骤 1：将时间滑块移到第 80 帧位置处，选择小球，再单击 设置关键点 按钮，启动手动动画设置模式。

步骤 2：单击 ⚷(设置关键帧)按钮，为该帧记录动画初始值。

步骤 3：将时间滑块移到第 95 帧的位置处，在前视图中将小球沿 X 轴向前右方称动一段距离(或者在 X 轴的输入框中输入 110)。单击 ☛(设置关键帧)按钮，再单击 设置关键点 按钮，完成小球移动动画的制作。

2) 制作小球滚动动画

步骤 1：将时间滑块移动到第 80 帧位置处，选择小球。再单击 **设置关键点** 按钮，启动手动动画设置模式。

步骤 2：单击 ↻(选择并旋转)按钮，单击 ☛(设置关键帧)按钮，为该帧记录动画初始值。

步骤 3：将时间滑块移到第 95 帧的位置处，在前视图中将小球沿 Y 轴顺时针旋转一定的角度(在 Z 轴输入框中输入数值 1080)。单击 ☛(设置关键帧)按钮，记录输入的数值参数。再单击 设置关键点 按钮，完成小球滚动动画的制作。

视频播放：任务一的详细讲解，可观看配套视频"任务一：制作小球的弹跳和滚动效果"。

任务二：调节小球的运动节奏

选择摄影机视图，单击动画播放区中的 ▶(播放动画)按钮进行动画播放。可以看出目前制作的动画还存在如下问题。

(1) 小球滚动的速度过快，需降低滚动速度。

(2) 时间线的帧数太少，需要增加时间线的帧数。

(3) 小球的运动不符合运动规律。小球从空中掉到地面上时，应该是先慢后快(加速运动)。小球从地面上弹起时，是先快后慢(减速运动)。

在该任务中，主要解决以上三个问题。

1. 降低小球滚动的速度

步骤 1：单击播放控制区中的 ⊞(时间配置)按钮，弹出"时间配置"对话框。

步骤 2：根据任务要求，将时间线的长度设置为 200，如图 5.2.5 所示。单击 **确定** 按钮，完成时间线长度的设置。

步骤 3：调节时间线上的关键帧的位置。具体调节方法是，在时间线上右击，在弹出的快捷菜单中单击 **配置** → **显示选择范围** 命令，即可显示框选的时间范围。

步骤 4：框选时间线上需要调节的关键帧，按住鼠标左键不放的同时进行移动即可。边调节边播放，直到自己满意为止。时间线如图 5.2.6 所示。

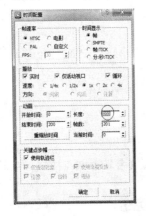

图 5.2.5

图 5.2.6

2. 调节小球跳动和滚动的节奏

小球跳动和滚动的节奏主要通过"曲线编辑器"来完成。具体操作步骤如下。

步骤 1：在视图中选择小球。在工具栏中单击 (曲线编辑器)按钮，打开"曲线编辑器"对话框。

步骤 2：在"曲线编辑器"对话框中分别单击 (缩放选定对象)、 (水平方向最大化显示)和 (最大化显示值)按钮，此时的"曲线编辑器"对话框如图 5.2.7 所示。

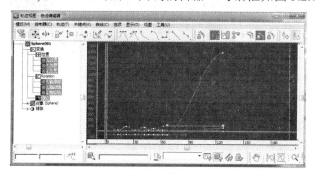

图 5.2.7

步骤 3：调节小球上下跳动的节奏。该节奏的调节主要通过调节小球在 Z 轴曲线上的位置得到的。最终调节好的效果如图 5.2.8 所示。

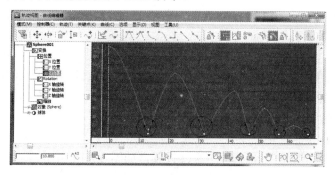

图 5.2.8

步骤 4：调节小球移动的节奏。小球应该是先快后慢，最终停止。该节奏主要是通过调节小球"X 位置"的曲线得到的，最终形态如图 5.2.9 所示。

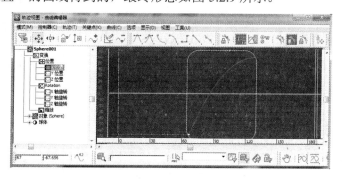

图 5.2.9

步骤 5：调节小球滚动的速度。小球滚动的速度应该是先快后慢，最终停止滚动。该节奏主要是通过调节小球的"Y轴旋转"曲线得到的，最终形态如图 5.2.10 所示。

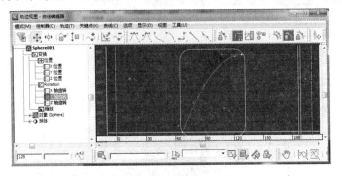

图 5.2.10

步骤 6：单击动画播放区中的 ▶ (播放动画)按钮进行动画播放。观看效果，如果满意则完成动画调节，如果不满意，再返回进行调节即可。

视频播放：任务二的详细讲解，可观看配套视频"任务二：调节小球的运动节奏"。

任务三：输出动画

通过前面两个任务，将一个小球弹跳和滚动的动画制作完毕，最后一步工作就是将制作好的动画进行输出。动画输出的具体方法如下。

步骤 1：选择摄影机视图。

步骤 2：单击 (渲染设置)按钮，打开"渲染设置"对话框。

步骤 3：在"渲染设置"对话框中单击 文件... 按钮，弹出"渲染输出文件"对话框，如图 5.2.11 所示。在该对话框中选择需要保存的路径、输入保存的文件名和选择输入的格式，单击 保存(S) 按钮，弹出"AVI 文件压缩设置"对话框，如图 5.2.12 所示。单击 确定 按钮，返回"渲染输出"对话框。

步骤 4：在"渲染输出"对话框中进行设置，如图 5.2.13 所示。

图 5.2.11

图 5.2.12

图 5.2.13

步骤 5：单击 渲染 按钮，开始渲染，等待渲染完毕，即可使用播放器进行播放。

四、项目拓展训练

根据本项目所学知识，制作一个小球的抛物线运动效果。

项目 3：模拟红绿灯动画

一、项目效果

观看动画效果，可播放配套资源中的"红绿灯.avi"视频文件。

二、项目制作流程(步骤)分析

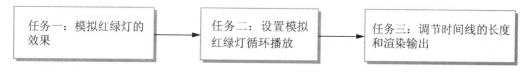

任务一：模拟红绿灯的效果　→　任务二：设置模拟红绿灯循环播放　→　任务三：调节时间线的长度和渲染输出

三、项目操作步骤

在本项目中通过 3 个任务介绍模拟红绿灯变化的动画效果。该动画的制作是通过调节灯光材质中的"自发光"参数来完成的。红绿灯的工作原理是：绿灯亮一段时间，绿灯灭；黄灯亮一段时间，黄灯灭；红灯亮一段时间，红灯灭；绿灯又开始亮，完成一个循环过程。

任务一：模拟红绿灯的效果

该任务通过修改材质参数来模拟红绿灯的效果。具体操作步骤如下。

1. 配置初始文件

步骤 1：打开一个场景文件，渲染效果如图 5.3.1 所示。在该场景中包括了模拟"红"、"绿"和"黄"的 3 个灯，已经赋予了材质。

步骤 2：在动画控制区单击 (时间配置)按钮，弹出"时间配置"对话框，具体设置如图 5.3.2 所示。单击 确定 按钮完成时间线的设置。

图 5.3.1

步骤 3：在工具栏中单击 (材质编辑器)按钮，如图 5.3.3 所示，已经设置好了 3 个灯模型的材质并且赋给了相应的对象。

2. 设置灯光变化

1) 调节红灯变化

步骤 1：单击时间线下面的 自动关键点 按钮，开启自动关键帧模式。

步骤 2：将时间线滑块移到第 0 帧的位置，在"材质编辑器"对话框中将"红灯"材质的"自发光"颜色数值设置为 100，如图 5.3.4 所示。

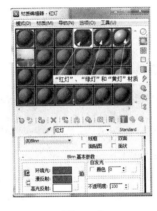

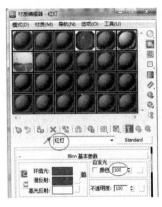

图 5.3.2   图 5.3.3   图 5.3.4

步骤 3：将时间线滑块移到第 124 帧的位置，在"材质编辑器"对话框中将"红灯"材质的"自发光"颜色数值设置为 100。

步骤 4：将时间滑块移到第 125 帧的位置，将"红灯"材质的"自发光"颜色数值设置为 0。

步骤 5：将时间滑块移到第 250 帧的位置，将"红灯"材质的"自发光"颜色数值设置为 0。

2) 调节黄灯的变化

步骤 1：将时间线滑块移到第 0 帧的位置，在"材质编辑器"对话框中将"黄灯"材质的"自发光"颜色数值设置为 0。

步骤 2：将时间线滑块移到第 124 帧的位置，在"材质编辑器"对话框中将"黄灯"材质的"自发光"颜色数值设置为 0。

步骤 3：将时间线滑块移到第 125 帧的位置，在"材质编辑器"对话框中将"黄灯"材质的"自发光"颜色数值设置为 100。

步骤 4：将时间线滑块移到第 149 帧的位置，在"材质编辑器"对话框中将"黄灯"材质的"自发光"颜色数值设置为 100。

步骤 5：将时间线滑块移到第 150 帧的位置，在"材质编辑器"对话框中将"黄灯"材质的"自发光"颜色数值设置为 0。

步骤 6：将时间线滑块移到第 250 帧的位置，在"材质编辑器"对话框中将"黄灯"材质的"自发光"颜色数值设置为 0。

3）调节绿灯的变化

步骤 1：将时间线滑块移到第 0 帧的位置，在"材质编辑器"对话框中将"绿灯"材质的"自发光"颜色数值设置为 0。

步骤 2：将时间线滑块移到第 149 帧的位置，在"材质编辑器"对话框中将"绿灯"材质的"自发光"颜色数值设置为 0。

步骤 3：将时间线滑块移到第 150 帧的位置，在"材质编辑器"对话框中将"绿灯"材质的"自发光"颜色数值设置为 100。

步骤 4：将时间线滑块移到第 250 帧的位置，在"材质编辑器"对话框中将"绿灯"材质的"自发光"颜色数值设置为 100。

步骤 5：单击 自动关键点 按钮，完成红绿灯变化的模拟。

视频播放：任务一的详细讲解，可观看配套视频"任务一：模拟红绿灯的效果"。

任务二：设置模拟红绿灯循环播放

在本任务中主要模拟红绿灯的循环播放，循环播放的制作主要在"曲线编辑器"对话框中完成。具体制作方法如下。

步骤 1：在场景中选择"红灯"模型。在工具栏中单击 (曲线编辑器)按钮，打开"曲线编辑器"对话框。

步骤 2：在该对话框中单击 (缩放选定对象)按钮，将所有选定对象的可编辑项目显示出来。在"曲线编辑器"对话框的左边列表框中选择 自发光 选项，并在右边列表框中框选曲线，如图 5.3.5 所示。

步骤 3：在"曲线编辑器"对话框中单击 (参数曲线超出范围类型)按钮，弹出"参数曲线超出范围类型"对话框，具体设置如图 5.3.6 所示。

步骤 4：单击 确定 按钮，完成循环操作，曲线如图 5.3.7 所示。

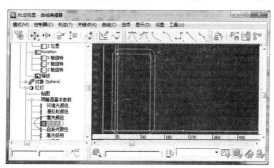

图 5.3.5

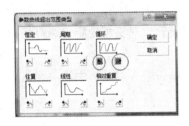

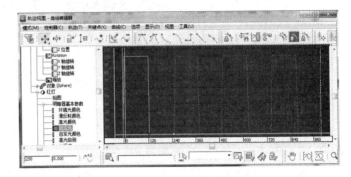

图 5.3.6 图 5.3.7

提示： "黄灯"和"绿灯"的循环效果与"红灯"的循环效果制作方法完全相同，在这里就不再详细介绍，可参考"红灯"的循环播放效果的制作或配套教学视频。

视频播放： 任务二的详细讲解，可观看配套视频"任务二：设置模拟红绿灯循环播放"。

任务三：调节时间线的长度和渲染输出

在本任务中主要设置渲染输出的长度和渲染输出的相关参数。具体操作步骤如下。

1. 调节时间线的长度

步骤 1： 在动画控制区中单击 (时间配置)按钮，弹出"时间配置"对话框。

步骤 2： 设置"时间配置"对话框参数，具体设置如图 5.3.8 所示。单击 确定 按钮，完成时间线的长度设置。

2. 渲染输出

步骤 1： 在工具栏中单击 (渲染设置)按钮，弹出"渲染设置"对话框。

步骤 2： 在"渲染设置"对话框中单击 文件... 按钮，弹出"渲染输出文件"对话框，设置保存的位置、类型和文件名，具体设置如图 5.3.9 所示。单击 保存(S) 按钮，弹出"AVI 文件压缩设置"对话框，在该对话框中采用默认设置，单击 确定 按钮，返回"渲染设置"对话框。

步骤 3： 设置"渲染设置"对话框参数，具体设置如图 5.3.10 所示。

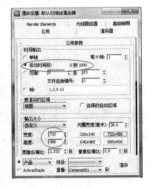

图 5.3.8 图 5.3.9 图 5.3.10

步骤 4： 单击 渲染 按钮即可开始渲染，渲染效果截图如图 5.3.11 所示。

图 5.3.11

视频播放：任务三的详细讲解，可观看配套视频"任务三：调节时间线的长度和渲染输出"。

四、项目拓展训练

在本项目的基础上，再添加一个小车运动的效果，红灯亮的时候停在斑马线之外，当红灯灭，绿灯亮的时候，小车穿过马路。

项目 4：使用控制器制作路径和注视约束动画

一、项目效果

观看动画效果，可播放配套资源中的"打飞碟.avi"视频文件。

二、项目制作流程(步骤)分析

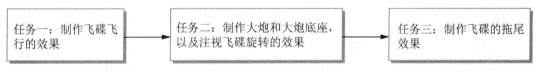

三、项目操作步骤

在本项目中通过 3 个任务介绍飞碟飞行并形成拖尾的效果，地面上的大炮始终注视着飞碟并跟随飞碟着旋转。具体制作方法如下。

任务一：制作飞碟飞行的效果

飞碟飞行的效果，主要使用路径约束来制作，具体操作步骤如下。

步骤 1： 打开场景文件，渲染效果如图 5.4.1 所示，包括一个飞碟模型、大炮和大炮支架，以及大炮台模型。

步骤 2： 在视图中选择飞碟，在浮动面板中单击 ◎(运动项)按钮，切换到"运动"浮动面板。

步骤 3： 在"运动"浮动面板中的"制定控制器"卷展栏中选择 ⊕ 位置 : 位置 XYZ 选项。再单击 (指定控制器)按钮，弹出"指定位置控制器"对话框，在该对话框中选择"路径约束"选项，如图 5.4.2 所示。

步骤 4： 单击 确定 按钮，返回"运动"浮动面板，如图 5.4.3 所示。

步骤 5： 在"路径参数"卷展栏中单击 添加路径 按钮，再在视图中单击创建好的路径(样条曲线或 CV 曲线)即可创建路径动画，设置路径参数，具体设置如图 5.4.4 所示。

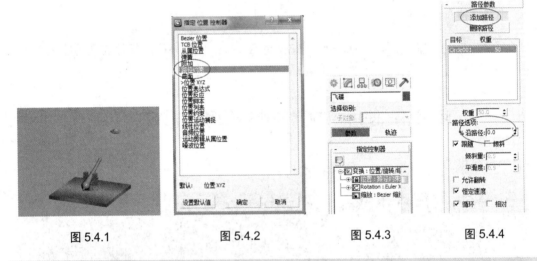

图 5.4.1   图 5.4.2   图 5.4.3   图 5.4.4

视频播放： 任务一的详细讲解，可观看配套视频"任务一：制作飞碟飞行的效果"。

任务二：制作大炮和大炮底座，以及注视飞碟旋转的效果

大炮和大炮底座注视飞碟旋转的效果主要使用"目标注视"命令来制作。具体操作步骤如下。

步骤 1： 在视图中选择"大炮"。在"运动"浮动面板中，选择"指定控制器"卷展栏中的 ⊕ Rotation : Euler XYZ 选项。

步骤 2： 单击 (指定控制器)按钮，弹出"指定位置控制器"对话框，在该对话框中选择"方向约束"选项，单击 确定 按钮，返回"运动"浮动面板。

步骤 3： 单击"方向约束"卷展栏中的 添加方向目标 按钮，再在视图中单击"飞碟"模型。

步骤 4： 设置"方向约束"卷展栏参数，具体设置如图 5.4.5 所示。

步骤 5： 方法同上。制作"大炮底座"的"方向约束"效果，最终渲染效果如图 5.4.6 所示。

图 5.4.5　　　　　　　　　　　　　　　　图 5.4.6

视频播放：任务二的详细讲解，可观看配套视频"任务二：制作大炮和大炮底座，以及注视飞碟旋转的效果"。

任务三：制作飞碟的拖尾效果

飞碟拖尾效果的制作原理如下。

(1) 将"飞碟"复制几个。

(2) 将复制的"飞碟"链接到原始"飞碟"。

(3) 给复制的飞碟添加弹簧控制器。

(4) 修改"飞碟"的可见性属性。

具体操作步骤如下。

1. 复制"飞碟"并给飞碟添加弹簧控制器

步骤 1：在视图中选择"飞碟"模型，按【Ctrl+V】键，弹出"克隆选项"对话框，具体设置如图 5.4.7 所示。单击 确定 按钮，复制一个"飞碟 01"模型。

步骤 2：选择"飞碟 01"，在工具栏中单击 🔗(选择并链接)按钮。在英文输入状态下，按键盘上的【H】键，弹出"选择父对象"对话框，在该对话框中选择"飞碟"选项，如图 5.4.8 所示，单击 链接 按钮即可完成链接。

步骤 3：确保"飞碟 01"被选中，在"运动"浮动面板中选择⊕ 位置：路径约束 选项。再单击 (指定控制器)按钮，弹出"指定位置控制器"对话框，在该对话框中选择位置 XYZ 选项，单击 确定 按钮，返回"运动"浮动面板。

步骤 4：在"指定控制器"卷展栏中单击⊕ 位置：位置 XYZ 选项。单击 (指定控制器)按钮，弹出"指定位置控制器"对话框，在该对话框中选择"弹簧"选项，单击 确定 按钮，返回"弹簧属性"对话框。

步骤 5：设置"弹簧属性"对话框，具体设置如图 5.4.9 所示。渲染效果如图 5.4.10 所示。

图 5.4.7 　　　　　图 5.4.8 　　　　　图 5.4.9 　　　　　图 5.4.10

步骤 6：选择"飞碟 01"，按【Ctrl+V】键，弹出"克隆选项"对话框，具体设置如图 5.4.11 所示。单击 确定 按钮，复制一个"飞碟 02"模型。

步骤 7：选择"飞碟 02"，在"运动"浮动面板中，右击"指定控制"卷展栏中的 ⊕图位置:弹簧 选项，在弹出的快捷菜单中单击 属性 命令，弹出"弹簧属性"对话框。设置"拉力"为 2，渲染效果如图 5.4.12 所示。

步骤 8：方法同上，再复制出"飞碟 03"、"飞碟 04"和"飞碟 05"。设置弹簧的拉力值分别为 3、4 和 5，渲染效果如图 5.4.13 所示。

2. 设置"飞碟"的可见性属性

步骤 1：选择"飞碟 01"，在"飞碟 01"上右击，在弹出的快捷菜单中单击"对象属性"命令，弹出"对象属性"对话框，在该对话框中设置"可见性"属性为"0.6"，如图 5.4.14 所示。

图 5.4.11 　　　　　图 5.4.12 　　　　　图 5.4.13 　　　　　图 5.4.14

步骤 2：分别设置"飞碟 02"、"飞碟 03"、"飞碟 04"和"飞碟 05"的"可见性"属性为 0.4、0.3、0.2 和 0.1。

步骤 3：单帧渲染效果如图 5.4.15 所示。

图 5.4.15

步骤 4：根据前面所学知识，渲染成动画，文件名为"打飞碟.avi"。

视频播放：任务三的详细讲解，可观看配套视频"任务三：制作飞碟的拖尾效果"。

四、项目拓展训练

在本项目的基础上，给飞碟添加发光效果，如图 5.4.16 所示。

图 5.4.16

观看动画效果，播放配套资源中的"打飞碟拓展训练.avi"视频文件。

提示：该动画效果的制作是在项目 4 的基础上添加了高光特效，详细制作步骤可观看配套教学视频。

项目 5：制作彩带运动动画

一、项目效果

观看动画效果，可播放配套资源中的"彩带效果.avi"视频文件。

二、项目制作流程(步骤)分析

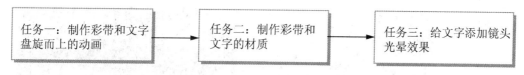

任务一：制作彩带和文字盘旋而上的动画　→　任务二：制作彩带和文字的材质　→　任务三：给文字添加镜头光晕效果

三、项目操作步骤

本项目中将通过 3 个任务介绍彩带和文字沿着路径盘旋而上，彩带和文字发光效果的制作，具体制作方法如下。

任务一：制作彩带和文字盘旋而上的动画

彩带和文字盘旋而上的动画主要使用"路径变形(WSM)"修改器来制作，具体操作步骤如下。

1. 制作彩带盘旋而上动画

步骤 1：打开一个场景文件，如图 5.5.1 所示。在该场景中只包括"彩带"、"文字"和一条路径。

步骤 2：在场景中选择"彩带"模型。在浮动面板中单击 （修改）选项，切换到"修改"浮动面板。

步骤 3：在"修改"浮动面板中的 修改器列表 下拉列表框中选择"路径变形(WSM)"选项，如图 5.5.2 所示。

步骤 4：单击 拾取路径 按钮，再在视图中单击路径。将"彩带"模型绑定到路径上，如图 5.5.3 所示。

步骤 5：在"路径变形(WSM)"参数面板中单击 转到路径 按钮，设置"路径变形轴"为 X，如图 5.5.4 所示。

图 5.5.1　　　　　图 5.5.2　　　　　图 5.5.3　　　　　图 5.5.4

步骤 6：设置"路径变形(WSM)"参数，具体设置如图 5.5.5 所示，效果如图 5.5.6 所示。

步骤 7：单击时间线下的 自动关键点 按钮，将时间滑块移到第 0 帧的位置，"路径变形(WSM)"参数如图 5.5.7 所示。

步骤 8：将时间滑块移到第 100 帧的位置，将"路径变形(WSM)"参数面板中的百分比设置为 105。

步骤 9：单击 自动关键点 按钮，完成彩带盘旋而上的动画。渲染效果如图 5.5.8 所示。

 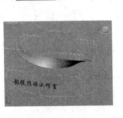 

图 5.5.5　　　　　图 5.5.6　　　　　图 5.5.7　　　　　图 5.5.8

2. 制作文字盘旋而上动画

文字盘旋而上动画的制作步骤和方法与彩带文字盘旋而上的动画制作步骤和方法完全

相同，具体制作步骤可参考彩带盘旋动画的制作或配套视频。最终渲染效果如图 5.5.9 所示。

图 5.5.9

视频播放：任务一的详细讲解，可观看配套视频"任务一：制作彩带和文字盘旋而上的动画"。

任务二：制作彩带和文字的材质

1. 制作彩带的材质

步骤 1： 在工具栏中单击 (材质编辑器)按钮，弹出"材质编辑器"对话框，在该对话框中单击一个空白示例球并命名为"彩带材质"。

步骤 2： 单击 漫反射 右边的 __(按钮)，弹出"材质/贴图浏览器"对话框，在该对话框中双击 位图 材质列表，弹出"选择位图图像文件"对话框。

步骤 3： 在该对话框中选择如图 5.5.10 所示的图片，单击 打开(O) 按钮，返回"材质编辑器"对话框，单击 (转到父对象)按钮，返回"彩带材质"参数设置界面，具体设置如图 5.5.11 所示。

步骤 4： 在"贴图"卷展栏中单击 反射 右边的 None 按钮，弹出"材质/贴图浏览器"对话框，在该对话框中双击 光线跟踪 材质列表。返回"材质/贴图浏览器"对话框。

步骤 5： 单击 (转到父对象)按钮，返回"贴图"卷展栏参数设置界面。具体设置如图 5.5.12 所示。将材质赋给"彩带"模型，渲染效果如图 5.5.13 所示。

2. 制作文字材质

步骤 1： 在"材质编辑器"中单击一个空白示例球，命名为"文字材质"。

步骤 2： 单击"材质编辑器"右边的 Standard 按钮，弹出"材质/编辑器"对话框，在该对话框中双击 建筑 材质列表，返回"文字材质"参数设置界面。

图 5.5.10　　　　　　　图 5.5.11　　　　　　　图 5.5.12　　　　　　　图 5.5.13

步骤 3： 设置"文字材质"参数。具体设置如图 5.5.14 所示。

步骤 4：将材质赋予给"文字"，渲染效果如图 5.5.15 所示。

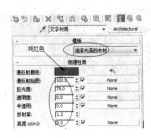 

图 5.5.14 图 5.5.15

视频播放：任务二的详细讲解，可观看配套视频"任务二：制作彩带和文字的材质"。

任务三：给文字添加镜头光晕效果

给文字添加镜头光晕效果主要通过 Video Post 对话框来实现，具体操作步骤如下。

步骤 1：在视图中选择"文字"模型。在"文字"模型上右击，在弹出的快捷菜单中单击"对象属性"命令，弹出"对象属性"对话框。

步骤 2：在弹出的"对象属性"对话框中，设置 对象 ID 为 1，设置完毕单击 确定 按钮。

步骤 3：在菜单栏中单击 渲染(R) → Video Post(V)… 命令，弹出 Video Post 对话框，如图 5.5.16 所示。

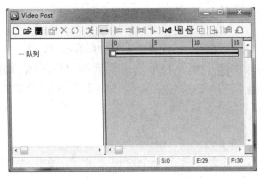

图 5.5.16

步骤 4：单击 (添加场景事件)按钮，弹出"添加场景事件"对话框，具体设置如图 5.5.17 所示。单击 确定 按钮，完成事件的添加。

步骤 5：单击 (添加图像过滤事件)按钮，弹出"添加图像过滤事件"对话框，设置参数，具体设置如图 5.5.18 所示。单击 确定 按钮，完成事件的添加。

步骤 6：双击 发光选项，弹出"编辑过滤事件"对话框，在该对话框中单击 设置… 按钮，弹出"镜头效果光晕"对话框。

步骤 7：在"镜头效果光晕"对话框中设置 对象 ID 为 1，单击 预览 按钮，再单击 VP 队列 按钮，效果如图 5.5.19 所示。

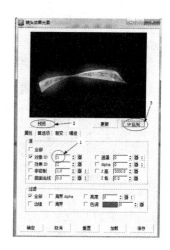

图 5.5.17　　　　　　　　　　图 5.5.18　　　　　　　　　　图 5.5.19

步骤 8：设置 首选项 参数，如图 5.5.20 所示。设置 渐变 参数，如图 5.5.21 所示。

步骤 9：单击 确定 按钮，完成镜头光晕的添加。

步骤 10：单击 (添加图像输出事件)按钮，在打开的对话框中单击 文件... 按钮，弹出"为 Video Post 输出选择图像文件"对话框，具体设置如图 5.5.22 所示。

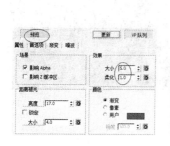

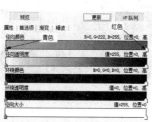

图 5.5.20　　　　　　　　　　图 5.5.21　　　　　　　　　　图 5.5.22

步骤 11：单击 保存(S) 按钮，弹出"AVI 文件压缩设置"对话框，具体设置如图 5.5.23 所示。单击 确定 按钮，返回"添加图像输出事件"对话框，具体设置如图 5.5.24 所示。

步骤 12：单击 确定 按钮，完成输出事件的添加，如图 5.5.25 所示。

图 5.5.23　　　　　　　　　　图 5.5.24　　　　　　　　　　图 5.5.25

步骤 13：单击 ✖(执行序列)按钮，弹出"执行 Video Post"对话框，具体设置如图 5.5.26 所示。

步骤 14：单击 渲染 按钮开始渲染。渲染效果如图 5.5.27 所示。

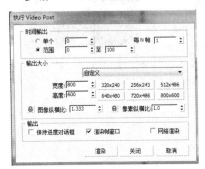

图 5.5.26 　　　　　　　　　　　　　　　图 5.5.27

视频播放：任务三的详细讲解，可观看配套视频"任务三：给文字添加镜头光晕效果"。

四、项目拓展训练

在本项目的基础上，给飞碟添加发光效果，如图 5.5.28 所示。

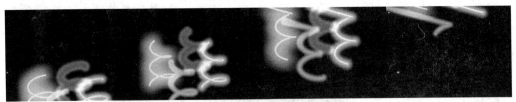

图 5.5.28

观看动画效果，可播放配套资源中的"彩带效果拓展训练.avi"视频文件。

参 考 文 献

[1] 王康慧. 3ds Max 高级角色建模[M]. 北京：清华大学出版社，2012.

[2] 王琦. 3ds Max 2010 标准培训教材 I [M]. 北京：人民邮电出版社，2009.

[3] 王琦. 3ds Max 2010 标准培训教材 II [M]. 北京：人民邮电出版社，2009.

[4] 火星时代. 3ds Max 2010 大风暴[M]. 北京：人民邮电出版社，2010.

[5] 张莹，汪坤. 3ds Max 综合建模实例解析[M]. 北京：中国青年出版社，2011.

[6] 黄海燕. 神模——3ds Max 9 人体高级建模[M]. 北京：电子工业出版社，2008.

[7] Peter Ratner. 3D 人体建模与动画制作[M]. 北京：人民邮电出版社，2010.

[8] 火星时代. 3ds Max 2011 白金手册 I [M]. 北京：人民邮电出版社，2011.

[9] 火星时代. 3ds Max 2011 白金手册 II [M]. 北京：人民邮电出版社，2011.

[10] 火星时代. 3ds Max 2011 白金手册 III[M]. 北京：人民邮电出版社，2011.

[11] 火星时代. 3ds Max 2011 白金手册 IV[M]. 北京：人民邮电出版社，2011.

[12] 王寿苹，周峰，孙更新. 3ds Max 8 影视动画广告经典案例设计与实现[M]. 北京：电子工业出版社，2011.

[13] 李铁，刘配团，陈振宇，文晨. 三维动画建模——3ds Max 9[M]. 北京：清华大学出版社，2007.